大气气溶胶反演及其
污染环境监测遥感

查　勇　贺军亮　程　峰　李　越　著

U0251011

科学出版社

北　京

内 容 简 介

本书是作者对有关大气气溶胶反演及其污染环境监测遥感研究进展的总结，共分 7 章，主要包括地基和卫星遥感气溶胶反演技术与方法，云对气溶胶卫星遥感的影响及其消减方法，大气污染气溶胶颗粒物浓度估算，基于 MODIS 数据的霾及其等级遥感检测，以及区域气溶胶污染变化监测及其影响分析等内容。

本书可供大气气溶胶、地理环境遥感与生态环境保护等领域的科研人员和相关专业的研究生参考使用。

图书在版编目（CIP）数据

大气气溶胶反演及其污染环境监测遥感 / 查勇等著. —北京：科学出版社，2019.3

ISBN 978-7-03-060850-5

Ⅰ. ①大…　Ⅱ. ①查…　Ⅲ. ①遥感技术－应用－气溶胶－污染防治－大气监测　Ⅳ. ①X513

中国版本图书馆 CIP 数据核字（2019）第 048107 号

责任编辑：周　丹　沈　旭　石宏杰 / 责任校对：杜子昂
责任印制：徐晓晨 / 封面设计：许　瑞

科 学 出 版 社 出版
北京东黄城根北街 16 号
邮政编码：100717
http://www.sciencep.com

北京建宏印刷有限公司 印刷
科学出版社发行　各地新华书店经销
*
2019 年 3 月第 一 版　开本：720 × 1000　1/16
2021 年 4 月第三次印刷　印张：15 3/4
字数：318 000
定价：149.00 元
（如有印装质量问题，我社负责调换）

前　言

随着我国社会经济持续发展，城市化进程不断加快，工业生产、化石燃料燃烧等排放产生大量大气气溶胶粒子，对区域和全球气候、大气环境及公众健康产生了重要的影响。当前，气溶胶及其污染环境研究已成为气候变化和大气环境等相关研究领域的热点问题之一。

气溶胶通过散射和吸收太阳辐射，干扰地球的辐射平衡，对气候产生重要的影响。此外，气溶胶颗粒物还影响近地表的空气环境质量，造成人们心肺功能下降，诱发哮喘、支气管炎等呼吸系统疾病，危害人类生存和身体健康。近年来，以灰霾天气为代表的大气污染现象越来越严重，大气环境污染问题已成为影响城市和区域可持续发展及国际环境外交的重要因素。

传统的气溶胶及其污染环境研究方法主要是基于地面设点的物理或者化学分析测量，但随着遥感技术的发展，其作为科学、快速、大范围的监测手段，在大气研究中被广泛应用。

目前，卫星遥感反演气溶胶已取得丰富的研究成果，发展了多种气溶胶反演算法。针对海洋上空气溶胶的反演方法比较成熟，如利用改进的甚高分辨率辐射计（AVHRR）反演海洋上空气溶胶光学厚度早在 20 世纪 70 年代就已经实现业务化。陆地上空气溶胶光学厚度卫星遥感反演方法主要包括暗像元法、结构函数法、深蓝算法、偏振算法和多角度算法等。以上气溶胶反演方法各具优缺点，适用范围也有所不同。总体上，基于太阳后向散射的气溶胶遥感反演，都是依据气溶胶引起的表观反射率变化来反演气溶胶的。除了进行气溶胶特性的反演研究外，利用反演的气溶胶等遥感数据与地面实测及模拟数据相结合进行大气气溶胶颗粒物浓度的估算、霾及其等级检测，以及气溶胶污染监测等研究，有助于全面掌握大气气溶胶的区域分布及其变化规律，为气溶胶大气污染防治提供科学依据和技术支撑。

本书是对作者及其所指导的研究生［贺军亮（石家庄学院）、程峰（云南师范大学）、李越、黄建龙、陈晓强、沈丹、张倩倩、王强、包青、李倩楠、张芳芳、刘松等］多年从事大气气溶胶遥感研究工作的成果集成。第 1 章主要介绍大气气溶胶的基本概念、气溶胶的物理性质与光学性质、大气辐射传输模型、气溶胶遥感反演的基本原理及方法、气溶胶污染遥感监测等。第 2 章介绍太阳光度计、激光雷达等地基遥感手段在气溶胶光学特性及组分反演中的应用。第 3 章研究

MODIS、HJ-1、GOCI、PARASOL 等多种卫星遥感数据的气溶胶反演技术与方法。第 4 章分析云对气溶胶卫星遥感的影响并发展消减云影响的气溶胶光学厚度反演方法。第 5 章利用激光雷达、MODIS AOD 产品等数据及霾优化变换和归一化灰霾指数对大气气溶胶颗粒物浓度进行估算。第 6 章探讨 MODIS 卫星遥感数据与地面实测数据相结合的霾及其等级遥感检测分析方法。第 7 章阐述区域气溶胶污染变化监测及气溶胶域外输入影响的后向轨迹分析。

　　本书所涉内容的研究过程中，得到了地图学与地理信息系统国家重点学科、虚拟地理环境教育部重点实验室和南京师范大学地理科学学院及作者家属的大力支持与帮助。其中，部分内容得到国家自然科学基金项目"长三角地区气溶胶污染特征与形成机制研究"（No. 41671428）的资助。同时，本书由虚拟地理环境教育部重点实验室和江苏省地理信息资源开发与利用协同创新中心资助出版，在此一并表示感谢。

　　大气气溶胶研究所涉及的内容众多，本书仅反映了作者有关大气气溶胶反演及其污染环境监测遥感方面的有限研究成果，加之作者水平所限，疏漏和不足之处在所难免，恳请广大读者批评指正。

查　勇

2018 年秋于南京师范大学仙林校区

目　　录

第1章　绪　　论

1.1　气溶胶概念、来源及分类

大气气溶胶是指由固体和液体颗粒组成的悬浮在大气中的组合体系，具有一定的稳定性，沉降速度小，尺度在 0.001～100μm。其来源较为复杂，主要有人工源和自然源两大类。人工源主要是由人类活动所产生，如煤和石油等化石燃料的燃烧、工业生产过程中的排放及汽车尾气排放到大气中的大量烟粒等；自然源为自然现象所产生，包括土壤和岩石的风化，森林火灾与火山爆发，海洋上的浪花碎沫等。虽然气溶胶在大气中的含量较少，但其分布范围很广且具有复杂的物理、化学变化，能对区域和全球气候、大气环境及公众健康产生重要的影响，是陆地-大气-海洋系统中的一个重要组成成分（周秀骥等，1991）。

气溶胶对气候产生的影响主要可分为直接辐射效应和间接辐射效应两方面。其中直接辐射效应通过散射、吸收短波及长波的辐射直接对地气系统产生辐射强迫；间接辐射效应则是云在形成的过程中，气溶胶影响云的生成、演化及消散过程，改变云滴大小、光学特性和微物理结构，进而影响云的生命周期及降水效率（Haywood and Boucher，2000）。另外气溶胶还能改变大气化学过程进而影响温室气体的分布及浓度变化。

此外，大气气溶胶也是空气中的主要污染物，能够引起诸多的空气质量问题，进而影响人们的生产、生活及健康。一方面气溶胶浓度的增加能降低近地表大气的能见度，影响人们出行及交通安全；另一方面气溶胶中的可吸入气溶胶颗粒能够携带大量有毒物质，进入人体后会对人类健康造成一定伤害，最为明显的是导致心肺疾病发病率的提高。因此，对气溶胶性质的研究显得尤为重要。

目前，气溶胶的分类方法尚不统一，但不同性质的气溶胶，其来源、尺度、成分及谱分布等都随时空变化有很大的差异。同时，不同性质、种类的气溶胶，其光学特性也有所不同。气溶胶按其来源可分为一次气溶胶（以微粒形式直接从发生源进入大气）和二次气溶胶（在大气中由一次污染物转化而生成）。按粒径大小和沉降能力，气溶胶又可分为总悬浮颗粒物（total suspended particulates，TSP）、飘尘、降尘、可吸入颗粒物和细颗粒物 PM$_{2.5}$。其中，总悬浮颗粒物是指能悬浮在空气中的，空气动力学当量直径小于 100μm 的颗粒物，是分散在大气中的各种粒子的总称；飘尘是能在大气中长期漂浮的悬浮物质，可远距离输送，粒径一般小于 10μm；降尘是直径大于 30μm 的粒子，由于自身的重力沉降较快；可吸入颗粒物（PM$_{10}$）直径在 10μm 以下，可进入人体呼吸系统的支气管区；细颗粒物可到达人体呼吸系统的肺泡区，其直径小于 2.5μm（陈良富等，2011）。

1983 年，国际气象与大气物理协会（International Association of Meteorology and Atmospheric Physics，IAMAP）提出了大气气溶胶的标准辐射大气（standard radiation atmosphere，SRA）模型，按成分将气溶胶分为 6 种，即水溶性粒子、沙尘性粒子、海洋性粒子（由海浪溅沫形成，可看做 30%的海盐和 70%的水）、煤烟、火山灰和 75%硫酸液滴（World Meteorological Organization，1983）。前四种成分主要分布在对流层中，其按一定的体积分数可组成不同的气溶胶模型。

1.2　气溶胶物理性质和光学性质

1.2.1　气溶胶物理性质

1. 气溶胶粒径

大气气溶胶习惯上指在大气中悬浮着的各种固体和液体粒子，其形状多种多样，可以是近乎球形，如液态雾珠等，也可以是片状、针状及其他不规则形状。气溶胶粒子的尺度一般用粒径来表示。

当被测物体为球形时，所测粒径是它的实际直径。而对于非球形粒子，其粒径就是与之有相同物理性质的球形粒子的直径，即等效粒径。等效粒径一般有空气动力学当量直径、迁移率当量直径、质量当量直径、表面当量直径、扩散当量直径等。其中最常用的一种是空气动力学当量直径，表示与不规则粒子有着相同沉降速率的单位密度（1000kg/m^3 或 1g/cm^3）的球形粒子的直径。根据粒径尺度的不同，气溶胶粒子可分为以下 3 种。

1）爱根核

直径小于 0.05μm 的粒子，数密度随高度增加而迅速减小，主要来源于地面，起凝结核的作用。其中具有吸湿性的尘粒只要过饱和度达 0.5%～2.0%，就可使水汽凝为液水。

2）大核

直径大于 0.05μm，小于 2μm 的粒子，比爱根核稍大，一般只要过饱和度达到 0.5%，就可使水汽凝结。

3）巨核

直径大于 2μm 的粒子，又称巨粒子或者粗粒子，主要来源于地面尘土、火山灰、燃烧及工业排放物、植物粒子等，有一定的沉降速度。广义的巨核包括云、雨滴等液态粒子，狭义的巨核是指云凝结核中尺度最大的那一部分。

2. 气溶胶粒子尺度谱分布

气溶胶粒子尺度谱分布有两种形式，即离散分布和连续分布。但实际测量数据总是离散的，为了方便处理和表述，常转化成连续的，即用一个连续的函数 $n(r)$ 来表示尺度分布，称为谱分布函数，用来描述气溶胶粒子数随半径 r 变化，且有

$$\int_0^\infty n(r)\mathrm{d}r = N \tag{1-1}$$

谱分布函数 $n(r)$ 通常可以写作粒子数谱分布的形式 $\mathrm{d}N/\mathrm{d}r$，表示每单位体积内每单位粒子半径间隔内的粒子个数，也可以写成体积分布的形式 $\mathrm{d}V/\mathrm{d}\ln r$，表示每单位体积内每单位粒子半径间隔内的粒子体积。两者之间存在如下的转换关系（Dubovik and King，2000）：

$$\frac{\mathrm{d}V}{\mathrm{d}\ln r} = \frac{4}{3}\pi r^4 \frac{\mathrm{d}N}{\mathrm{d}r} \tag{1-2}$$

最常见的连续性粒子谱分布函数有荣格（Junge）谱、伽马（Gamma）谱、对数正态（log-normal）谱和双对数正态（bimodal log-normal）谱。

1）荣格谱

20 世纪中期，Junge（1958）在大量观测的基础上，提出用负指数函数来描述气溶胶谱分布：

$$\frac{\mathrm{d}N}{\mathrm{d}r} = 0.4343Cr^{-\nu-1} \tag{1-3}$$

式中，C 为与气溶胶浓度有关的常数，指数 ν 一般在 2～4。荣格谱分布可以近似描述干净大气中半径在 0.1～2.0μm 的气溶胶粒子的分布，而对于其他类型的气溶胶误差较大。

2）伽马谱

伽马谱的形式为

$$n(r) = \frac{1}{ab\Gamma\left(\frac{1-2b}{b}\right)}\left(\frac{r}{ab}\right)^{(1-3b)/b} \cdot \exp\left(-\frac{r}{ab}\right) \tag{1-4}$$

式中，a、b 为常数；Γ 为伽马函数。

1969 年，Deirmendjian（1969）提出了修正的伽马分布函数，主要用来表示环境气溶胶粒子的粒径分布，表达式为

$$n(r) = ar^\gamma \exp(-br^\beta) \tag{1-5}$$

式中，参数 a、b、γ、β 都为正实数（γ 为整数）。

3）对数正态谱

对数正态谱常用于描述气溶胶粒子的粒径分布，表达式为

$$n(r) = \frac{C}{r\sigma\sqrt{2\pi}} \exp\left[-\frac{(\ln r - \ln r_{\mathrm{m}})^2}{2\sigma^2} \right] \tag{1-6}$$

式中，C 为归一化粒子数常数；σ 为标准偏差；r_{m} 为平均半径。

4）双对数正态谱

上述三种气溶胶谱分布函数均为单峰分布，但实际上气溶胶粒径的分布往往存在两个或者更多比较密集的区间，因此可以采用两个对数正态分布的叠加来描述气溶胶的"双峰"尺度分布特征，形式如下：

$$n(r) = \sum_{i=1}^{2} \frac{C_i}{r\sigma_i\sqrt{2\pi}} \exp\left[-\frac{(\ln r - \ln r_{\mathrm{m},i})^2}{2\sigma_i^2} \right] \tag{1-7}$$

式中，$i = 1, 2$ 分别为粗模态和细模态的气溶胶。

3. Angstrom 指数

在大气稳定的情况下，气溶胶粒子谱遵循荣格谱分布，具体关系如下：

$$\tau_a(\lambda) = \beta\lambda^{-\alpha} \tag{1-8}$$

式中，$\tau_a(\lambda)$ 为对应波长 λ 的气溶胶光学厚度；β 为大气浑浊度系数；α 为 Angstrom 波长指数，用来描述气溶胶粒子的大小，一般在 $0\sim2$。气溶胶粒子越大，α 的值就越小。

4. 复折射指数

复折射指数 m 是计算气溶胶光学特性的重要参数，由构成粒子的化学组成决定，不同化学组成的气溶胶的复折射指数差异较大。复折射指数主要由实部和虚部两部分组成，可表示为

$$m = n_{\mathrm{r}} - n_{\mathrm{i}}\mathrm{i} \tag{1-9}$$

式中，n_{r} 为实部，是真空中电磁波波速与在此介质中的波速之比，决定气溶胶粒子的散射能力；n_{i} 为虚部，决定气溶胶粒子的吸收能力。一般来说，除了吸收能力较强的煤烟性粒子外，其他气溶胶粒子的虚部都很小。

1.2.2　气溶胶光学性质

1. 气溶胶光学厚度

气溶胶光学厚度 τ_a（aerosol optical depth，AOD）一般指整层气溶胶消光系数在垂直方向上的积分，用来描述气溶胶对光的衰减作用，公式表示为

$$\tau_a = \int_0^z k(z)\mathrm{d}z \tag{1-10}$$

式中，$k(z)$ 为消光系数。

2. 散射相函数

散射相函数 p（scattering phase function）表示某入射方向 Ω' 的电磁波被散射到方向 Ω 的比例，是一个量纲为一的参数，且满足归一化条件：

$$\frac{1}{4\pi} \int_0^{4\pi} p(\Omega, \Omega')\mathrm{d}\Omega = 1 \tag{1-11}$$

3. 不对称因子

不对称因子 g 反映了粒子前向散射和后向散射的相对强度，其值在 $-1 \sim 1$，定义为散射相函数的一阶矩 [式（1-12）]。瑞利散射具有前向和后向散射对称的特性，因此 $g = 0$，而对 Mie 散射（米散射）来说，粒子半径越大，前向散射的衍射峰越尖锐，g 越大。

$$g = \frac{1}{2} \int_{-1}^1 p(\cos\theta)\cos\theta\mathrm{d}\cos\theta \tag{1-12}$$

4. 单次散射反照率

单次散射反照率 ω（single scattering albedo，SSA）是散射系数 σ_s 与消光系数 σ_e 的比值 [式（1-13）]，反映了粒子散射能力的强弱。当 $\omega = 0$ 时，表示粒子只吸收不散射；当 $\omega = 1$ 时，表示粒子只散射不吸收。

$$\omega = \sigma_s/\sigma_e \tag{1-13}$$

1.3 大气辐射传输模型

大气辐射传输模型是基于大气辐射传输方程，模拟太阳辐射在地气系统中一系列的传输过程并计算卫星传感器理论接收到的辐射亮度的模型。目前，国内外学者已经对其进行了大量研究，发展了一系列辐射传输模型和软件，如 6S 辐射传输模型、LOWTRAN、MODTRAN、FASCODE 等。

1.3.1 6S 辐射传输模型

6S（second simulation of the satellite signal in the solar spectrum）辐射传输模型

（以下简称 6S 模型）是由法国大气光学实验室和美国马里兰大学地理系开发的，目前被广泛应用于大气辐射传输模拟。6S 模型适用于可见光—短波红外（0.25～4.0μm）范畴，光谱分辨率从 5nm 提高到了 2.5nm，它能够模拟机载观测、设置目标高程、解释二向性反射分布函数（bidirectional reflectance distribution function，BRDF）作用和临近效应，增加了两种吸收气体（CO、N_2O）的计算并且采用连续阶算法计算散射作用以提高精度。此外，6S 模型还考虑了非朗伯地面情形的计算及星下点的观测计算等（Vermote et al，1997）。6S 模型的输入参数主要由以下 8 个部分组成。

1）几何路径参数

6S 模型既可以使用常用卫星类型的简化输入参数，也可以自定义几何路径参数。相对于地面点，该参数主要用来确定太阳、地物与卫星传感器的几何关系，一般使用太阳天顶角、卫星天顶角、相对方位角等来描述。

2）大气模式

6S 模型定义了大气的基本成分及温湿廓线。6S 模型引用了 LOWTRAN 模式中的大气模式，包括：无气溶胶大气模式、热带大气模式、近极地冬季大气模式、近极地夏季大气模式、中纬度冬季大气模式、中纬度夏季大气模式及美国 62 标准大气模式 7 种大气模式。另外也可以使用自定义大气模式，输入实测探空资料，模拟更为实际和准确的大气模式。

3）气溶胶模式

6S 模型中气溶胶模式由气溶胶模型和气溶胶浓度两部分组成。气溶胶模型包括 7 种标准模式类型，分别是无气溶胶类型、大陆型气溶胶类型、城市型气溶胶类型、海洋型气溶胶类型、沙漠气溶胶背景的 Shettle 模式气溶胶类型、生物燃烧型气溶胶类型及平流层气溶胶类型，另外还有 6 种由实测探空数据生成的自定义类型。

4）地面高度

6S 模型中目标高度参数是观测目标的海拔，单位为 km。当输入的值大于或等于 0 时表示观测目标与海平面等高，输入的值小于 0 时其绝对值表示目标地物的实际高度。

5）传感器高度

6S 模型中传感器高程有卫星观测、地面观测、飞机观测 3 种设置方式，其中输入值–1000 表示卫星测量，0 表示地面观测，–100～0 表示飞机观测，其绝对值代表飞机相对于目标的高度（km）。

6）光谱条件

6S 模型提供了 MODIS、TM、POLDER、AVHRR（advanced very high resolution radiometer）等传感器的标准定义光谱响应函数。另外，用户也可以自定义光谱响应函数，输入以 2.5nm 为间隔的传感器的光谱范围和过滤函数，也可以自行输入波段上下范围等。

7）地面特性

6S 模型中将地表分为均一和非均一两种反射率类型。在均一地表情况下，又分为无方向效应和有方向效应两种类别，无方向效应表示地表为均一的朗伯地面反射体，有方向性效应则考虑了地表与大气的双向反射特性。6S 模型提供了 9 种较成熟的 BRDF 模式，用户也可以自定义 BRDF。

8）表观反射率

6S 模型有正向和反向两种运算方式。正向运算是在地表反射率、大气模式、气溶胶类型和浓度等参数确定的情况下来计算传感器接收到的表观反射率或辐射能量，而反向运算是假设地表为朗伯体，在表观反射率、大气模式、气溶胶类型和浓度等参数已知的条件下，计算得到地表反射率，这个过程也是大气校正的过程。

1.3.2 LOWTRAN

LOWTRAN 是由美国空军地球物理实验室开发的低分辨率大气辐射传输模式，原意为"低谱分辨率大气透过率计算程序"，适用于从紫外线、可见光、红外线到微波乃至更宽的电磁波谱范围内，包括云、雾、雨等多种大气状况的大气透过率及背景辐射。LOWTRAN7 版本增加了多次散射计算，是目前普遍使用的版本（陈述彭等，1998）。它以 $20cm^{-1}$ 的光谱分辨率的单参数带模式计算 $0\sim 50000cm^{-1}$ 的大气透过率、大气背景辐射、单次散射的阳光和月光辐射亮度、太阳直射辐照度，大致可分为以下 3 个部分。

（1）大气模式输入。包括大气温度、气压、密度的垂直廓线、水汽、臭氧、甲烷、一氧化碳和一氧化二氮的混合比垂直廓线及其他 13 种微量气体的垂直廓线，城乡大气气溶胶、雾、沙尘、火山灰、云、雨的廓线和辐射参量，如消光系数、吸收系数、非对称因子的光谱分布及地外太阳光谱。

（2）探测几何路径、大气折射及吸收气体含量。

（3）光谱透过率计算及大气太阳背景辐射计算（包括或不包括多次散射）。

1.3.3 MODTRAN

MODTRAN 为中等光谱分辨率大气透过率及辐射传输算法和计算模型，是 LOWTRAN 的改进模型，适用于可见光—热红外（0.38~1000μm）范畴，考虑了几种典型地物的二向反射性，采用正演方法，即已知地面信息来获得遥感器所接收到的辐射信息（赵英时，2013）。与 LOWTRAN 相比，MODTRAN 将分

子吸收计算改进为 $2cm^{-1}$ 的光谱分辨率和在 $1cm^{-1}$ 光谱间隔上进行计算。在计算分子透过率的方法上，MODTRAN 采用的带模式使用了 3 个与温度相关的参数，即吸收系数、线密度参数和平均线宽，使之更精确地服从分子跃迁的温度和压力关系（能级粒子数和 Voigt 线型），而且可以计算热红外的辐射亮度、辐照度等。

1.3.4　FASCODE

FASCODE 是一个以完全的逐线比尔-朗伯（Beer-Lambert）算法计算大气透过率和辐射的软件。通过对每一层分子吸收、散射效应及一些连续吸收的计算，FASCODE 提供了"精确"透过率计算的处理，并且考虑了非局地热力平衡状态的处理，原则上其应用高度不受限制。因此，FASCODE 通常用作评估遥感系统或参数化带模型的基准软件。

1.4　气溶胶遥感反演基本原理

卫星遥感反演气溶胶主要是利用卫星传感器探测的大气顶部的反射率，即表观反射率，可以表示为（Kaufman et al.，1997a）

$$\rho^* = \frac{\pi L^*}{\mu_0 F_0} \tag{1-14}$$

式中，ρ^* 为表观反射率；L^* 为卫星传感器获取的辐射亮度；μ_0 为太阳天顶角的余弦；F_0 为大气上界的太阳辐射通量密度。

假设下垫面为均匀的朗伯面，大气在垂直方向上变化均匀，则表观反射率 ρ^* 和地表反射率 ρ 之间的关系可以表示为

$$\rho^*(\theta, \vartheta, \phi) = \rho_a(\theta, \vartheta, \phi) + \frac{T(\theta)T(\vartheta)\rho(\theta, \vartheta, \phi)}{1 - \rho(\theta, \vartheta, \phi)S} \tag{1-15}$$

式（1-15）表示理想情况下的大气辐射传输方程，其中 θ、ϑ、ϕ 分别为太阳天顶角、卫星天顶角及相对方位角（太阳方位角与卫星方位角差的绝对值）；$\rho_a(\theta, \vartheta, \phi)$ 为大气路径辐射等效反射率（即路径辐射）；$T(\theta)$ 和 $T(\vartheta)$ 分别为向下和向上的整层大气透过率；$\rho(\theta, \vartheta, \phi)$ 为朗伯面的地表反射率；S 为大气后向散射比，也叫作大气下界的半球反射率；$1 - \rho(\theta, \vartheta, \phi)S$ 为地表与大气层的多次散射作用。由式（1-15）可知，已知大气参数 ρ_a、$T(\theta)T(\vartheta)$、S 的情况下，可以由 ρ^* 计算得出 ρ，这也就是大气校正的过程。

在单次散射近似中，ρ_a 与 τ_a、气溶胶散射相函数 $P_a(\theta, \vartheta, \phi)$ 和单次散射反照率 ω_0 存在一定的比例关系，它们之间的关系可以表示为

$$\rho_a(\theta,\vartheta,\phi) = \rho_m(\theta,\vartheta,\phi) + \frac{\omega_0 \tau_a P_a(\theta,\vartheta,\phi)}{4\mu\mu_0}\tag{1-16}$$

式中，$\rho_m(\theta,\vartheta,\phi)$ 为由于大气分子散射造成的路径辐射；μ 和 μ_0 分别为卫星观测方向与太阳入射方向的余弦。式（1-15）中的 $T(\theta)$、$T(\vartheta)$ 和 S 也都取决于 ω_0、τ_a 和 $P_a(\theta,\vartheta,\phi)$，若不考虑气体吸收，则大气顶层卫星观测得到的 ρ^* 与 ρ 之间的关系又可以表示为

$$\rho^*(\theta,\vartheta,\phi) = \rho_m(\theta,\vartheta,\phi) + \frac{\omega_0 \tau_a P_a(\theta,\vartheta,\phi)}{4\mu\mu_0} + \frac{T(\theta)T(\vartheta)\rho(\theta,\vartheta,\phi)}{1-\rho(\theta,\vartheta,\phi)S}\tag{1-17}$$

由式（1-17）可以看出，大气上界卫星传感器观测的 ρ^* 不仅是 τ_a 的函数，还是 ρ 的函数。由于 ρ^* 和太阳天顶角、卫星天顶角及相对方向角 (θ,ϑ,ϕ) 可以通过卫星数据得到，因此如果确定了 ρ，同时又能选取符合实际情况的气溶胶和大气模式以提供 ω_0、$P_a(\theta,\vartheta,\phi)$ 等参数的值，确定了这些值之后，理论上就能够反演得到 AOD，反过来，如果已知地面上空的 AOD、气溶胶类型及大气模式，也可以反演得到 ρ，这就是 AOD 遥感反演的理论基础（刘玉洁和杨忠东，2001）。

实际反演 AOD 是假设不同气溶胶模式和观测几何状况，利用辐射传输模型（如 6S 模型）计算得到 τ_a 与 ρ_a、S、$T(\theta)T(\vartheta)$ 三个参数之间的对应关系，以此构建查找表，最后通过查找表算法来获取 AOD。

1.5　气溶胶遥感反演方法

气溶胶传统研究方法主要包括基于现场的化学采样法和利用化学传输模式模拟的方法。其中，化学采样法需要开展大量的实验，气溶胶复杂多变，实验结果不能满足大区域研究的需要。模式模拟在研究气溶胶方面受到排放源清单数据的限制，很难获取准确的模拟结果。而遥感能够快速获取气溶胶的光学参数，为气溶胶研究提供了新的途径。

1.5.1　地基遥感反演方法

欧美国家较早开展了地基观测气溶胶方面的工作。美国史密森尼环境研究中心在 1905 年就开始利用太阳辐射计在北非和南美地区进行观测，研究高海拔地区气溶胶的影响（Roosen et al., 1973）。之后欧美学者又陆续利用太阳光度计数据对欧洲、南极洲等地进行了气溶胶观测（Volz, 1968；Shaw, 1982；Herber et al., 1993）。国内很多学者也开展了类似的工作，利用太阳光度计数据分析大气气溶胶

的光学特性、Angstrom 波长指数和大气浑浊度指数、气溶胶粒子谱分布规律（张军华和刘莉，2000；牛生杰和孙继明，2001）等，进而分析大气气溶胶的来源（李正强等，2003）。近年来雾霾天气频发，很多学者利用太阳光度计观测结果分析雾霾天气时气溶胶的变化规律（王静等，2013）。

进入 20 世纪 80 年代，地基网络遥感监测技术得到发展，开始了地基气溶胶遥感监测的网络化和自动化监测时代，并逐步建立了一系列气溶胶监测网络。目前在国际上有两个影响较大的气溶胶监测网络：

（1）世界气象组织（World Meteorological Organization，WMO）的气溶胶监测网。观测项目主要包括 AOD、气溶胶质量、气溶胶的化学组成、气溶胶消光系数、气溶胶粒子数密度、气溶胶粒子谱分布等，其目标是研究大气气溶胶的时空分布特征及气溶胶对空气质量的影响（延昊等，2006）。

（2）气溶胶自动观测网（aerosol robotic network，AERONET），由美国国家航空航天局（National Aeronautics and Space Administration，NASA）创建并发展，是目前影响力最大的气溶胶自动观测网络（Holben et al.，1998）。AERONET 在全球范围内布设了超过 600 个的观测站点，采用的观测仪器为法国 CIMEL 公司生产的 CE318 系列全自动太阳光度计，且观测数据可以从官方网站上免费下载。

虽然近年来气溶胶地基观测网络的建设逐步完善，但在进行区域气溶胶研究时，观测站点分布仍然较为稀疏，很难满足实际研究需要。

相对于气溶胶自动观测网，地基激光雷达是另一种重要的气溶胶观测手段。激光雷达利用激光器发射激光并和大气中气溶胶及大气分子产生作用，进而产生后向散射，通过接收后向散射信号实现对大气的测量。大气激光雷达主要包括微波激光雷达、风廓线雷达、Mie 散射激光雷达和拉曼散射激光雷达等（王成，2015）。激光雷达反演气溶胶光学参数的方法主要有斜率法（Collis and Russell，1976）、Klett 法（Klett，1981）及 Fernald 法（Fernald，1984），目前最常用的是 Fernald 法。地面激光雷达具有的最大优势就是能获取垂直方向上大气 AOD、成分、浓度及粒径分布情况（刘诚等，2006）。目前已被应用到气溶胶研究的各个方面，如利用激光雷达研究沙尘对局地气溶胶的影响，分析云对高空气溶胶的消光特性的影响，研究火山爆发后气溶胶的变化等。由于地基激光雷达目前没有自动观测网络，只能通过自行观测获取数据，获取的数据范围十分有限。

1.5.2　卫星遥感反演方法

地基遥感虽能得到较准确的气溶胶信息，但由于受到区域的限制，难以反映出气溶胶大范围、连续的时空变化，而卫星遥感则可以弥补这个缺陷。卫星观测具有覆盖范围广、信息量丰富、客观真实性强、信息源可靠等诸多优势，与地基观测相结合，就能较真实地反映大气环境实际情况，为实时了解大区域范围内的大气变化提供了可能。

在不考虑地气系统之间的多次反射作用及交叉辐射作用的情况下，卫星传感器所获得的总辐射亮度主要由地表对太阳直射辐射的反射及大气气溶胶和其他大气成分对太阳短波辐射的后向散射所组成。因此，要利用卫星数据反演出大气气溶胶光学参数，必须精确地从卫星传感器所接收的总辐射亮度中，将地表反射辐射项和大气路径辐射项分离开来，去除地表信息的贡献。陆地上空与海洋上空的气溶胶反演有着巨大的差异。对于海洋上空而言，在不考虑镜面反射的情况下，水面对于太阳直射辐射的反射很小，并且大气分子的密度与组成比较稳定，所以能够较为容易地反演出海洋上空的气溶胶光学特性。而对于陆地而言，下垫面的变化较为复杂，不同类型的地表的反射率差异明显，给反演陆地气溶胶带来了一定的难度。因此，陆地气溶胶遥感一直是国际研究的难点与热点。

目前利用卫星遥感反演陆地气溶胶的方法主要有以下 5 种。

（1）暗像元法，也叫暗目标法、浓密植被法，多用于低空间分辨率的传感器（如 AVHRR、MODIS 等）。其反演原理是，除尘埃外，AOD 一般随波长的增大而减小，可见光波段（0.47μm 和 0.66μm）的 AOD 比短波红外波段（2～4μm）大 3～30 倍，而且太阳光谱波段的地表反射率也与波长相关。由于大量浓密植被在红光、蓝光波段的反射率很低（0.01～0.02），利用这一特性，可以较精确地从传感器获得的信息中将地表和大气的贡献区分开。Kaufman 等（1997b）利用大量飞机观测试验表明，MODIS 的红光通道（0.62～0.67μm）和蓝光通道（0.459～0.479μm）的地表反射率与近红外通道（2.105～2.135μm）的表观反射率在密集植被地区甚至比较暗的土壤地区，都呈现良好的线性相关，并且气溶胶对近红外通道的观测影响不大。因此，可以利用近红外通道的反射率区分暗目标和亮目标，以此得到红光通道、蓝光通道的暗目标的反射率，从而反演出 AOD。该算法已经成功应用于 MODIS 陆地气溶胶反演，但其主要适用于浓密植被覆盖的低地表反射率区域，城市、干旱半干旱等反射率较高的地区并不适用，这在一定程度上限制了该方法的应用范围。此后 Levy 等（2007）在原有基础上，在地表反射率的确定过程中引入了植被指数和散射角这两个参数，提出了改进的暗像元法（称为 MODIS V5.2 算法），该方法不仅考虑了 AOD 小值的情况，更有效地去除了非均一性地表的影响，同时使用波段插值的方法实现海拔校正、改进了地表反射率函数等，使得反演结果更加精确合理，是目前使用最为广泛的陆地气溶胶遥感反演算法。

（2）结构函数法，又称反差减少法，是 Tanré 等（1988）和 Holben 等（1992）为了解决高地表反射率对气溶胶检测的限制，在采用对比法时，引入了结构函数

的概念，提出的新的监测方法。该算法主要利用表观反射率的地表贡献项反演
AOD，为干旱和半干旱地区及城市地区等亮地表上空的 AOD 反演提供了途径。
该算法在应用于反演的过程中，需要已知的干洁背景的气溶胶信息，假定一段时
间内研究区地表反射率不发生变化，通过地面观测等途径来确定"清洁日"AOD，
利用两日内透射函数的变化量即可获得另一天"污染日"的 AOD。周春艳等（2012）
利用 HJ-1A/B 数据探讨了最优结构函数公式、距离值和窗口大小对结构函数值的
影响，通过创建的结构函数公式计算了结构函数值，并利用结构函数法反演了北
京及其周边地区 AOD。朱琳等（2016）以胶州湾地区为例，利用 250m 和 500m
两种分辨率数据计算了不同像元间隔时的结构函数值，实验发现线性区域均值法
在一定程度上提高了反演精度和稳定性。

（3）深蓝（deep blue）算法。Hsu 等（2006）根据在红光和蓝光波段 AOD 的
变化对传感器获得的辐射值具有显著影响提出了基于地表反射率数据库的深蓝算
法，使用清晰的 SeaWIFS 图像构建了地表反射率数据库，在 AOD 较小时仅使用
蓝光数据进行反演，AOD 较大时则综合使用红光和蓝光数据一起进行反演，该方
法已成功应用于撒哈拉沙漠、阿拉伯半岛等干旱、半干旱地区。王中挺等（2008）
基于深蓝算法以北京地区为试验区，以 MODIS 的地表反射率产品为基础建立了
地表反射率库。王中挺等（2012）利用地面观测数据分析了各种典型地物在电荷
耦合器件（charge-coupled device，CCD）相机与 MODIS 蓝光波段反射率之间的
关系，提出了将 MODIS 地表反射率修正到 CCD 相机的方法，进而实现地气解耦，
以反演 AOD。张璐等（2016）利用我国 HJ-1 卫星 CCD 数据，运用深蓝算法开展
长江三角洲（以下简称长三角）地区 AOD 反演的可行性研究，结果表明深蓝算
法得到的 A 星、B 星的反演结果与 MODIS 气溶胶产品呈显著相关，但在数值上
普遍高于 MODIS 产品。

（4）偏振算法。由于大气散射辐射具有强偏振性，而大多数陆地表面反射辐
射具有弱偏振特性且其时空变化较小，此时利用偏振信息就可以有效地将大气和地
表的贡献区分开来（Deuzé et al., 1993; Bréon et al., 2002）。随着 POLDER/PARASOL
等偏振仪器的应用，偏振遥感得到了快速的发展，在大气气溶胶监测方面也发挥
了非常重要的作用。段民征和吕达仁（2008）利用 POLDER-1 多角度偏振数据，
通过多次试验和反复研究，提出了联合利用多通道、多角度偏振辐射和标量辐射
实现同时反演陆地上空 AOD 和地表反照率的算法，提出并建立了半参数化数值
表，提高了查找表的计算效率。Cheng 等（2010）对气溶胶形状、模式、光学厚
度对表观反射率和偏振反射率的敏感性进行分析，提出了一种可以同时反演气溶
胶形状、模式和光学厚度的算法。Dubovik 等（2011）研究发展了一种不需要建
立查找表就可以进行反演 POLDER/PARASOL 卫星多波段、气溶胶多参数的统计
优化算法。陈澄等（2015）针对华北地区 2012 年的 PARASOL 卫星观测数据，应

用动态气溶胶模型反演算法反演 AOD，并与地面观测站点进行对比验证，结果显示通过气溶胶模型选取与反演结果的迭代约束，与 PARASOL 气溶胶产品相比一定程度提高了反演结果的精度。

（5）多角度算法。多角度算法的原理是，假设地表辐射亮度的角度变化不随着波长的变化而改变，那么基于不同角度的地表辐射亮度的变化就能够把地表贡献从大气层顶部的总辐射亮度中分离出来（Martonchik，1997；Diner et al.，2005）。Veefkind 等（2000）最先发表了运用双角度算法反演 AOD 的结果，在对流层气溶胶辐射强迫观测实验（tropospheric aerosol radiative forcing observational experiment，TARFOX）中，利用 ATSR-2 资料对美国中部大西洋沿岸的 AOD 进行反演，获得了与地基观测相似的结果。Grey 等（2006）同样利用 AATSR 的双角度特性开发 AARDVARC 算法。王磊（2011）利用 AATSR 双角度观测数据构建了两种气溶胶反演方法，即基于地表先验知识的气溶胶反演算法和基于 AATSR 比值的气溶胶反演算法。茹佳佳等（2012）尝试以单星多角度卫星观测数据同时反演晴空陆地的 AOD 和地表反射率，对直接利用单星多角度观测数据反演获得一段时间内平均的 AOD 进行了尝试。

1.6　气溶胶污染遥感监测

大气污染是世界性的环境问题。20 世纪以来，工业化和城市化在世界范围内得到迅猛发展，产生了大量的工业废气、烟尘、汽车尾气等。这些污染物质排入大气，由此造成能见度降低、交通堵塞、呼吸病患者增多等问题，对环境及人类的生产、生活和健康造成严重危害。大气的严重污染已经引起了国际社会的高度关注。大气污染在发展中国家尤为突出。中国作为最大的发展中国家，经济正处于高速发展时期，同样面临着严重的大气环境问题。

大气污染物主要包括污染气体和颗粒物，后者是中国许多城市的主要污染物。因此，控制颗粒物的排放对改善空气质量具有重要意义。大气污染监测是对其进行有效控制与治理的基础。目前，颗粒物大气污染监测主要包括地基监测和卫星监测。前者是通过在地面布设站点进行人工或仪器自动观测以得到污染物的浓度及时间变化。我国地基大气污染监测点主要分布在城市内，但由于污染物的空间和时间上的多变性，地基监测虽然可以得到较准确的污染物浓度信息，但有限的地面监测点的数据，不能够反映大范围的大气颗粒物的特征。而卫星监测具有宏观、实时、动态探测大气的能力和优势，这为大范围大气污染物的估算和监测提供了有效的技术手段（王桥等，2004）。

许多学者已经开始利用卫星数据探讨大气颗粒物质量浓度估算及霾检测方法，为大气污染的防治提供新思路。其中，MODIS 数据能够监测局地甚至全球尺度的颗粒物大气污染（Chu et al.，2003；Engel-Cox et al.，2004；Gupta et al.，2006，2007），并且已被广泛运用到大气污染研究中。大量研究表明，AOD 与大气颗粒物浓度之间存在一定的相关关系（Wang and Christopher，2003；Hutchison et al.，2005；Vidot et al.，2007；Nicolantonio et al.，2010）。目前卫星遥感监测颗粒物利用的也主要是这一关系，以 AOD 来反映大气污染颗粒物状况，但 AOD 毕竟不等同于地面颗粒物质量浓度，两者各自具有不同的物理意义：AOD 代表垂直方向上消光系数的积分，与垂直方向气溶胶颗粒总浓度相关；地面颗粒物质量浓度代表地面气溶胶颗粒浓度，容易受到大气条件的影响。因此，两者之间的相关性受季节或天气条件影响较大，因此最好分季节或天气条件，分别建立颗粒物浓度与 AOD 之间的相关模型（Barnaba et al.，2010；Tian and Chen，2010b；Zha et al.，2010），或者结合地面温度和相对湿度来改进模型精度（Li et al.，2005；Tian and Chen，2010a；Wang et al.，2010）。

　　当大气颗粒物急剧增加时，能见度下降，从而形成霾，它是一种严重的大气污染现象。国际上，利用卫星进行霾监测始于 20 世纪 90 年代。Dreiling 和 Friederich（1997）基于 1994 年春季在西伯利亚、阿拉斯加、加拿大等地区获得的遥感和地面数据，分析得出在北极地区的东部和西部出现霾，并给出霾的水平和垂直范围。2002 年，Zhang 等（2002）提出了霾优化变换（haze optimized transformation，HOT）算法用于 Landsat TM/ETM+ 影像的霾和薄云的检测去除，并明显改善了土地覆被分类的精度（Zhang and Guindon，2003）。

　　此外，卫星遥感方法也成为分析气溶胶污染时空变化的主要技术手段之一。20 世纪 70 年代，AVHRR 卫星传感器的发射升空，开创了卫星遥感数据研究气溶胶变化的时代。1977 年美国国家海洋和大气管理局（National Oceanic and Atmospheric Administration，NOAA）利用 AVHRR 进行 AOD 反演，并成功利用 AVHRR 反演的 AOD 分析了由撒哈拉沙漠输入热带大西洋上空的沙尘气溶胶的含量（Husar et al.，1997），研究了气溶胶在海洋水色遥感中的影响（Gordon，1978）。由于海洋表面反射率数据较易获取，而陆地上空气溶胶反演更为复杂，也更具有实际研究意义，由此开始了陆地气溶胶变化的研究（Tanré et al.，1979）。陆地气溶胶时空变化研究包括区域性的气溶胶变化研究，如 Polissar 等（1998）对美国阿拉斯加的大气气溶胶进行了时空变化研究，并获得了相关气溶胶的变化规律。另外也包含全球大尺度的气溶胶时空变化研究，如利用 MODIS 数据对全球气溶胶变化进行了分析，发现北美和欧洲在 2002～2006 年 AOD 呈减少趋势，而东亚和印度的 AOD 呈增长趋势（Remer et al.，2008）。在中国，近年来很多学者也开展了类似的工作，利用多年卫星遥感数据分析了全国范围内的气溶胶分布特征（罗宇翔等，2012），还对不同区域进行了气溶胶年际变化分析，结果认为我国陆地气溶胶呈现一定的增长趋势（郑小波等，2011）。另有一些学者针对其中个别区域开展了更为细致的气溶胶时空变化研究，发现经济发达地区气溶胶浓度较高，其中以长江三角洲、环渤海和京津冀地区最为显著（刘灿等，2014）。

气溶胶时空变化受诸多因素影响，气象因子是其中影响较为显著的因素之一。气象因子中风速、相对湿度等对 AOD 均有一定影响。研究表明风速能加速气溶胶扩散，当风速较小时不利于气溶胶扩散；相对湿度也是影响气溶胶变化的因素之一，气溶胶颗粒物能够吸收大气中的水分膨胀，进而改变颗粒物的光学特性和尺度，影响气溶胶浓度和大气能见度。目前多采用地面气象站实测的气象数据来分析气象因子对气溶胶浓度的影响，然而气象站实测数据为近地面气象数据，而气溶胶则分布于整层大气中，仅利用地面监测数据很难全面分析气象因子对气溶胶变化的影响。除气象因子外，外来输入也是区域气溶胶变化的一个影响因素，一些学者利用 WRF-CMAQ 等大气模式来模拟外来输入对气溶胶的变化影响，但大气模式操作难度较大且高精度的排放源清单不易获取，直接利用大气模式进行外来输入气溶胶研究存在一定的不确定性，而后向轨迹分析法则是研究气溶胶输送的便捷手段，也是研究区域性粒子传输问题中常用的方法（Seibert et al.，1994；Allen et al.，1999；Abdalmogith and Harrison，2005），并取得了较好的效果。

第2章　地基遥感气溶胶反演

2.1　概　　述

气溶胶地基观测主要可分为宽带分光辐射遥感、全波段太阳直接辐射遥感、测量太阳直接辐射的多波段太阳光度计（以下简称太阳光度计）遥感、华盖计遥感、根据天空散射亮度分布遥感及激光雷达遥感等（黎洁和毛节泰，1989），其中常用的有太阳光度计和激光雷达遥感。

太阳光度计是通过测量可见光至近红外波段范围内的窄波段滤光片的大气对太阳直接辐射的消光系数，进一步反演出大气粒子谱和大气 AOD 的仪器。从 20 世纪 90 年代开始，NASA 建立了 AERONET 地基气溶胶遥感观测网。目前，该观测网已经覆盖了全球主要区域，观测站点已经达到了 600 多个。AERONET 反演的产品均通过了严格的校准、云掩膜处理及敏感性标准的判定（Dubovik and King，2000），因此精度较高，已被全球科学工作者作为气溶胶特性的地基测量真实值使用。AERONET 观测网统一采用法国 CIMEL 公司生产的全自动 CE-318 太阳光度计，该仪器工作的 8 个中心波长分别为 340nm、380nm、440nm、670nm、870nm、940nm、1020nm 和 1640nm。由太阳直接辐射可获得 6 个波段的 AOD，观测精度为 0.01～0.02。其反演算法（Dubovik and King，2000）根据太阳光度计测量得到的太阳直接辐射和天空散射辐射可以提供大气柱中的气溶胶光学特性，包括 AOD、单次散射反照率和气溶胶粒子尺度分布等。

激光雷达则是通过探测器接收激光和大气中气溶胶及大气分子的作用而产生的后向散射，实现了对大气的测量。大气中各种物质和激光光束相互作用产生的回波信号是激光雷达探测气溶胶的关键。激光光束和大气分子、气溶胶粒子之间相互作用发生的各种物理过程是反演消光系数等参数的物理基础。它包括分子的瑞利（Rayleigh）散射、气溶胶粒子的米（Mie）散射及分子散射频率变化的拉曼（Raman）散射等多种散射过程。Mie 散射是一种散射光与入射光波长相同的弹性散射，它的散射主要集中在前向。气溶胶粒子的 Mie 散射强度较大，因此 Mie 散射激光雷达是主要的气溶胶探测手段。

太阳光度计和 Mie 散射激光雷达相比较，前者只能反演获得整个气柱的AOD，而后者的优势在于可以获取不同高度的气溶胶消光特性。

2.2　太阳光度计反演气溶胶

2.2.1　AOD 反演

本书选择南京师范大学仙林校区北区为研究区,利用法国 CIMEL 公司研制的多波段自动跟踪太阳光度计 CE-318,于 2007 年 10 月～2008 年 12 月进行了大气气溶胶光学特性的观测研究（黄建龙等,2009）。

大气观测点设在南京师范大学仙林校区地理科学学院 37 幢宿舍楼顶（32.013°N,118.910°E）,海拔 52.5m。利用法国 CIMEL 公司研制的多波段自动跟踪太阳辐射计 CE-318 进行了测量,其波段设置如表 2-1 所示,其中 936nm 波段有水汽吸收,670nm 波段有微弱臭氧吸收,P1、P2、P3 为偏振波段,所以本书利用位于大气窗口的 1020nm、870nm 和 440nm 波段进行定标和 AOD 反演,以及反演大气浑浊度系数和 Angstrom 波长指数。

表 2-1　CE-318 波段设置

波段配置	1	2	3	4	5	6	7	8
中心波长/nm	1020	870P1	670	440	870P2	870	936	870P3
宽度/nm	10	10	10	10	10	10	10	10

1. 反演原理

大气光学厚度是与波长有关的量,根据 Beer 定律,地面上的直接太阳辐照度 $E(\lambda)$ 和波长的关系可以表示为

$$E(\lambda) = E_0(\lambda)R^{-2}\exp[-m_a\tau(\lambda)] \tag{2-1}$$

式中, $E_0(\lambda)$ 为日地距离为一个天文单位时地球大气上界的太阳辐照度（W/m^2）;R^{-2} 为测量时的日地距离的修正值（AU）;m_a 为大气质量数,表示斜入射时大气的等效光程和垂直入射时的大气光程之比（垂直入射时,大气质量数为 1）;$\tau(\lambda)$ 为大气总光学厚度。由于太阳辐射计输出的电压值 $V(\lambda)$ 正比于探测器接收到的太阳辐照度 $E(\lambda)$,式（2-1）可以写成

$$V(\lambda) = V_0(\lambda)R^{-2}\exp[-m_a\tau(\lambda)] \tag{2-2}$$

式中, $V_0(\lambda)$ 为对应大气层外太阳辐照度的仪器响应电压,可以通过 Langley 法求出。

从式（2-2）中可以看出，若$V(\lambda)$、$V_0(\lambda)$、R^{-2} 和 m_a 已知，即可求出 $\tau(\lambda)$。$\tau(\lambda)$ 由分子（瑞利）衰减、气体吸收消光和气溶胶衰减三部分组成，关系如下：

$$\tau(\lambda) = \tau_r(\lambda) + \tau_g(\lambda) + \tau_a(\lambda) \tag{2-3}$$

式中，$\tau_r(\lambda)$ 为瑞利散射光学厚度；$\tau_g(\lambda)$ 为气体吸收光学厚度；$\tau_a(\lambda)$ 为气溶胶光学厚度。从式（2-3）中可以看出，若 $\tau_r(\lambda)$ 和 $\tau_g(\lambda)$ 已知，就能求出 $\tau_a(\lambda)$。

2. 参数确定

1）定标常数 $V_0(\lambda)$ 的确定

在观测点采用 Langley 法对 CE-318 进行现场定标，选择 2007 年 11 月 27 日的原始数据做标定，该天大气状况稳定，能见度好，气溶胶浓度较小且全天变化不大。将式（2-2）两边取对数，得

$$\ln[V(\lambda)R^2] = \ln V_0(\lambda) - m_a\tau(\lambda) \tag{2-4}$$

假设在测量过程中大气状况稳定，$\tau(\lambda)$ 基本不变，以大气质量数 m_a 为自变量，太阳辐射计测量值 $V(\lambda)$ 与 R^2 乘积的自然对数为因变量进行线性拟合，得到一条直线，其截距为 $\ln V_0(\lambda)$，斜率的绝对值就是 $\tau(\lambda)$。

2）日地距离修正值的确定

日地距离修正值 R^{-2} 可由式（2-5）计算（Duffie and Beckman，1980）：

$$R^{-2} = 1 + 0.33 \cdot \cos(2\pi J / 365) \tag{2-5}$$

式中，J 为一年中的天数。

3）大气质量数的确定

当把大气看作是一个平面，不考虑它的曲率，同时也忽略大气的折射率随高度的变化，大气质量近似等于 $\sec\theta$，当 $\theta > 60°$ 时，大气的曲率就变得重要了，可以采用如下公式计算：

$$m = \frac{1}{\cos(\pi\theta / 180) + 0.15(93.885 - \theta)^{-1.253}} \cdot \frac{P}{1013.25} \tag{2-6}$$

式中，P 为测量仪器所在处的大气压强（hPa）；θ 为太阳天顶角，可以由球面几何计算得到。

$$\cos\theta = \sin\lambda\sin\delta + \cos\lambda\cos\delta\cos h \tag{2-7}$$

式中，λ 为观测点的纬度；δ 为太阳直射点的纬度（北半球为正，南半球为负）；h 为时角（北半球为正，南半球为负）。

太阳直射点的纬度 δ 只是一年中各天的函数，和观测点的经纬度没有关系，变化在南北回归线之间，采用 Spencer（1971）提出的表达式计算：

$$\delta = (0.006918 - 0.399912\cos D + 0.070257\sin D - 0.006758\cos 2D \\ + 0.000907\sin 2D - 0.002697\cos 3D + 0.00148\sin 3D)\cdot 180/\pi \tag{2-8}$$

式中，D 为日角，由式（2-9）计算得到：

$$D = 2\pi(d_n)/365 \tag{2-9}$$

式中，d_n 为一年中每日的序列号。

时角 h 和真太阳时 TST 有关，TST 每隔一小时，时角变化 15°。太阳正午（TST = 12）时，时角为 0°，6 时的时角为–90°，18 时为 90°，因此地理经度 v（东经为正，西经为负）处的时角为

$$h = \left(\mathrm{GMT} + \frac{v}{15} + \mathrm{Ei} - 12\right) \times 15° \tag{2-10}$$

式中，GMT 为世界时间；Ei 为修正值，可由式（2-11）计算得到。

$$\mathrm{Ei} = 0.000075 + 0.001868\cos D - 0.032077\sin D - 0.014615\cos 2D \\ - 0.04089\sin 2D \times \frac{229.18}{60} \tag{2-11}$$

4）瑞利散射光学厚度 $\tau_r(\lambda)$ 的计算

$\tau_r(\lambda)$ 可由式（2-12）计算（Hansen and Travis，1974）：

$$\tau_r(\lambda) = 0.009569\lambda^{-4} \cdot (1 + 0.0133\lambda^{-2} + 0.00013\lambda^{-4}) \cdot \frac{P}{1013.25} \cdot \exp(-0.125H) \tag{2-12}$$

式中，P 为测量仪器所在处的大气压强（hPa）；H 为海拔（km）；λ 为波长（μm）。使用 1020nm，870nm 和 440nm 三个通道，就可以不考虑臭氧和水汽吸收的影响，即 $\tau_g(\lambda)$ 为零。因此 $\tau(\lambda)$ 减去 $\tau_r(\lambda)$ 就得到以上 3 个通道 $\tau_a(\lambda)$。

3. 反演结果

为消除浮云对大气气溶胶测量的影响，选择了晴朗无云的天气进行测量，共获取 77 天的观测数据。在对每日的无效数据目视剔除之后，进行了 AOD 反演。本书统一采用瞬态法计算 AOD，然后求每日的平均值得出大气总光学厚度和各波段气溶胶光学厚度。

图 2-1 为气溶胶光学厚度季节变化图。仙林地区春、冬季气溶胶光学厚度较大，

分别为 0.715±0.34 和 0.699±0.21，夏季最小为 0.416±0.09，秋季为 0.520±0.11，与全年平均气溶胶光学厚度相当，全年平均值为 0.548±0.27。

　　春季，南京地区空气质量受北方沙尘的影响，光学厚度较大。夏季因为降水丰富，地表潮湿，再加上雨水的冲刷作用，大气较为清洁，AOD 也最小。秋季，受秸秆焚烧的影响，大量颗粒物被排放到空气中，光学厚度与夏季相比有所增大，但小于冬春季节。冬季，地表植被稀少，土壤松散、裸露，大气气溶胶主要成分为机动车造成的扬尘。另外在冬季风的影响下，大量的浮尘被输送到大气中，加剧了大气污染。

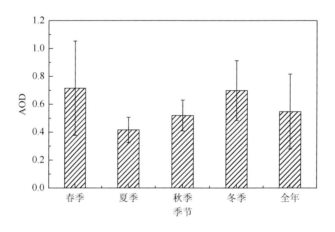

图 2-1　气溶胶光学厚度季节变化

2.2.2　Angstrom 参数反演

　　在大气较为稳定的条件下，气溶胶粒子谱遵循 Junge 分布，即 AOD 可以表示为 β 和 α 的函数：

$$\tau_a(\lambda) = \beta \lambda^{-\alpha} \qquad (2\text{-}13)$$

式中的 β 和 α 这两个参数可通过拟合多个波段测量的 AOD 结果得到。α 反映了气溶胶粒子谱分布，当大气中含有较多的大粒子时，其值较小；反之，其值较大。一般来说，沙尘气溶胶对应于较小的 α 值。β 和气溶胶粒子的浓度成正比。

　　根据以上原理，本书反演了 Angstrom 参数，即 β 和 α。图 2-2 是 550nmAOD 与 β 之间的线性关系。从图中可以看出，两者具有很好的正相关关系，R^2 达到了 0.8184。由于 β 能够反映大气的污染物浓度，因此 AOD 也可以用来反映大气的污染情况。

　　图 2-3 是 550nm AOD 与 α 之间的线性关系。可以看出，两者之间没有明显的相关性，因此 AOD 的大小不能反映出气溶胶粒子的大小。

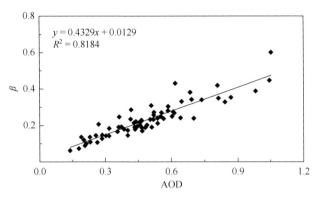

图 2-2　AOD 与 β 的线性关系

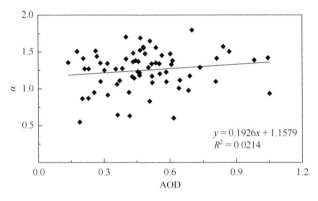

图 2-3　AOD 与 α 的线性关系

　　表 2-2 是 6S 模型常用的几种典型气溶胶模型的 α （张玉平等，2007），仙林地区气溶胶 α 在 0.6～1.7，以大陆型和城市型气溶胶为主。从 α 月变化（图 2-4）来看，2007 年 10 月接近于大陆型，11 月至次年 2 月接近于城市型，3～5 月接近大陆型，7～11 月接近于城市型，12 月接近于大陆型。从季节变化来看（图 2-5），冬春季节近于大陆型分别为 1.2040±0.2341 和 1.1358±0.2670，而夏秋季节接近于城市型气溶胶，分别为 1.5959±0.0809 和 1.3644±0.1381。

表 2-2　6S 模型常用的几种典型气溶胶模型中的波长指数 α

气溶胶模型	城市型	大陆型	沙漠型	海洋型
α	1.35	1.20	0.38	0.22

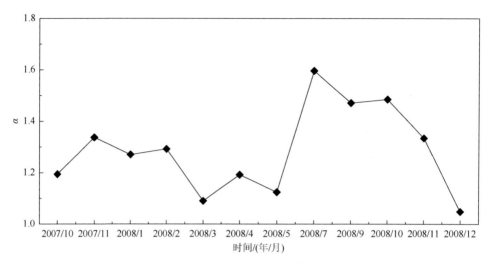

图 2-4　波长指数月变化

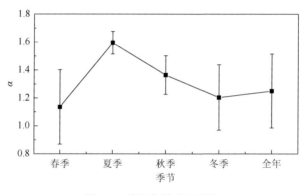

图 2-5　波长指数季节变化

2.2.3　气溶胶组分反演

本书选取 2008～2009 年长三角地区的 5 个 AERONET 站点（太湖、南京、杭州、临安、千岛湖）的数据，利用消光法反演得到研究区内的气溶胶组分体积浓度比例（Li et al.，2018）。

1. 初始体积比确定

由于气溶胶各组分体积比的组合数量庞大，为了节约计算时间又保证结果的准确性，本书采取了正交试验法来确定初始的气溶胶组分体积比。标准辐射大气（standard radiation atmosphere，SRA）模型定义了大陆型、海洋型和城市型 3 种气溶胶模型，张军华等（2003）指出，对于中国的气溶胶光学特性遥感，大陆型气溶胶模型是一个比较符合实际的气溶胶模型。但有研究表明，长三角地区不同季节和区域的组分体积比与大陆型有一定的差异。胡方超等（2009）利用冬夏两次实验数据计算出了太湖周边气溶胶组分比例，夏季、冬季沙尘性气溶胶比例分别为 0.5、0.48，水溶性分别为 0.29、0.50，烟尘性粒子比例为 0.21、0.02。范娇等（2015）利用太阳光度计数据计算了杭州地区沙尘性气溶胶比例为 0.3，水溶性为 0.56，海洋性为 0.02，煤烟性为 0.12。研究区的气溶胶模型应属于大陆型和城市型之间，而且考虑到长三角地区东部为海洋，夏季盛行东南季风，会受到海洋气溶胶的一些影响，最终确定了 25 组气溶胶组分体积比初始值（表 2-3）。

表 2-3 气溶胶组分体积比初始值

编号	沙尘性	水溶性	海洋性	煤烟性	编号	沙尘性	水溶性	海洋性	煤烟性
1	0.056	0.700	0.024	0.22	14	0.466	0.450	0.024	0.06
2	0.122	0.700	0.018	0.16	15	0.522	0.450	0.018	0.01
3	0.178	0.700	0.012	0.11	16	0.449	0.325	0.006	0.22
4	0.234	0.700	0.006	0.06	17	0.515	0.325	0	0.16
5	0.290	0.700	0	0.01	18	0.541	0.325	0.024	0.11
6	0.187	0.575	0.018	0.22	19	0.597	0.325	0.018	0.06
7	0.253	0.575	0.012	0.16	20	0.653	0.325	0.012	0.01
8	0.309	0.575	0.006	0.11	21	0.58	0.200	0	0.22
9	0.365	0.575	0	0.06	22	0.616	0.200	0.024	0.16
10	0.391	0.575	0.024	0.01	23	0.672	0.200	0.018	0.11
11	0.318	0.450	0.012	0.22	24	0.728	0.200	0.012	0.06
12	0.384	0.450	0.006	0.16	25	0.784	0.200	0.006	0.01
13	0.440	0.450	0	0.11					

2. 消光法反演气溶胶组分

消光法能根据太阳直射辐射的衰减来反演气溶胶粒子谱。King 等（1978）提出，根据测量透过大气层的太阳的直接辐射通量密度谱，可以获得大气气溶胶粒子的光学厚度值。这些光学厚度值可以用来研究大气气溶胶的光学特性，并反演其粒度谱分布。假设大气微粒可以等效为折射率已知的均匀球状粒子，则 $\tau_a(\lambda)$ 与其粒子谱分布的积分方程可表示为

$$\tau_a(\lambda) = \int_0^\infty \int_{r_0}^M \pi r^2 Q(\lambda, r, m) n(r, z) \mathrm{d}z \mathrm{d}r \qquad (2\text{-}14)$$

式中，r 为气溶胶粒子的半径；λ 为波长；m 为气溶胶粒子的复折射率；$n(r,z)\mathrm{d}z$ 表

示半径在 r 到 $r+\mathrm{d}r$ 之间的气溶胶粒子数密度；$Q(\lambda,r,m)$ 为气溶胶的消光效率因子。

对式（2-14）在整层大气高度积分，即

$$\tau_{\mathrm{a}}(\lambda) = \int_{r_0}^{M} K(\lambda,r,m)n(r)\mathrm{d}r \tag{2-15}$$

式中，$\tau_{\mathrm{a}}(\lambda)$ 为整层大气气溶胶的光学厚度；$K(\lambda,r,m)$ 为权重函数；$n(r)$ 为气溶胶的数浓度谱分布；r_0，M 分别为积分半径 r 的下限和上限。

$$K(\lambda,r,m) = \sigma_{\mathrm{e}}(\lambda,r,m) = \pi r^2 Q(\lambda,r,m) \tag{2-16}$$

$$n(r) = \int_0^\infty n(r,z)\mathrm{d}z \tag{2-17}$$

对于气溶胶的体积谱分布，式（2-15）可以改写为

$$\tau_{\mathrm{a}}(\lambda) = \int_{r_0}^{M} K'(\lambda,r,m)v(r)\mathrm{d}r \tag{2-18}$$

$$K'(\lambda,r,m) = K(\lambda,r,m)\bigg/\left(\frac{4}{3}\pi r^3\right) = \frac{3}{4r}Q(\lambda,r,m) \tag{2-19}$$

式中，$K'(\lambda,r,m)$ 为体积谱分布下的权重函数。

式（2-15）为目前常用的气溶胶粒度谱遥感方程，即第一类 Fredholm 积分方程，常用的解法是把 $n(r)$ 分成快变函数 $h(r)$ 和慢变函数 $f(r)$ 来求解，即 $n(r)=h(r)f(r)$，则

$$\tau_{\mathrm{a}}(\lambda) = \int_{r_0}^{M} f(r)[h(r)K(\lambda,r,m)]\mathrm{d}r \tag{2-20}$$

Phillips（1962）和 Twomey（1975）对该方法进行了改进，添加了约束条件，增加光滑因子和光滑矩阵，但不合理的初始快变函数的选取和光滑约束也会导致求解失败。

为了在反演粒子谱的同时进一步获取研究区内的气溶胶组分体积比，采用复对数正态分布来模拟粒子谱的分布。各组分体积对数正态分布密度函数如下：

$$\frac{\mathrm{d}v}{\mathrm{d}\ln r} = \sum_i \frac{V_i}{\sqrt{2\pi}\sigma_i}\exp\left\{-\frac{[\ln(r)-\ln(\overline{r}_{vi})]^2}{2(\sigma_i)^2}\right\} \tag{2-21}$$

式中，$\mathrm{d}v/(\mathrm{d}\ln r)$ 为粒子体积分布；$\overline{r}_{vi}$ 为各组分气溶胶体积中值半径；σ_i 为标准差；V_i 为第 i 种组分气溶胶在单位截面大气中的柱体积。参数的取值采用标准辐射大气气溶胶模型对数正态分布参数（表 2-4）。

表 2-4　气溶胶模型对数正态分布体积分布参数

组分	$\overline{r}_{vi}$ /μm	σ_i
沙尘性	17.600	2.990

续表

组分	$\overline{r}_{vi}$ /μm	σ_i
水溶性	0.176	2.990
海洋性	3.800	2.510
煤烟性	0.050	2.000

将不同组分对应的 K 值和体积分布代入式（2-18），并对其进行离散化处理：

$$\tau_a(\lambda) = \int_{r_0}^{M} \sum_{i=1}^{4} K_i(\lambda,r,m)\frac{\mathrm{d}V_i}{\mathrm{d}r}\mathrm{d}r$$
$$= \sum_{i=1}^{4}\left[\frac{h}{2}K_i(\lambda,r_1,m)\frac{\mathrm{d}V_i}{\mathrm{d}r} + h\sum_{j=2}^{n-1}K_i(\lambda,r_j,m)\frac{\mathrm{d}V_i}{\mathrm{d}r} + \frac{h}{2}K_i(\lambda,r_n,m)\frac{\mathrm{d}V_i}{\mathrm{d}r}\right] \quad （2-22）$$

式中，$i=1,2,3,4$ 分别表示水溶性、沙尘性、海洋性和煤烟性 4 种气溶胶组分。

最后将不同的气溶胶组分体积比分别代入式（2-22），计算不同通道的光学厚度模拟值，记录光学厚度的模拟值与观测值的标准差最小的一组比例，所记录的各样本的气溶胶比例的季节统计结果代表研究区各个季节的气溶胶组分体积比（表 2-5）。

表 2-5　长三角地区气溶胶组分体积比

季节	沙尘性	水溶性	海洋性	煤烟性
春季	0.375	0.499	0.013	0.113
夏季	0.275	0.567	0.016	0.143
秋季	0.246	0.595	0.015	0.144
冬季	0.336	0.533	0.012	0.118
年平均	0.313	0.545	0.014	0.128

结果表明，长三角地区在不同季节气溶胶组分的体积比差异较大，尤其是沙尘性和水溶性粒子。春季，来自我国西北的沙尘对长三角地区的影响（King, 1979）导致沙尘性粒子的比例较高；夏季温度和湿度都较高，有利于"气粒"转化，同时较高的湿度使得粒子吸湿增长，所以该季节水溶性粒子的比例显著增加；在秋季和冬季，长三角地区受到较强的西北气流影响，在一定程度上稀释了污染，沙尘含量有所减少。

2.3　激光雷达反演气溶胶

激光雷达是一种主动式遥感设备，可以进行垂直观测，在气溶胶监测方面有着高分辨率、高精度与可连续观测的独特优势。南京师范大学仙林校区大气环境监测站（32.103°N，118.913°E，海拔50m）中设置了一个激光雷达系统，采用的激光器为法国 Quantel 公司研制的紧凑型激光器，波长 532nm，垂直分辨率 30m（吴万宁等，2014），雷达具体参数如表 2-6 所示。

利用该雷达系统收集了 2013～2016 年的气溶胶雷达回波信号。数据采集过程中，每隔 15min 垂直发射 2000 束激光脉冲，发射时长 100s，将 2000 束雷达脉冲积累平均作为一组数据。为了与该站点的气象监测数据相对应，选择整点且天空晴朗无云的数据参与计算分析。

表 2-6　Mie 散射激光雷达系统主要技术参数

指标	参数	指标	参数
激光器	Continuum Nd: YAG	望远镜口径	200mm
波长	532nm	接收视场	2mrad
脉冲能量	20MJ	滤光片带宽	0.3nm
脉冲重复频率	20Hz	垂直分辨率	30m
总光学透过率	60%	重量	50kg
望远镜类型	Cassegrain		

2.3.1　Mie 散射激光雷达方程及其求解

Mie 散射激光雷达方程可表达为

$$P(z) = \frac{EC}{z^2}[\beta_1(z) + \beta_2(z)] \cdot \exp\left\{-2\int_0^z [\sigma_1(z) + \sigma_2(z)]\mathrm{d}z\right\} \quad (2\text{-}23)$$

式中，$P(z)$ 为激光雷达接收距离 z 处大气后向散射回波信号；E 为激光输出能量；C 为激光雷达的系统校准常数；$\sigma_1(z)$、$\beta_1(z)$ 分别为距离 z 高度处气溶胶的消光系数和后向散射系数；$\sigma_2(z)$、$\beta_2(z)$ 分别为距离 z 处空气分子的消光系数和后向散射系数。基于 Fernald 法（Fernald，1984），气溶胶后向散射系数为

$$\beta_1(z) = -\beta_2(z) + \frac{P(z) \cdot z^2 \cdot \exp\left[-2(S_1 - S_2)\int_{z_c}^z \beta_2(z)\mathrm{d}z\right]}{\dfrac{P(z_c) \cdot z_c^2}{\beta_1(z_c) + \beta_2(z_c)} - 2S_1\int_{z_c}^z X(z)\exp\left[-2(S_1 - S_2)\int_{z_c}^z \beta_2(z)\mathrm{d}z\right]\mathrm{d}z} \quad (2\text{-}24)$$

式中，$\beta_2(z)$ 和 $\sigma_2(z)$ 可由当时的气压和温度垂直分布气象资料或使用标准大气模式通过瑞利散射理论计算得到；S_1 为气溶胶消光后向散射比，即激光雷达比 LR，通常取 50；S_2 为空气分子消光后向散射比（$8\pi/3$），参考高度 z_c 取 5km，且

$\beta_1(z_c) + \beta_2(z_c) = 1.05\beta_2(z_c)$（Sasano，1996）。由式（2-24）求得的 $\beta_1(z)$ 乘以 S_1 得到 $\sigma_1(z)$［式（2-25）］，对不同高度的气溶胶消光系数积分则可得到 AOD。

$$\sigma_1(z) = \beta_1(z) \times S_1(z) \qquad (2\text{-}25)$$

利用上述方法对雷达方程进行求解，按季节平均可得到 2013～2016 年南京仙林地区各季节消光系数的垂直分布特征，如图 2-6 和图 2-7 所示。夏季对流作用较

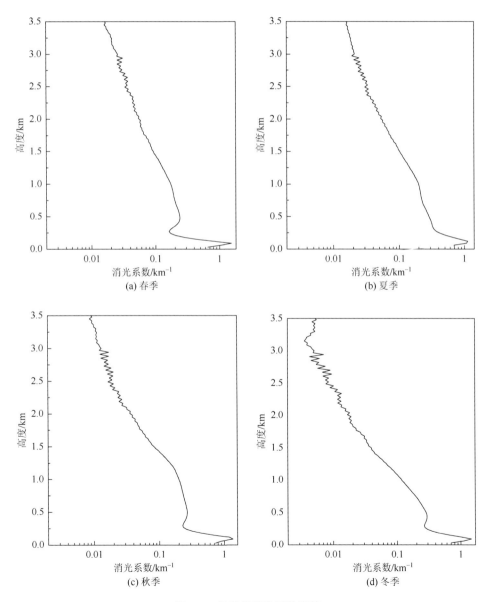

图 2-6　各季节消光系数廓线

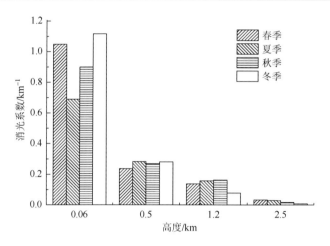

图 2-7　各季节不同高度消光系数

强，气溶胶容易扩散，因此近地表的消光系数明显要小于其他季节。在 0.5km 以上的高度范围内，冬季消光系数值减小得最快，春季和夏季减小缓慢，秋季在 1.5km 以后迅速减小。

2.3.2　基于动态雷达比的气溶胶反演

本书以 2014 年 3 月 9～23 日的春季观测数据为例，利用动态 LR 来进行 AOD 的反演（包青等，2015）。令 LR 在 1～100 取不同的值，根据式（2-24）和式（2-25）即可得到各数据中不同 LR 值与雷达反演得到的近地表气溶胶消光系数的对应关

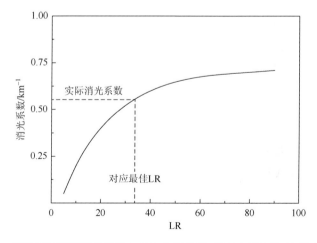

图 2-8　近地表气溶胶消光系数与 LR 之间关系（2014 年 3 月 14 日 12 时）

系（图 2-8）。反过来，如果知道近地表气溶胶消光系数，就可将近地表气溶胶消光系数代入所建立的 LR 与消光系数的查算表中，可得到各数据对应的 LR 值。

近地表消光系数 $\beta_{\text{ext}}(\lambda)$ 则可根据实测能见度进行计算：

$$\beta_{\text{ext}}(\lambda) = \frac{3.91}{V}\left(\frac{\lambda}{0.55}\right)^{-q} \tag{2-26}$$

式中，V 为能见度（km）；λ 为波长（μm）；q 根据不同的能见度取不同的值 [式（2-27）]。

$$q = \begin{cases} 0.585V^{1/3}, & V < 6\text{km} \\ 1.3, & 6\text{km} \leqslant V < 50\text{km} \\ 1.6, & V \geqslant 50\text{km} \end{cases} \tag{2-27}$$

根据式（2-26）和式（2-27）将能见度转换为 532nm 的消光系数。但此处得到的消光系数为气溶胶粒子和大气分子共同作用的结果，因此需要去除大气分子的影响。大气分子的消光系数包含散射系数和吸收系数，散射系数主要表现为瑞利散射，一般取常数 0.014km^{-1}（McCartney，1976）。吸收系数（km^{-1}）主要考虑 NO_2（单位为 ppm[①]）的影响，大小为 $3.3 \times [NO_2]$（Sloane and Wolff，1985）。将消光系数扣除大气分子消光系数，即得到近地表气溶胶消光系数。

在得到近地表气溶胶消光系数之后，就可以根据不同时刻 LR 值与激光雷达近地表消光系数之间的关系（图 2-8）得到该时刻的近地表雷达比，并可以将其应用于不同高度，进一步得到气溶胶消光系数廓线。本书根据上述的基于能见度的雷达比确定方法，获取了 1343 条廓线的雷达比，每一条廓线采用的雷达比都不同，因此将其称为动态雷达比。

为了验证本书提出的基于能见度确定雷达比的效果，利用将消光系数积分得到的光学厚度来评价反演精度。将估算的 LR 值与 LR 取固定值（LR = 50）时反演的 AOD，分别与太阳光度计观测的 AOD 进行比较，如图 2-9 所示。可以看出，相比于固定的 LR，动态 LR 反演得到的 AOD 整体更接近地基实测的 AOD 值（表 2-7）。但由于雷达的观测范围有限，激光脉冲不能穿过整个大气层，观测有效距离一般最大不超过 15km。而太阳光度计则是依据太阳光进行观测，其观测范围为整个大气柱中的 AOD，因此激光雷达的观测结果往往比太阳光度计要低一些。

[①] 1ppm = 1×10^{-6}。

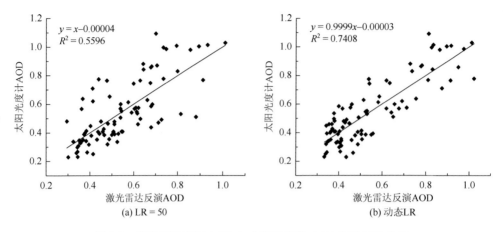

图 2-9　激光雷达反演 AOD 与太阳光度计 AOD 间的相关关系

表 2-7　误差分析结果

方法	有效观测数据量	平均绝对误差	平均相对误差/%	R^2
LR = 50	89	0.114	21.83	0.5596
动态 LR	89	0.094	19.46	0.7408

第 3 章 卫星遥感气溶胶反演

3.1 概 述

AOD 反演算法的核心就是如何有效地在卫星接收的信息中除去地表的贡献值，即确定地表反射率。MODIS 的业务化算法是通过暗像元法和 MODIS V5.2 算法确定地表反射率，也可以无须事先获得地表反射率，利用 MODIS 的双星求解辐射传输模型实现 AOD 反演（详见 3.2 节）。

在按照传统的暗像元方法反演时，选取暗像元之后，对所有符合条件的暗像元都使用 2.1μm 波段地表反射率是红光波段地表反射率的 2 倍，是蓝光波段地表反射率的 4 倍这样固定的比例关系来确定红光、蓝光波段的地表反射率。然而，在这些暗像元中有些像元并不完全符合这样的比例关系（非暗像元更是如此），因此在确定地表反射率时就产生了比较大的误差。此时就需要解决不符合暗像元法算法的像元如何确定地表反射率的问题，因此 3.3 节提出基于像元分解的方法确定地表反射率进行 AOD 的反演。

对于 HJ-1 卫星 CCD 和地球静止海洋水色成像仪（geostationary ocean color imager，GOCI）数据来说，没有 2.1μm 通道，无法像 MODIS 那样红光、蓝光通道的地表反射率可以从 2.1μm 通道的反射率估算。因此，地面反射率的获取成为 HJ-1 卫星 CCD 和 GOCI 数据进行 AOD 反演的关键。3.4 节和 3.5 节在 MODIS 数据产品的支持下来构建地表反射率数据，实现对 HJ-1 卫星 CCD 和 GOCI 数据的 AOD 反演。

偏振卫星遥感数据具有对地表不敏感的特性，因此在反演气溶胶时，无须事先确定地表反射率。3.6 节利用 PARASOL 多角度偏振卫星遥感数据反演气溶胶光学厚度及其组分。

3.2 MODIS 双星数据协同反演 AOD

通过建立大气辐射传输模型，利用 Flowerdew 和 Haigh（1995）提出的比例系数 K 与波长无关的特性，对构建的辐射传输模型进行求解，从而实现 TERRA 和 AQUA 双星 MODIS 数据协同反演 AOD。将该算法应用于我国太湖地区，并利用 AERONET 太湖站数据对反演的 AOD 精度进行验证（He et al.，2014b；王强，2014）。对于陆地上空气溶胶的反演来说，与传统的暗像元法、MODIS V5.2 算法等相比，双星协同反演无须事先对地表反射率进行假设和预估。

3.2.1　模型与算法

大气以两种方式影响传感器所记录的地面目标的辐射亮度。一是大气的吸收、散射作用使到达地面目标的太阳辐射能量和从目标反射的能量均衰减；二是大气本身作为一个反射体，自身的程辐射使卫星接收到的能量增加，程辐射中只包含大气信息，其与探测的地面信息无关。

假设地表为均一朗伯体，忽略地气系统之间的多次反射及交叉辐射作用的情况下，卫星接收到的总辐射亮度可由式（3-1）表示（Gilabert et al.，1994）：

$$L(\lambda) = L_p(\lambda) + L_g(\lambda)T(\lambda)\uparrow \tag{3-1}$$

式中，$L(\lambda)$ 为卫星接收到的总辐射亮度，即表观辐射亮度；$L_p(\lambda)$ 为大气的程辐射；$L_g(\lambda)$ 为地表辐射亮度；$T(\lambda)\uparrow$ 为大气向上透过率。

1. 大气程辐射 $L_p(\lambda)$ 的计算

对于 $L_p(\lambda)$ 而言，主要由大气分子散射和大气中的悬浮气溶胶散射两部分造成，因此 $L_p(\lambda)$ 可以表示成如下形式（Gordon，1978）：

$$L_p(\lambda) = L_r(\lambda) + L_a(\lambda) \tag{3-2}$$

式中，$L_r(\lambda)$ 为大气分子的瑞利散射；$L_a(\lambda)$ 为大气中悬浮粒子的气溶胶散射。

1）瑞利散射 $L_r(\lambda)$ 的计算

$$L_r(\lambda) = \left[\frac{E_0(\lambda)\cos\theta_s P_r}{4\pi}(\cos\theta_s + \cos\theta_v) \right] \times \left\{ 1 - \exp\left[-\tau_r(\lambda)\left(\frac{1}{\cos\theta_s} + \frac{1}{\cos\theta_v} \right) \right] \right\}$$
$$\times t_{oz}(\lambda)\uparrow t_{oz}(\lambda)\downarrow \tag{3-3}$$

式中（Saunders，1990），θ_s 为太阳天顶角；θ_v 为卫星天顶角；$E_0(\lambda)$ 为大气顶层平均太阳辐照度(W/m^2)，具体见表3-1；P_r 为瑞利散射的相函数，可由式（3-4）计算：

$$P_r = 0.75(1 + \cos^2\Omega) \tag{3-4}$$

式中，Ω 为散射相位角，它可由式（3-5）进行计算，其中 φ_s、φ_v 分别为太阳方位角、卫星方位角。

$$\cos\Omega = \cos\theta_s\cos\theta_v + \sin\theta_s\sin\theta_v\cos(\varphi_s - \varphi_v) \tag{3-5}$$

$t_{oz}(\lambda)\uparrow$、$t_{oz}(\lambda)\downarrow$ 分别为臭氧的上、下透过率（Sturm，1981），可由以下公式进行计算：

$$t_{oz}(\lambda)\uparrow = \exp[-\tau_{oz}(\lambda)/\cos\theta_v] \tag{3-6}$$

$$t_{oz}(\lambda)\downarrow = \exp[-\tau_{oz}(\lambda)/\cos\theta_s] \qquad (3\text{-}7)$$

$\tau_r(\lambda)$ 是 λ 的函数，可由式（3-8）计算：

$$\tau_r(\lambda) = 0.00879\lambda^{-4.09} \qquad (3\text{-}8)$$

表 3-1　**MODIS 各波段大气顶层平均太阳辐照度**　（单位：W/m²）

波段/μm	0.47	0.66	2.13
AQUA	2088.17	1589.418	96.348
TERRA	2087.94	1606.17	90.33

2）气溶胶散射 $L_a(\lambda)$ 的计算

$$
\begin{aligned}
L_a(\lambda) = &\left[\frac{E_0(\lambda)\cos\theta_s w_a P_a}{4\pi}(\cos\theta_s + \cos\theta_v)\right] \\
&\times\left\{1 - \exp\left[-\tau_a(\lambda)\left(\frac{1}{\cos\theta_s} + \frac{1}{\cos\theta_v}\right)\right]\right\}\times t_a(\lambda)\uparrow t_a(\lambda)\downarrow
\end{aligned}
\qquad (3\text{-}9)
$$

式中（Gilabert et al.，1994），$\tau_a(\lambda)$ 为气溶胶光学厚度；w_a 为气溶胶单次散射反照率；P_a 为气溶胶散射相函数，通常可以用解析函数求近似，本节选取使用广泛的带不对称系数 Henyey-Greenstein 函数进行计算：

$$P_a = \frac{1-g^2}{(1+g^2-2g\cos\Omega)^{3/2}} \qquad (3\text{-}10)$$

式中，g 为不对称系数，反映了散射角度的不对称程度；$g=0$ 表示散射是各向同性的，$g=-1$ 表示完全后向散射，$g=1$ 表示完全前向散射。对于大多数气溶胶粒子来说，g 的取值范围为 0～1。

$t_a(\lambda)\uparrow$，$t_a(\lambda)\downarrow$ 分别为由臭氧光学厚度、瑞利散射光学厚度共同作用导致的向上、向下大气透过率，可由式（3-11）和式（3-12）计算（Gregg and Carder，1990）：

$$t_a(\lambda)\uparrow = \exp\{-[\tau_{oz}(\lambda) + \tau_r(\lambda)]/\cos\theta_v\} \qquad (3\text{-}11)$$

$$t_a(\lambda)\downarrow = \exp\{-[\tau_{oz}(\lambda) + \tau_r(\lambda)]/\cos\theta_s\} \qquad (3\text{-}12)$$

在实际反演中，需要合理假设气溶胶类型，即需要确定合理的 (w_a, g) 进行反演。气溶胶类型的分析与确定，见 3.2.2 节。

2. 大气向上透过率 $T(\lambda)\uparrow$ 的计算

$T(\lambda)\uparrow$ 为大气向上直射透过率和大气向上漫射透过率之和，如式（3-13）所示（Biggar et al.，1990）：

$$T(\lambda)\uparrow = \exp\{-[\tau_r(\lambda) + \tau_a(\lambda) + \tau_0(\lambda)]/\cos\theta_v\}$$
$$+ \exp\{-[\tau_r(\lambda)/2 + \tau_a(\lambda)/6]/\cos\theta_s\} \tag{3-13}$$

式中，$\tau_0(\lambda)$ 为气体吸收光学厚度；$\exp\{-[\tau_r(\lambda) + \tau_a(\lambda) + \tau_0(\lambda)]/\cos\theta_v\}$ 为大气向上直射透过率；$\exp\{-[\tau_r(\lambda)/2 + \tau_a(\lambda)/6]/\cos\theta_s\}$ 为大气向上漫射透过率。

大气吸收作用主要是由大气层中的气体引起的，对于大多数传感器来说，只需要考虑水汽和臭氧的吸收作用，这是因为在光学波段内，除水汽和臭氧之外，其他气体含量非常稳定，同时其只吸收很窄波段范围内的能量。在可见光波段，水汽的吸收非常小，大气对太阳辐射的吸收主要体现为臭氧的吸收；在近红外波段，臭氧的吸收非常小，对大气起吸收作用的主要为水汽。由于本节研究的对象是 0.47μm 和 0.66μm 可见光波段 AOD 的反演，因此暂不考虑水汽，只考虑臭氧的吸收作用。

臭氧主要是分布在平流层，其在时间和空间上的分布都非常稳定。臭氧光学厚度 $\tau_{oz}(\lambda)$ 可由公式 $\tau_{oz}(\lambda) = a_{oz}U_{oz}$ 进行计算（Gordon，1995），其中 a_{oz} 为臭氧的单位吸收系数（cm^{-1}），如表 3-2 所示（Gregg and Carder，1990）；U_{oz} 为大气臭氧含量，一般在 0.3～0.4cm。由于本书只考虑臭氧的吸收作用，因此 $\tau_0(\lambda)$ 可以近似为 $\tau_{oz}(\lambda)$，即

$$\tau_0(\lambda) \approx \tau_{oz}(\lambda) \tag{3-14}$$

选择 6S 模型中的大气模式对臭氧含量进行估算，由于本节算法研究区为我国太湖地区，其属于中纬度地区，选择的大气模式分别为中纬度夏季、中纬度冬季两种，其对应的臭氧含量分别为 0.319cm 和 0.395cm。

表 3-2　MODIS 各波段臭氧吸收系数

波段/μm	0.47	0.66	2.13
a_{oz}	0.007	0.011	0

3. 地表辐射亮度 $L_g(\lambda)$ 的计算

地表辐射亮度 $L_g(\lambda)$ 可以近似表示为（Hill and Sturm，1991）

$$L_g(\lambda) = \frac{\rho_g(\lambda)E_g(\lambda)}{\pi} \tag{3-15}$$

式中，$\rho_g(\lambda)$ 为地表反射率；$E_g(\lambda)$ 为 $E_0(\lambda)$ 经大气漫射和大气吸收校正后到达地表的平均太阳辐照度。

对于可见光波段，水汽的吸收作用非常小，对大气起吸收作用的主要是臭

氧，因此本书对 $E_0(\lambda)$ 进行大气吸收校正只考虑臭氧的作用，可由式（3-16）进行计算：

$$E_0'(\lambda) = E_0(\lambda) \exp\left[-\tau_{oz}(\lambda)\left(\frac{1}{\cos\theta_s} + \frac{1}{\cos\theta_v} \right) \right] \qquad (3\text{-}16)$$

式中，$E_0'(\lambda)$ 为经臭氧吸收校正后的平均太阳辐照度，再利用式（3-17）对其进行大气漫射作用校正，即可计算出到达地表的平均太阳辐照度 $E_g(\lambda)$（Tanré et al.，1979）。

$$E_g(\lambda) = E_0(\lambda)\cos\theta_s \exp\left\{ -\left[\frac{1}{2}\tau_r(\lambda) + \frac{1}{6}\tau_a(\lambda) \right] / \cos\theta_s \right\} \qquad (3\text{-}17)$$

4. 气溶胶光学厚度 $\tau_a(\lambda)$ 的计算

将式（3-15）代入式（3-1）中化简可得

$$\rho_g(\lambda) = \frac{\pi[L(\lambda) - L_p(\lambda)]}{T(\lambda)\uparrow E_g(\lambda)} \qquad (3\text{-}18)$$

式中，$\rho_g(\lambda)$ 为未知量，表观辐射亮度 $L(\lambda)$ 可以从经辐射定标的影像上直接得到。从式（3-2）、式（3-13）和式（3-17）中可以看出，$L_p(\lambda)$、$T(\lambda)\uparrow$、$E_g(\lambda)$ 分别为 $\tau_a(\lambda)$ 的一元函数，因此可将式（3-18）看成是由 $\rho_g(\lambda)$、$\tau_a(\lambda)$ 两个未知量构成的二元函数方程，理论上只要确定了 $\rho_g(\lambda)$，即可利用式（3-18）计算出 $\tau_a(\lambda)$。但是实际反演过程中，由于地表覆盖类型的变化、地表二向反射特性的存在及卫星观测的空间几何位置的影响，地表反射率具有较大的时空分异性，难以准确测定，因此无法直接利用式（3-18）实现 $\tau_a(\lambda)$ 的反演。

Flowerdew 和 Haigh（1995）提出了地表反射率可以近似地表示为波长影响因子和几何影响因子两个部分乘积的结论。卫星观测的空间几何位置的变化会造成观测到不同的地表反射率，根据 Flowerdew 和 Haigh 所提出的结论，对于上午星 TERRA 和下午星 AQUA 两次连续观测到的地表反射率符合以下比例关系：

$$K(\lambda) = \frac{\rho_{1,g}(\lambda)}{\rho_{2,g}(\lambda)} \qquad (3\text{-}19)$$

式中，$\rho_{1,g}(\lambda)$ 为 TERRA 过境时刻的地表反射率；$\rho_{2,g}(\lambda)$ 为 AQUA 过境时刻的地表反射率；$K(\lambda)$ 为比例系数。

相关研究表明（Veefkind et al.，1998，2000），比例系数 $K(\lambda)$ 仅仅与几何影响因子有关，而与波长无关。由于气溶胶的消光系数随着波长的增加减小，当波长为 2.13μm 时，气溶胶的光学厚度已经远远小于可见光通道，同时 2.13μm 波段本身对 AOD 并不敏感，如果忽略大气对中心波长为 2.13μm 通道的影响，K (2.13μm) 可以近似地表达为两次过境时刻 2.13μm 波段的大气顶部表观反射率的比值。由于 $K(\lambda)$ 与波长无关，因此 MODIS 的 0.47μm 和 0.66μm 可见光通道地表反射率比例系数 $K(\lambda)$ 等于 K (2.13μm)，即

$$K(\lambda = 0.47\mu m, 0.66\mu m) = K(2.13\mu m) \tag{3-20}$$

在实现本节算法之前，需要做出如下两点假设。

（1）对于卫星过境间隔时间较短的两次观测期间，大气气溶胶类型不变；

（2）同时各波段的 $\tau_a(\lambda)$ 变化很小（除非两次观测之间有下雨等影响大气特性的例外现象发生）。在实际计算过程中，上午星 TERRA 和下午星 AQUA 两次观测的 $\tau_a(\lambda)$ 近似为相等。

基于上述两点假设，利用 TERRA/MODIS、AQUA/MODIS 的 0.47μm、0.66μm 通道数据，将式（3-18）～式（3-20）联立化简可得

$$\frac{\pi[L_{i=1}(\lambda) - L_{i=1,p}(\lambda)]}{T_{i=1}(\lambda)\uparrow E_{i=1,g}(\lambda)} - K(2.13\mu m)\frac{\pi[L_{i=2}(\lambda) - L_{i=2,p}(\lambda)]}{T_{i=2}(\lambda)\uparrow E_{i=2,g}(\lambda)} = 0 \tag{3-21}$$

式中，$i=1,2$ 分别代表上午星 TERRA 和下午星 AQUA 的观测。该式为一元非线性方程，其中只有 $\tau_a(\lambda)$ 为唯一的未知量，对该方程进行求解，即可求得 $\tau_a(\lambda)$。

3.2.2 气溶胶类型分析与确定

MODIS 陆地气溶胶反演算法利用超过 100 个 AERONET 站点的二级产品(包含球形粒子和非球形粒子的反演结果)，依据 0.66μm 的单次散射反照率 w_a 和 0.4μm 的非对称系数 g 进行聚类分析，概括出几个典型的气溶胶类型以进行业务化的气溶胶反演（Levy et al.，2009）。其主要包括一类椭球形沙尘气溶胶、三类球形粒子气溶胶（非吸收型气溶胶、中等吸收型气溶胶和吸收型气溶胶），以及大陆型气溶胶等，每种气溶胶类型都包括两种气溶胶模态，分别为积聚模态和粗模态，气溶胶的谱分布采用的是双对数正态分布来模拟实际大气中的气溶胶分布，各气溶胶类型各波段的 w_a 和 g 见表 3-3。其中非吸收型气溶胶主要对应于北半球城市和工业气溶胶，吸收型气溶胶主要是指煤烟型气溶胶（积碳），中等吸收型气溶胶代表的是生物燃烧和化石燃料不完全燃烧产生的气溶胶（主要是指发展中国家）（Kaufman and Tanré，1998）。

中国除了东南沿海部分地区气溶胶类型设置为非吸收型气溶胶外，其他区域一年四季都为中等吸收型气溶胶。基于以上分析，本书选择中等吸收型气溶胶模式进行气溶胶计算。

表 3-3 气溶胶模式 (w_a, g) 查找表

气溶胶模式		球形粒子			非球形粒子
		非吸收型	中等吸收型	吸收型	大陆型
w_a	0.47μm	0.95	0.93	0.88	0.90
	0.66μm	0.94	0.91	0.85	0.88
	2.13μm	0.90	0.87	0.70	0.67
g	0.47μm	0.71	0.68	0.64	0.64
	0.66μm	0.65	0.61	0.56	0.63
	2.13μm	0.64	0.68	0.64	0.79

3.2.3 反演结果验证

本书选取 2008～2009 年，我国太湖地区 20 个不同日期的上午星 TERRA 和下午星 AQUA 双星数据来验证该算法，所选取的影像为空间分辨率为 1km 的 MODIS L1B 数据。数据的预处理主要包括影像辐射校正、几何校正、云检测，以及掩膜、两时相影像的配准。辐射校正、几何校正、两时相影像的配准等预处理在 ENVI 中利用 MODIS Conversion Toolkit 插件即可完成，两时相影像的配准依据统一为 UTM 投影方式下的经纬度坐标。云检测及掩膜主要利用 MODIS 的 MOD35 云掩膜数据进行处理，从而剔除影像上的云像元。

根据上述算法，对 20 个不同日期的影像进行气溶胶反演。为验证反演算法的精度，采用 AERONET 太湖站数据作为验证数据。AERONET 为地基气溶胶观测网，提供全球的气溶胶光学厚度、谱分布和散射相函数等观测结果。AERONET 主要提供 440nm、675nm、870nm 和 1020nm 4 个波段的 AOD 数据，其原理是假定单次散射利用太阳直射观测得到的透过率进而计算出 AOD（Holben et al.，1998）。

上述算法反演得到的均为 0.47μm、0.66μm 通道的 AOD，而 AERONET 地基观测结果中并没有提供这两个通道的光学厚度数据，为将其用于反演结果的验证，将太湖站的观测结果利用 Angstrom 公式（Angstrom，1964）$\tau_a(\lambda)=\beta\lambda^{-\alpha}$ 统一转换为 0.47μm、0.66μm 处的 AOD 值。本书中的研究算法在反演 AOD 过程中，由于事先假设双星过境这段时间内 AOD 不变，为了减小大气不稳定状况的影响，对 TERRA、AQUA 双星过境中间这段时间 AERONET 太湖站实测的数据（Level 2.0）进行平均，取其平均值来和地基站点位置像元处卫星反演得到的 AOD 相比较，进行精度验证。

如图 3-1 所示，利用上述双星协同反演算法反演得到的 0.47μm 和 0.66μm 的

AOD 和地基实测 AOD 值整体非常接近。从表 3-4 可以看出，0.47μm 和 0.66μm 反演得到的 AOD 与地基实测 AOD 相关系数较高，分别为 0.8456、0.9214，平均绝对误差分别为 0.132、0.086，平均相对误差分别为 25.47%、24.31%。

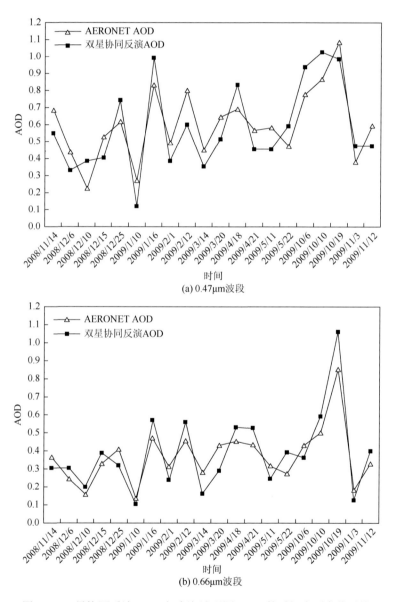

(a) 0.47μm波段

(b) 0.66μm波段

图 3-1　双星协同反演 AOD 与太湖站观测 AOD 的时间序列变化对比

表 3-4　算法验证结果

波长/μm	有效观测数据个数/个	标准误差内数据个数/个	平均相对误差	平均绝对误差/%	相关系数
0.47	20	18	0.132	25.47	0.8456
0.66	20	16	0.086	24.31	0.9214

Remer 等（2005）的研究表明，MODIS 陆地气溶胶产品误差为 $\Delta\tau=\pm0.05\pm0.15\tau$，其中 τ 为地基观测的实地 AOD。散点图中的两条虚线为标准误差线，即 $\pm0.05\pm0.15\tau$，代表反演得到的 MODIS 陆地 AOD 标准误差范围，被广泛用于气溶胶产品的验证当中。本书也利用 $\Delta\tau=\pm0.05\pm0.15\tau$ 作为标准误差线对反演结果进行分析，如图 3-2 所示。

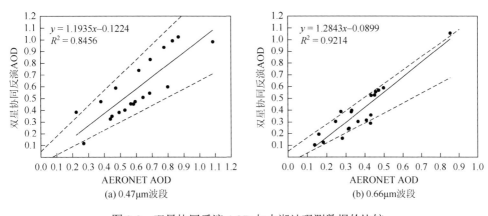

图 3-2　双星协同反演 AOD 与太湖站观测数据的比较

上述实验结果表明双星协同反演算法反演得到的 AOD 与地基观测的结果具有较高的相关系数，符合标准误差的样本数也较多，存在较好的一致性。

3.3　像元分解 MODIS 数据反演气溶胶光学厚度

以长江三角洲为研究区，利用 2008～2012 年 MODIS L1B 数据和 2004～2012 年 MODIS 地表反射率产品数据，提出基于像元分解法确定地表反射率并进行 MODIS 陆地 AOD 反演的方法，以此提高 MODIS 卫星遥感 AOD 的反演精度（李倩楠，2017）。

3.3.1　像元分解

本书使用的卫星观测数据均来自于 TERRA MODIS 传感器，包括 MODIS 地面反射率（MOD09GA）日产品数据和 MODIS L1B 数据（MOD021KM）。前者用于像元分解，后者用于 AOD 反演。其中 MODIS L1B 数据没有进行几何校正，数据包括传感器接收到的辐亮度、反射率和发射率，本书主要利用的是反射率数据。MODIS 地表反射率产品数据包括 MODIS 的 1～7 波段，空间分辨率为 500m。

对 2008～2012 年的 MODIS L1B 数据和 2004～2012 年的 MODIS 地表反射率产品进行预处理，包括几何校正、投影转换和裁剪等。其中，几何校正时使用的基准面是 WGS-84 坐标系，在投影转换时，地图投影为 UTM。最后通过数据裁剪，得到本研究区的影像（30°N～32°N，118°E～120°E）。另外，在利用暗像元法进行 AOD 反演时，云层会导致较大的反演误差，因此在反演前还要利用阈值法对影像进行云检测处理，剔除 MODIS L1B 数据中的云像元，只对无云的卫星数据进行 AOD 反演。同时对 2004～2012 年 MODIS 地表反射率日产品数据进行筛选，目视选择无云、高品质的影像数据。然后，对筛选后的地表反射率产品日数据按照季节进行划分，分为春、夏、秋、冬四季，获得不同季节的地表反射率。

通过目视解译，对不同季节的地表反射率产品数据进行端元选取。根据地物的波谱特性结合实际情况，选取出 4 种地物端元，分别是建筑物、林地、耕地和水体，如图 3-3 所示。

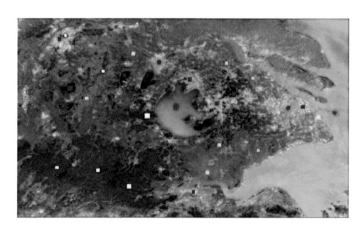

图 3-3　春季地表反射率不同地物端元选取结果

蓝色为建筑物、白色为林地、黄色为耕地、粉色为水体

根据选取的端元，对不同季节地表反射率影像进行像元分解，所采用的模型为线性光谱混合模型。线性光谱混合模型是混合像元分解的常用方法，其物理意义明确，结构简单，应用范围较广（Plaza and Chang，2005；Pflugmacher et al.，2007）。根据像元分解的结果，即可获取每个像元中不同地物组分所占的比例。

3.3.2 地表反射率确定

通过统计建筑物、林地、耕地和水体各个地物端元在不同季节红光、蓝光波段和 2.13μm 波段地表反射率,得到各季节不同的地物端元红光、蓝光波段和 2.13μm 波段地表反射率之间的比例关系,如表 3-5 和表 3-6 所示。

表 3-5 红光波段与 2.13μm 波段地表反射率之间的比例关系

地物端元	春季	夏季	秋季	冬季
建筑物	0.8409	0.776	0.8432	0.8953
林地	0.5624	0.4196	0.5415	0.5397
耕地	0.7998	0.663	0.7752	0.7896
水体	5.3291	1.9715	6.3107	6.5711

表 3-6 蓝光波段与 2.13μm 波段地表反射率之间的比例关系

地物端元	春季	夏季	秋季	冬季
建筑物	0.658	0.5817	0.7457	0.7288
林地	0.385	0.2787	0.3132	0.3170
耕地	0.5175	0.4657	0.4988	0.5061
水体	4.6626	1.0747	5.2362	5.6277

从表 3-5 和表 3-6 可以看出,在同一季节里,不同的地物端元红光、蓝光波段地表反射率与 2.13μm 波段地表反射率不同;相同的地物端元,在不同季节红光、蓝光波段地表反射率与 2.13μm 波段地表反射率也不同;其中,只有林地近似满足于暗像元法红光、蓝光波段与 2.13μm 波段地表反射率之间的比例关系,说明了传统的暗像元法在非纯植被地区确定地表反射率时的不合理性。

即使对于浓密植被地区,按照传统的暗像元算法以 2.13μm 波段的地表反射率分别是红光波段的 2 倍、蓝光波段的 4 倍这样固定的比例关系来确定红光、蓝光波段的地表反射率也是不合理的,因为不同季节的地物的地表反射率都会有所变化,并且研究区的遥感影像大多是混合像元,不能单纯地将其看作暗像元,这样确定出来的地表反射率是不准确的,因此暗像元法在反演 AOD 时特别是城市等亮地表地区存在很大的误差。此时,利用像元分解就能较好地解决这个问题。

利用像元分解确定地表反射率时,首先,根据 MODIS L1B 数据中 2.13μm 波段，得到不同端元在 2.13μm 波段的地表反射率。其次，根据表 3-5 和表 3-6 中不同地物端元在红光、蓝光波段地表反射率与 2.13μm 波段地表反射率之间的比例关系，计算出该地物端元在红光、蓝光波段的地表反射率。最后，利用计算得到的不同地物端元在红光、蓝光波段的地表反射率乘以它们所占像元的比例，即可获得该像元的红光、蓝光波段的地表反射率。

图 3-4 和图 3-5 是基于像元分解与暗像元法、MODIS V5.2 算法提取的研究区 2012 年 5 月 5 日的地表反射率对比散点图及图上红、绿散点在影像上的分布情况。

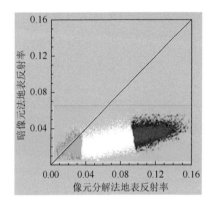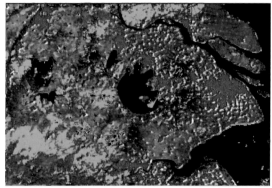

图 3-4　像元分解法和暗像元法确定的地表反射率对比散点图及其空间分布

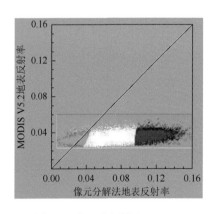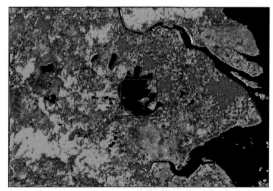

图 3-5　像元分解法和 MODIS V5.2 算法确定的地表反射率对比散点图及其空间分布

从图 3-4 和图 3-5 中可以看出基于像元分解确定的地表反射率相较于暗像元法和 MODIS V5.2 算法确定的地表反射率偏大，特别是红色散点部分。因为在基于像元分解的方法确定地表反射率时，除林地端元外，其他地物端元的红光、蓝光波段与 2.13μm 波段地表反射率的比值（表 3-5 和表 3-6）都大于暗像元法。

经过对比发现，红色散点属于研究区中建筑物密度较大的城市区域，而绿色散点部分，属于研究区浓密植被林地区域。因此，在城市区域，像元分解确定的地表反射率明显大于暗像元法和 MODIS V5.2 算法确定的地表反射率，而浓密植被区域，基于像元分解法确定的地表反射率与暗像元法确定的地表反射率相差不大。

本书基于像元分解法确定的地表反射率与暗像元法和 MODIS V5.2 算法确定的地表反射率进行比较分析。总的来说，基于像元分解法确定的地表反射率比上述两种方法确定的地表反射率大，特别是建筑物集中的城市地区。而在植被浓密的林地地区，3 种方法确定的地表反射率较接近。

3.3.3　反演结果验证

根据本书中的研究方法确定的地表发射率，结合 6S 模型构建查找表，对 2011～2012 年少云、晴朗天气条件下的 MODIS L1B 数据进行 AOD 反演。采用的气溶胶类型设定为大陆型气溶胶。根据研究区的地理位置，5～9 月选择中纬度夏季的大气模式，10 月至次年 4 月选择中纬度冬季的大气模式。蓝光波段相较于其他波段的地表反射率较低，对于 AOD 反应敏感，吸收气体对其影响也很小。因此，采用蓝光波段（MODIS 波段 3）进行反演。将反演结果与暗像元法和 MODIS V5.2 算法的 AOD 反演结果进行比较，最后利用 AERONET 太阳光度计数据对反演结果进行精度验证。

1. 反演 AOD 比较

图 3-6 和图 3-7 分别是基于暗像元法、MODIS V5.2 算法和像元分解法提取的研究区 2012 年 5 月 5 日地表反射率所反演的 AOD 结果图及对比散点图。

从反演结果中可以看出，暗像元法和 MODIS V5.2 算法的 AOD 反演结果与基于像元分解法的 AOD 反演结果都存在一定的相关性。总体上看，基于像元分解反演的 AOD 低于其他两种方法反演的 AOD。

2. 地面观测数据验证

1）基于像元分解反演结果的验证

为了进一步验证反演结果的可靠性，本书选取了 AERONET 地面观测数据作为验证数据与反演结果进行对比。

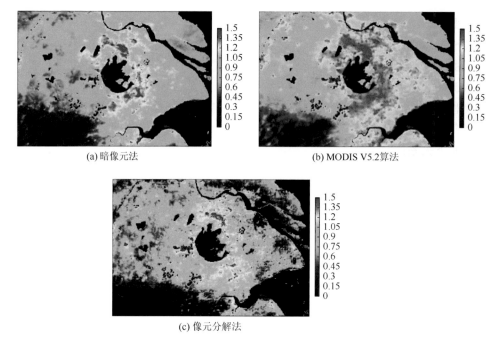

(a) 暗像元法　　　　　　　　　　　(b) MODIS V5.2算法

(c) 像元分解法

图 3-6　研究区 AOD 反演结果

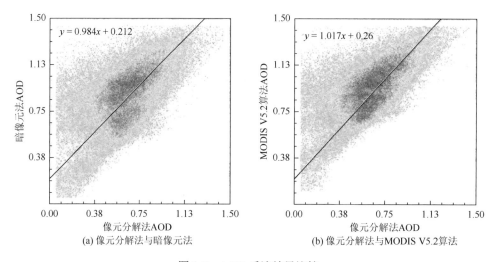

(a) 像元分解法与暗像元法　　　　　(b) 像元分解法与MODIS V5.2算法

图 3-7　AOD 反演结果比较

　　根据 MODIS 的过境时间，提取过境时间前后半小时内地面观测数据的平均值作为验证值。对于 MODIS 反演数据，则以地面观测点为中心，对 10 像元×10 像元区域取 AOD 平均值，然后对两者进行对比。本书选取了 4 个 AERONET 地面观测站的 AOD 数据进行验证。其中，杭州站、浙江农林大学站、上海闵行站的数据较少，仅有 2008～2009 年的观测数据，而太湖站的数据比较多，因此选取了其 2011～2012 年的观测数据，最终收集了 58 个相匹配的验证数据。

由于卫星数据反演获取的 AOD 数据为 550nm 波段，而 AERONET 站点获取的 AOD 只包含 1020nm、870nm、675nm、500nm 及 440nm 5 个不同波段，因此需要利用不同波段的 AOD 进行拟合获取其 550nm 波段的 AOD。

在大气较为稳定的条件下，气溶胶粒子谱遵循 Junge 分布，AOD 与波长之间存在如下关系：

$$\tau_a(\lambda) = \beta\lambda^{-\alpha} \tag{3-22}$$

根据式（3-22）中 AOD 与波长之间的关系，利用不同波段的 AOD 数据进行拟合得到 α、β 后，将 550nm 代入式（3-22）即得到 550nm 波长处的 AOD。

图 3-8 是地面观测数据与反演结果的对比，可以看出，基于像元分解法的反演结果精度较好，R^2 达到了 0.8676。

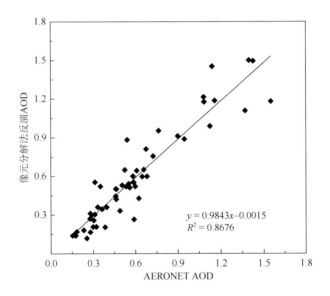

$$y = 0.9843x - 0.0015$$
$$R^2 = 0.8676$$

图 3-8　像元分解反演 AOD 与地面观测 AOD 对比

2）三种算法反演结果比较

基于地面观测数据，对 3 种算法的反演结果进行进一步的对比分析，如图 3-9 所示。其中，虚线代表 MODIS V5.2 算法的光学厚度反演误差 $\Delta\tau = \pm 0.15\tau \pm 0.05$。

可以看出，相对于 MODIS V5.2 算法和暗像元法反演结果，基于像元分解法 AOD 的反演结果偏小，这是由于该方法确定的地表反射率比其他两种方法确定的

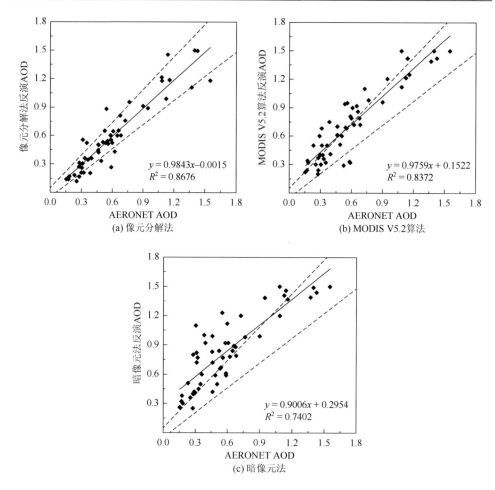

图 3-9　不同方法 AOD 反演结果比较

地表反射率大。3 种方法中，基于像元分解的反演方法与地面观测数据的相关性最高，R^2 为 0.8676，落在误差范围内的点也最多；其次是 MODIS V5.2 算法，R^2 为 0.8372；相关性最低的是暗像元法，R^2 为 0.7402。表 3-7 为 3 种方法反演 AOD 结果落在误差线内的验证点个数及所占百分比。

表 3-7　三种 AOD 反演结果落在误差范围的个数

项目	像元分解法	MODIS V5.2 算法	暗像元法
个数/个	43	33	18
占百分比/%	73.13	56.89	31.03

因此，相较于 MODIS V5.2 算法和暗像元法，基于像元分解的方法获取的反演结果精度更高。

3.4　HJ-1 卫星 CCD 数据反演 AOD

利用 MODIS 地面反射率数据和 BRDF 数据产品，通过构建适用于 HJ-1 卫星 CCD 数据的地面反射率，以反演基于 HJ-1 卫星 CCD 数据的长江三角洲地区的气溶胶光学厚度，并利用地面太阳光度计数据对反演结果进行评价（He et al.，2015；陈骁强，2011）。

3.4.1　基于 MODIS 的各月地面反射率和 BRDF 数据获取

本书假设一个月内地面覆盖不变，以月份作为地面反射率的构建间隔。为了构建每个月一幅的地面反射率底图及获取对应的 BRDF 参数，选取了 MODIS 的 MOD09A1、MCD43A1、MCD43A2 产品作为研究数据，其中 MOD09A1 用于月的地面反射率的获取，MCD43A1、MCD43A2 则用于月的 BRDF-Albedo Model Parameters 的获取。

MODIS 地面反射率产品 MOD09A1 提供了 MODIS 1～7 波段 500m 分辨率的地面反射率数据。每个像元包含了 L2G 产品 8 天内质量最好的观测数据，以高观测覆盖、低卫星观测角、无云或者云阴影及气溶胶含量较小为选择标准。产品中有每个像元的质量控制符，作为用户使用数据时进行质量分析的资料。MOD09A1 还提供了两个表示所选像元质量的参数，即质量控制符（quality control flags）和状态标识符（state flags），通过这些参数，可以选择质量较好的像元及对这些像元进行分析。

MODIS 的 BRDF 和反照率产品算法使用的是 16 天内的 TERRA 和 AQUA 双星 MODIS 传感器的观测数据来反演 BRDF，每 8 天出一次地面 BRDF 和反照率产品。反演的数据来源主要是经过大气校正后的地面反射率产品 MOD09 和 MYD09。MODIS BRDF 和反照率一共包含 4 个标准的产品，而本书使用了 MCD43A1 和 MCD43A2。其中，MCD43A1 为用户提供了光谱（MODIS 1～7 波段）BRDF 模型参数，用户可根据这些参数重构三维的 BRDF 形状，也可以计算需要的任何太阳及观测角的反射率。而 MCD43A2 产品专门提供 BRDF 和反照率产品相应的质量信息，包括独立于各波段的附属信息（band-independent）和依赖于各波段（band-dependent）并为各波段的每个像元点提供质量说明的信息。

本书利用 2009～2010 年的所有地面反射率产品和 BRDF 产品，获取研究区各月地面反射率和 BRDF 数据。在这两年中，每个月大约有 8 个 MOD09A1 和

BRDF 产品，因此分别按照一定的选取规则（图 3-10 和图 3-11）依次进行像元的挑选，如果像元数多于 2 个，那么进入下一个规则继续进行判断，直至选择完毕，最终获取了研究区各月地面反射率和 BRDF 数据。

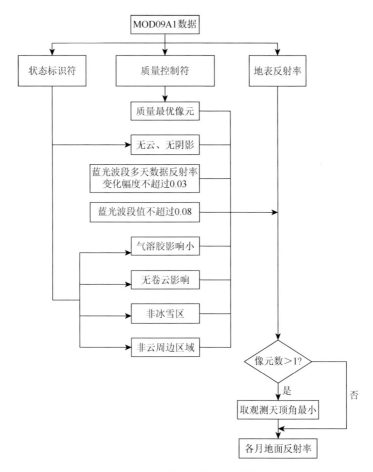

图 3-10　各月地面反射率的获取流程

3.4.2　HJ-1 卫星 CCD 观测角度下的地面反射率获取

以上基于 MODIS 产品获取的各月地面反射率和 BRDF 数据，是在某一特定角度下的，而在利用 HJ-1 卫星 CCD 数据反演 AOD 时，必须要先获取 HJ-1 卫星 CCD 观测角度下对应的地面反射率。选取与 HJ-1 卫星 CCD 对应月份的地面反射率数据 $\rho_{\mathrm{MODIS}}(\theta,\vartheta,\phi)$ 和 BRDF，代入式（3-23）进行计算即可获得 HJ-1 卫星 CCD 观测几何角度下的地面反射率数据 $\rho_{\mathrm{CCD}}(\theta,\vartheta,\phi)$：

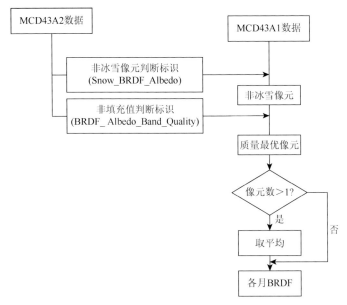

图 3-11 各月 BRDF 的获取流程

$$\rho_{\text{CCD}}(\theta,\vartheta,\phi) = \rho_{\text{MODIS}}(\theta,\vartheta,\phi) \cdot \frac{\text{BRDF}_{\text{CCD}}(\theta,\vartheta,\phi)}{\text{BRDF}_{\text{MODIS}}(\theta,\vartheta,\phi)} \tag{3-23}$$

式中，$\text{BRDF}_{\text{CCD}}(\theta,\vartheta,\phi)$，$\text{BRDF}_{\text{MODIS}}(\theta,\vartheta,\phi)$ 分别为 HJ-1 卫星 CCD 和 MODIS 角度下获得的 BRDF；θ、ϑ、ϕ 分别为太阳天顶角、卫星天顶角和相对方位角。

3.4.3 MODIS 地面反射率到 HJ-1 卫星 CCD 地面反射率转换

尽管获取了 HJ-1 卫星 CCD 观测角度下的地面反射率，但只是对应于 MODIS 波段的地面反射率，MODIS 与 HJ-1 卫星 CCD 的对应波段的光谱响应函数并不相同（图 3-12），因此要实现 HJ-1 卫星数据的气溶胶光学厚度反演，需要把 MODIS 地面反射率转换到 HJ-1 卫星 CCD 地面反射率上。

研究表明（Liang，2001；Liang et al.，2002），MODIS 波段 i 的地面反射率 R_i 与 ETM + 波段 i 的地面反射率 r_i 之间具有如下的统计关系：

$$\begin{cases} R_1 = 0.0798r_2 + 0.9209r_3 \\ R_2 = 0.1711r_1 - 0.2007r_2 + 1.0107r_4 + 0.0427r_5 \\ R_3 = 1.0848r_1 - 0.1115r_2 + 0.0186r_3 + 0.0102r_4 + 0.0138r_5 \\ R_4 = 1.1592r_2 - 0.1783r_3 + 0.0191r_4 \\ R_5 = 0.5191r_1 - 0.7254r_2 + 0.7126r_4 + 0.5719r_5 \\ R_6 = 0.0246r_4 + 1.1889r_5 - 0.1846r_7 \\ R_7 = 0.1061r_1 + 0.145r_2 - 0.0554r_4 - 0.0944r_5 + 0.9582r_7 \end{cases} \tag{3-24}$$

尽管式（3-24）是 ETM + 和 MODIS 波段之间的转换关系，但由于 ETM + 和 HJ-1 卫星 CCD 间的光谱响应函数高度一致，因此本书利用式（3-24）将 MODIS 地面反射率转换到 HJ-1 卫星 CCD 的地面反射率上。

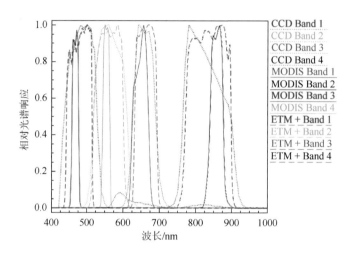

图 3-12　HJ-1 卫星 CCD、MODIS、ETM + 的光谱响应函数

3.4.4　反演结果验证

本书选取了研究区 2008～2009 年晴朗或少云的 HJ-1 卫星 CCD 数据共计 42 景，并对其进行了定标、图像配准、剔除云、重采样等预处理。其中定标过程是根据提供的定标文件把 DN 转为表观反射率数据。几何校正是利用已校正的 Landsat ETM+数据作为底图进行处理，采用的投影为 UTM 50N，误差保持在 1 个像元之内。影像中的云像元则是利用蓝光波段人工设定阈值来剔除，并将像元大小重采样为 500m，与使用的 MODIS 数据产品的像元大小保持一致。

在经过预处理之后，本书通过 6S 模型构建查找表并对其进行查算来获取 AOD 的反演结果。其中，6S 模型的输入参数主要包括太阳天顶角和方位角、卫星的天顶角和方位角、大气模式、气溶胶类型、AOD、地面反射率等。其中，大气模式取中纬度冬季，气溶胶类型选择大陆型。

为验证 AOD 反演结果的可靠性，本书选取了南京、太湖、杭州和浙江农林大学 4 个 AERONET 地面观测站点的实测数据作为验证数据。将地面观测站获取的 AOD 取 HJ-1 卫星的过境时间（一般在 10:00～11:00）前后半小时内的平均值。对于 HJ-1 卫星 CCD 反演的 AOD 数据，则以地面观测站点为中心，对 10 像元× 10 像元区域（对应地面 5km×5km）取平均值，然后对两者进行对比。

图 3-13（a）是太湖站太阳光度计测量的 AOD 与 HJ-1 反演的 AOD 的对比结果，R^2 达到了 0.7092，均方根误差（RMSE）为 0.093。图 3-13（b）是其他 3 个地面观测数据相对较少的站点获取的 AOD 与 HJ-1 反演的 AOD 的对比，R^2 达到 0.8525，RMSE 为 0.138。图 3-13（c）是所有站点的观测值与 HJ-1 反演的 AOD 的对比，R^2 达到了 0.8034，RMSE 为 0.123。可以看出，HJ-1 卫星 CCD 的光学厚度反演结果精度较高。因此，利用 MODIS 产品构建地面反射率来进行基于 HJ-1 卫星 CCD 数据的 AOD 反演是可行的、有效的。

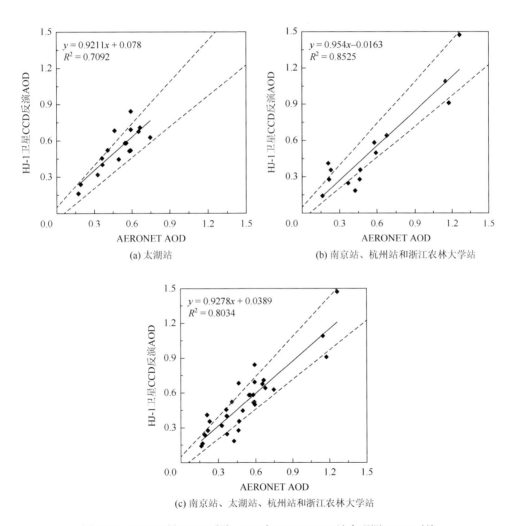

(a) 太湖站

(b) 南京站、杭州站和浙江农林大学站

(c) 南京站、太湖站、杭州站和浙江农林大学站

图 3-13　HJ-1 卫星 CCD 反演 AOD 与 AERONET 站点观测 AOD 对比

3.5　GOCI 卫星数据反演气溶胶光学厚度

利用 MODIS BRDF 模型参数产品，基于 Ross-Li 模型模拟 MODIS 和 GOCI 观测几何角度下的地表二向反射率，并结合 MODIS V5.2 算法确定的 MODIS 地表反射率，确定 GOCI 观测几何角度下的 MODIS 地表反射率，经过两种数据源之间的地表反射率转换（即波段修正），得到 GOCI 本身的地表二向反射率，最后调用 6S 模型构建查找表进行 GOCI AOD 的反演（张芳芳，2018）。

3.5.1　地表反射率的确定

1. GOCI 观测角度下的 MODIS 地表反射率的确定

地面物体对太阳短波辐射的反射和散射是属于非朗伯性质的，即地面物体与电磁波之间的相互作用不是各向同性，而是具有明显的方向性，且这种方向性随入射和观测的方向而变化，即具有二向性，只有准确描述这种方向性，才能对地物固有的反射辐射特性进行更好的描述。二向性反射分布函数（BRDF）描述了地表反射率随太阳和卫星观测角度变化的各向异性特征（Nicodemus et al.，1992）。

GOCI 是搭载在地球同步卫星上的传感器，可以获得从北京时间 8:15～15:45 的八景数据，时间间隔为 1 小时，影像之间的地表反射率的变化明显地受太阳-地面目标-传感器三者之间几何关系的影响。为最大限度地发挥该传感器气溶胶监测的应用潜力，需要充分利用每景数据来反演 AOD，这就需要考虑二向反射的影响。本书利用 MODIS BRDF 产品 MCD43A1 计算得到地表二向反射率并与 MODIS V5.2 算法得到的地表反射率进行联合确定 GOCI 地表反射率。

运用半经验的核驱动模型拟合生成的 MODIS BRDF 模型参数产品 MCD43A1 为研究地物反射各向异性行为提供了新途径。MCD43A1 是基于 RossThick-LiSparseR 核驱动的 BRDF 模型（Ross-Li 模型），即体散射核为 RossThick 核，几何光学散射核为 LiSparseR 核，通过使用具有一定物理意义的核的线性组合对地表的二向性反射进行拟合（Lucht et al.，2000；Wanner et al.，1995）。线性核驱动 BRDF 模型依赖于等方向性参数和两个核的比重系数（Wanner et al.，1995），该模型及两个核的形式为（Strahler et al.，1999）

$$R(\theta,\vartheta,\phi,\Lambda)=f_{\mathrm{iso}}(\Lambda)+f_{\mathrm{vol}}(\Lambda)K_{\mathrm{vol}}(\theta,\vartheta,\phi)+f_{\mathrm{geo}}(\Lambda)K_{\mathrm{geo}}(\theta,\vartheta,\phi) \tag{3-25}$$

$$K_{\mathrm{vol}}=\frac{(\pi/2-\xi)\cos\xi+\sin\xi}{\cos\theta+\cos\vartheta}-\frac{\pi}{4} \tag{3-26}$$

$$K_{geo} = O(\theta, \vartheta, \phi) - \sec\theta' - \sec\vartheta' + \frac{1}{2}(1 + \cos\xi')\sec\theta'\sec\vartheta' \quad (3\text{-}27)$$

$$O = \frac{1}{\pi}(t - \sin t \cos t)(\sec\theta' + \sec\vartheta') \quad (3\text{-}28)$$

$$\cos t = \frac{h}{b} \frac{\sqrt{D^2 + (\tan\theta'\tan\vartheta'\sin\phi)^2}}{\sec\theta' + \sec\vartheta'} \quad (3\text{-}29)$$

$$D = \sqrt{\tan^2\theta' + \tan^2\vartheta' - 2\tan\theta'\tan\vartheta'\cos\phi} \quad (3\text{-}30)$$

$$\cos\xi' = \cos\theta'\cos\vartheta' + \sin\theta'\sin\vartheta'\cos\phi \quad (3\text{-}31)$$

$$\theta' = \arctan\left(\frac{b}{r_0}\tan\theta\right) \quad \vartheta' = \arctan\left(\frac{b}{r_0}\tan\vartheta\right) \quad (3\text{-}32)$$

式中，$R(\theta, \vartheta, \phi, \Lambda)$ 为地表二向反射率；θ、ϑ、ϕ 分别为太阳天顶角、卫星天顶角以及太阳与观测的相对方位角；Λ 为波段宽度；$K_{vol}(\theta, \vartheta, \phi)$ 为体散射核；$K_{geo}(\theta, \vartheta, \phi)$ 为几何光学散射核，它们是入射角和观测角的函数；f_{iso}、f_{vol} 及 f_{geo} 分别为各向同性散射、体散射、几何光学散射所占的权重，即各项核系数，通过采用最小二乘法拟合观测数据可以得到最优的 f_{iso}、f_{vol}、f_{geo} 各项核系数，并作为 MODIS BRDF 模型参数产品供用户使用（朱高龙等，2011）；ξ 为散射角，即太阳入射光与卫星观测方向的夹角；模型中，把地表看成被投影物随机覆盖，这些投影物被视为球体，随机分布于地表（刘玉洁和杨忠东，2001）。b 为球体垂直半径，h 为球体水平半径，r_0 为球心高度，根据经验值，可以把这几个参数取一固定值（解斐斐等，2011）；MODIS BRDF 模型参数产品生产过程中，h、b、r_0 3 个参数的关系为 $h/r_0 = 2$，$b/r_0 = 1$（Schaaf et al.，1999），本书也按照此关系对 3 个参数进行设置。

根据上述公式，即可通过核的外推求出任意太阳入射方向和卫星观测方向条件下的二向反射（杨华等，2002）。利用线性核驱动 BRDF 模型进行反演只需有限的观测数据，可反演性强且计算速度快，适于业务化反演应用（陈爱军等，2009）。同时，模型中的每个核都有一定的物理意义，这样在外推到无观测数据的方向时，有希望可以解释和控制外推的结果（杨华等，2002）。本书根据 GOCI 几何角度信息，利用线性核驱动 BRDF 模型计算了 GOCI 观测几何角度下的 MODIS 地表二向反射率，发现其值有突变现象。图 3-14（a）是利用 2013 年 4 月 26 日 GOCI 获得的第一景影像得到的 GOCI 第三波段观测几何角度下的 MODIS 地表二向反射率，其上获取的 Y 剖面图如图 3-14（b）所示。从图上可以看出，在一条垂直截面上，有些像元的地表二向反射率过高，有的甚至超过了 0.12，可能是受到云的影响。

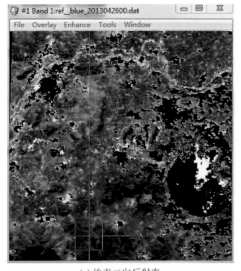

(a) 地表二向反射率

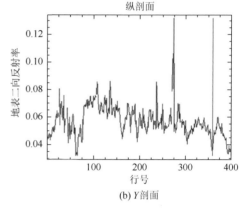

(b) Y 剖面

图 3-14　从影像上获取 Y 剖面

仅使用遥感图像的观测几何角度信息通过线性核驱动 BRDF 模型模拟得到的地表二向反射率直接作为地表反射率结果精度略低，而若利用 MODIS V5.2 算法得到的地表反射率直接与 GOCI 数据进行匹配却无法考虑二向反射的影响，因此本书利用线性核驱动 BRDF 模型模拟计算 MODIS 和 GOCI 对应波段观测几何角度下的地表二向反射率，并联合 MODIS V5.2 算法确定的地表反射率，通过运算来确定 GOCI 观测几何角度下的 MODIS 地表反射率，公式如下：

$$\rho_{\text{GOCI}} = \rho_{\text{MODIS}} \times \frac{\text{BRDF}(\theta_{\text{sun-GOCI}}, \theta_{\text{view-GOCI}}, \varphi_{\text{GOCI}})}{\text{BRDF}(\theta_{\text{sun-MODIS}}, \theta_{\text{view-MODIS}}, \varphi_{\text{MODIS}})} \tag{3-33}$$

式中，ρ_{GOCI} 为 GOCI 观测几何条件下的地表反射率，也是需要得到的二向反射率；ρ_{MODIS} 为 MODIS V5.2 算法得到的地表反射率；$\text{BRDF}(\theta_{\text{sun-GOCI}}, \theta_{\text{view-GOCI}}, \varphi_{\text{GOCI}})$ 和 $\text{BRDF}(\theta_{\text{sun-MODIS}}, \theta_{\text{view-MODIS}}, \varphi_{\text{MODIS}})$ 分别为利用二向反射产品 MCD43A1 计算的 GOCI 观测几何与 MODIS 观测几何条件下的二向反射率。该式表明 GOCI 几何角度下的地表反射率等于反演当天的 MODIS 地表反射率乘以 GOCI 与 MODIS 几何角度下的地表二向反射率比值，即将 MODIS V5.2 算法得到的 MODIS 地表反射率转换到 GOCI 的观测几何条件下。这样计算的结果一方面考虑了二向反射，另一方面也可以对地表二向反射率进行校正，去除部分异常值。

针对研究区域，GOCI 白天可以获取八景影像，而 MODIS 最多获取两景影像，为了尽量减少时间误差的影响，将上午星 TERRA 得到的地表反射率与 GOCI 传感器在 8:15～12:00 获得的四景影像进行匹配，下午星 AQUA 得到的地表反射率与 GOCI 传感器在 12:00～15:45 获得的四景影像进行匹配。由于云的影响，实际反演中一天当中的所有影像并不是都能进行反演。

2. GOCI 地表反射率的确定

本书基于蓝光波段进行 AOD 的反演。GOCI 传感器的第 1、2、3 波段和 MODIS 传感器的第 3 波段都属于蓝光波段，GOCI 的 3 个蓝光波段与 MODIS 蓝光波段的光谱响应函数如图 3-15 所示。由于两种传感器的波长范围、光谱响应函数之间有一定的差异，因此，进行 AOD 反演时，为了减少直接利用 MODIS 数据确定的地表反射率作为 GOCI 真实的地表反射率所产生的误差，需要对 MODIS 地表反射率与 GOCI 地表反射率的关系进行研究，通过波段转换将 MODIS 地表反射率数据修正到 GOCI 上。另外，通过统计分析研究区清洁天 GOCI 影像数据的 3 个蓝光波段反射率，发现 GOCI 第 3 波段反射率比第 1、2 波段小，且第 3 波段与 MODIS 蓝光波段波长接近，因此本书选择 GOCI 第 3 波段与 MODIS 相应蓝光波段进行匹配来反演 AOD。图 3-16 为 2013 年 11 月 29 日研究区清洁天 GOCI 的第四景（北京时间 11:30 左右）影像蓝光波段之间的反射率对比分析。

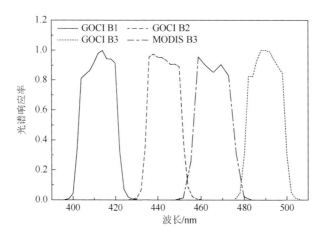

图 3-15　GOCI 和 MODIS 蓝光波段的光谱响应函数

ENVI Classic 自带了 5 种标准波谱数据库，分别为：①USGS 矿物波谱（usgs_min），波长范围为 0.4～2.5μm，包括近 500 种典型矿物，可见光波长精度为 0.2nm，近红外波长精度为 0.5nm；②植被波谱（veg_lib），包括 USGS 植被波谱库和 Chris Elvidge 植被波谱库，波长范围均为 0.4～2.5μm，其中 USGS 植被波

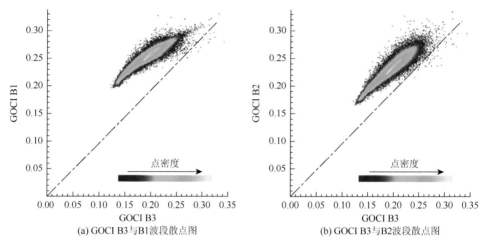

(a) GOCI B3与B1波段散点图　　　　　(b) GOCI B3与B2波段散点图

图 3-16　GOCI 蓝光波段相关性分析（2013 年 11 月 29 日第四景影像）

谱库中包含 17 种植被波谱，Chris Elvidge 植被波谱库中包含干植被（veg_1dry.sli）和绿色植被（veg_2grn.sli）两个波谱库，分别有 74 条和 25 条数据（Elvidge，1990）；③JPL 波谱库（jpl_lib），波长范围为 0.4～2.5μm，包括 3 种不同粒径共 160 种矿物波谱，分别为 jpl1.sli、jpl2.sli、jpl3.sli；④IGCP264 波谱库，由 5 种波谱仪测量得到的 5 个波谱库（表 3-8）；⑤JHU 波谱库（jhu_lib），包含 15 种地物数据库，由约翰·霍普金斯大学（Johns Hopkins University，JHU）测量获取。

表 3-8　IGCP264 波谱库列表

波谱文件	波长范围/μm	光谱数/条	波长精度/nm
igcp-1.sli	0.7～2.5	27	1
igcp-2.sli	0.3～2.6	27	5
igcp-3.sli	0.4～2.5	29	2.5
igcp-4.sli	0.4～2.5	29	近红外 0.5，可见光 0.2
igcp-5.sli	1.3～2.5	27	2.5

本书从 ENVI 自带光谱数据库中，选取了植被、水体、土壤、水泥及岩石等 26 种典型地物的光谱反射曲线，根据 GOCI 第 3 波段和 MODIS 第 3 波段的光谱响应函数和式（3-24），计算得到这些地物在相应传感器蓝光波段的地表反射率 R。

$$R = \frac{\int_{\lambda_1}^{\lambda_2} S(\lambda) R(\lambda) \mathrm{d}\lambda}{\int_{\lambda_1}^{\lambda_2} S(\lambda) \mathrm{d}\lambda} = \frac{\sum_{i=0}^{N-1} S(\lambda_i) R(\lambda_i) \Delta\lambda}{\sum_{i=0}^{N-1} S(\lambda_i) \Delta\lambda} \tag{3-34}$$

式中，λ_1和λ_2为积分波长的下限与上限；$S(\lambda_i)$为λ_i波长处传感器的光谱响应函数；$R(\lambda_i)$为λ_i波长处实测地物相应的某一条光谱的反射率。

图 3-17 为利用光谱响应函数和地物光谱数据模拟得到的 GOCI 和 MODIS 在蓝光波段的地物反射率对比图。从图中可以看出，在蓝光波段，GOCI 的地表反射率总体上略高于 MODIS 的地表反射率，通过对两种传感器地表反射率进行线性相关分析，得到二者之间的线性关系：

$$\rho_{\mathrm{GOCI}} = \rho_{\mathrm{MODIS}} \times 1.0247 + 0.0064 \qquad (3\text{-}35)$$

式中，ρ_{GOCI}为 GOCI 第 3 波段地表反射率；ρ_{MODIS}为 MODIS 蓝光波段地表反射率。

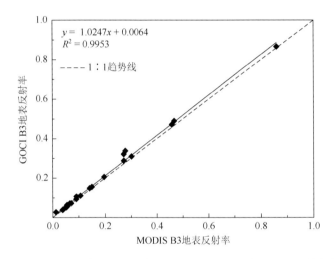

图 3-17　GOCI B3 波段地表反射率与 MODIS 蓝光波段地表反射率关系

3.5.2　查找表的构建

构建查找表是遥感反演 AOD 重要的一步。本书利用 IDL 语言，通过 6S 模型对遥感影像成像时的观测几何角度信息、大气气溶胶参数及地表参数等数据进行辐射传输模拟，从而建立 AOD 与影像的观测几何角度信息、大气气溶胶参数之间的关系，以此完成查找表的构建。

本书根据 GOCI 数据的高时间分辨率特点，对每景反演影像建立一张查找表，以提高反演精度。在构建查找表时，根据研究区所在的位置和影像获取的时间，选用中纬度夏季和中纬度冬季两种标准大气模式，并设置气溶胶模型为大陆型气溶胶，其他参数的设置如下。

（1）影像观测几何路径参数：GOCI 是搭载在静止卫星上的传感器，对于特定的研究区域，同一像元的观测天顶角和观测方位角是定值，不会随时间改变，而太阳天顶角与太阳方位角会随时间变化而变化。对研究区数据统计发现，GOCI的观测天顶角范围为36°～40°，因此查找表中将卫星观测天顶角设置为36°、37°、38°、39°、40°共5个固定值。而对于研究区的每景影像，太阳天顶角变化不会超过5°，相对方位角变化不会超过6°，因此将太阳天顶角以1°为步长设5个值，相对方位角以1°为步长设置6个值，对要反演的每景影像建立一张查找表。

（2）光谱参数：光谱参数应选择GOCI第3波段（蓝光波段），而6S模型中并没有定义GOCI传感器相应的光谱响应函数，因此为了能够准确地反映GOCI传感器的特征，提高查找表的精度，本书利用6S模型自定义了GOCI传感器第3波段的光谱参数。首先需要手动输入GOCI第3波段的光谱范围的上下限，分别为0.48μm和0.5μm，然后输入间隔为0.0025μm的相应波长的光谱响应值，输入的具体的光谱响应值如表3-9所示。

表 3-9　GOCI 第 3 波段间隔 0.0025μm 时的波谱响应函数值

波长/nm	480	482.5	485	487.5	490	492.5	495	497.5	500
光谱响应值	0.3016	0.8233	0.8781	0.9839	0.9981	0.9762	0.9124	0.8547	0.3006

（3）AOD 值：一般晴空下 AOD 都在 2.0 以下。将 6S 模型用于 AOD 大于 2（一般能见度小于 5km）或者等于 0 的情况下会导致程序出错（章澄昌和周文贤，1995），因此本书将 AOD 范围设置为 0.01～1.95，共计 17 个取值。表 3-10 是构建多维查找表的具体参数说明。

表 3-10　GOCI 构建查找表参数设置

查找表参数	数目	参数值
波段	1	GOCI B3 波段（6S 模型中需自定义光谱响应函数）
AOD	17	0.01, 0.1, 0.2, 0.3, 0.4, 0.5, 0.6, 0.7, 0.8, 0.9, 1.0, 1.1, 1.2, 1.3, 1.4, 1.5, 1.95
太阳天顶角	5	依据影像的实际角度范围，步长设置为 1°
卫星天顶角	5	36°, 37°, 38°, 39°, 40°
相对方位角	6	依据影像的实际角度范围，步长设置为 1°

通过 6S 模型循环运算得到的部分查找表如表 3-11 所示，其中 S 为大气下界半球反射率，T 为总的大气透过率，ρ_a 为路径辐射，θ 为太阳天顶角，ϑ 为卫星天顶角，ϕ 为相对方位角。本书构建的一张完整的查找表中共有 2550 组参数组合，每组之间相互独立，可以直接进行计算。

以往学者在长时间遥感反演气溶胶建立查找表时，并没有考虑每幅影像的几何特征，而是综合考虑待反演数据的几何特征，几何角度的步长设置比较大，角度范围包含了所有需要反演的影像的几何角度，进而建成一张大型查找表，其数据组合参数多达几万甚至几十万。使用这样的查找表进行反演时，虽然需要建立的查找表的数量比较少，但是调用该查找表进行反演时一般需要较长的时间。本书构建的查找表，虽然需要对每景影像进行建立，但是每张查找表数据组合参数小，步长小，精度高，适用于 AOD 的快速反演。

表 3-11　6S 模型生成的七维查找表

S	T	ρ_a	θ	ϑ	ϕ	AOD
0.12617	0.82804	0.0812	31	36	20	0.01
0.12617	0.82804	0.08107	31	36	21	0.01
0.12617	0.82804	0.08094	31	36	22	0.01
0.12617	0.82804	0.08079	31	36	23	0.01
0.12617	0.82804	0.08065	31	36	24	0.01
0.12617	0.82804	0.0805	31	36	25	0.01
0.12617	0.82703	0.08205	31	37	20	0.01
0.12617	0.82703	0.08191	31	37	21	0.01
0.12617	0.82703	0.08177	31	37	22	0.01
0.12617	0.82703	0.08163	31	37	23	0.01
0.12617	0.82703	0.08148	31	37	24	0.01
0.12617	0.82703	0.08132	31	37	25	0.01
0.12617	0.82597	0.08292	31	38	20	0.01
0.12617	0.82597	0.08278	31	38	21	0.01
0.12617	0.82597	0.08264	31	38	22	0.01
0.12617	0.82597	0.08249	31	38	23	0.01
0.12617	0.82597	0.08233	31	38	24	0.01
0.12617	0.82597	0.08217	31	38	25	0.01
0.12617	0.82486	0.08382	31	39	20	0.01
0.12617	0.82486	0.08367	31	39	21	0.01
0.12617	0.82486	0.08353	31	39	22	0.01
0.12617	0.82486	0.08337	31	39	23	0.01
0.12617	0.82486	0.08321	31	39	24	0.01
0.12617	0.82486	0.08305	31	39	25	0.01
0.12617	0.82369	0.08474	31	40	20	0.01

续表

S	T	ρ_a	θ	ϑ	ϕ	AOD
0.12617	0.82369	0.08459	31	40	21	0.01
0.12617	0.82369	0.08444	31	40	22	0.01
0.12617	0.82369	0.08428	31	40	23	0.01
0.12617	0.82369	0.08412	31	40	24	0.01
0.12617	0.82369	0.08395	31	40	25	0.01
0.12617	0.82725	0.0821	32	36	20	0.01
0.12617	0.82725	0.08196	32	36	21	0.01
0.12617	0.82725	0.08182	32	36	22	0.01

3.5.3 反演结果验证

在 ENVI IDL 环境的支撑下，本书基于 Ross-Li 模型，利用 MODIS BRDF 参数产品计算 MODIS 和 GOCI 数据的地表二向反射率，并联合 MODIS V5.2 算法得到的地表反射率来确定 GOCI 的地表反射率，以此反演 AOD。具体反演过程如下。

（1）从经预处理后的 MODIS L1B（MOD02HKM/MYD02HKM）数据中提取研究区第 1、3、5、7 通道的表观反射率数据，并合并为 ENVI 标准文件；同样从经预处理后的 MOD03 和 MYD03 数据中提取研究区相应的几何路径参数，包括图像的太阳天顶角、太阳方位角、卫星天顶角及卫星方位角 4 个几何角度数据，并合并为另一个 ENVI 标准文件；同上，从预处理后的 GOCI 数据中提取研究区第 3 通道的表观反射率及对应的 4 个角度数据，并存储为 ENVI 标准文件。

（2）根据上步获取的数据，运用 MODIS V5.2 算法计算 MODIS 蓝光波段的地表反射率。根据 MODIS 和 GOCI 各个对应的 4 个几何角度数据，采用 Ross-Li 模型分别计算 MODIS 及 GOCI 对应观测几何下的二向反射率。

（3）结合 MODIS 数据计算的地表反射率和二向反射率及 GOCI 数据对应的二向反射率，然后采用式（3-33）进行计算，得到修正后的 GOCI 几何角度下的 MODIS 地表反射率，再根据式（3-35）进行波段修正，得到 GOCI 本身的地表二向反射率。

（4）根据研究区 GOCI 蓝光波段的表观反射率、地表反射率及其对应的几何参数（θ、ϑ 和 ϕ），并选择相应日期的查找表，计算反演像元的理论表观反射率数值，最后根据 GOCI 数据文件中的表观反射率选择与其最接近的两个理论表观反射率及与理论表观反射率对应的 AOD 进行线性插值得到反演像元的 550nm

AOD，并对所有 GOCI 数据进行逐像元计算，得到整个研究区的 550nm AOD 反演结果。

　　本书对长江三角洲部分区域 2013 年 1 月～2015 年 2 月的 AOD 进行了反演。图 3-18 是 2013 年 4 月 26 日获取的八景 GOCI 影像进行 AOD 反演的结果，图中 2013042600、2013042601、2013042602、2013042603、2013042604、2013042605、2013042606、2013042607 依次表示 2013 年 4 月 26 日研究区 GOCI 数据的获取顺序，针对研究区，每幅影像的获取时间大约为北京时间 8∶30、9∶30、10∶30、11∶30、12∶30、13∶30、14∶30、15∶30。

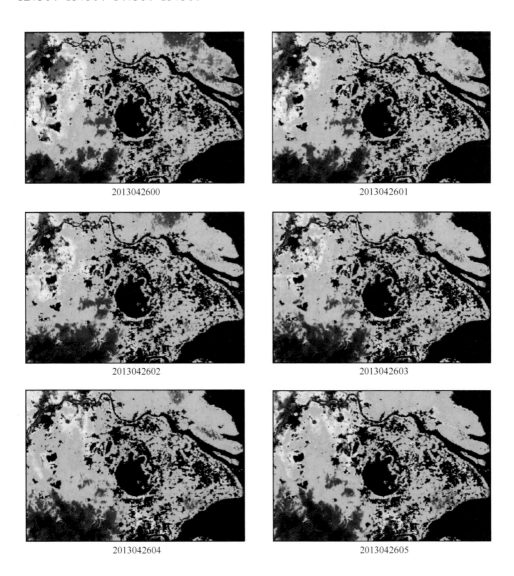

2013042600　　　　　　　　　　　　　2013042601

2013042602　　　　　　　　　　　　　2013042603

2013042604　　　　　　　　　　　　　2013042605

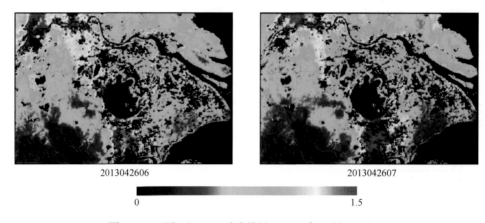

2013042606　　　　　　　　　　　　　2013042607

0　　　　　　　　　　　　　　　　1.5

图 3-18　研究区 AOD 反演结果（2013 年 4 月 26 日）

根据 GOCI 每景影像的成像时间，选取成像时间前后半小时内地面观测数据 550nm AOD 的平均值用于对反演结果进行验证。为了减少大气分布不均及不稳定对 AOD 反演结果验证的影响，在 GOCI 反演结果中以地面观测站点为中心，对 5km×5km（10 像元×10 像元）范围内的 AOD 进行平均，得到对应于每个地面观测站点的反演值。由于太阳光度计没有 550nm 波长，可以通过 Angstrom 方程进行插值，求得 550nm 波长处的 AOD。本书选用 AERONET 气溶胶观测网中的太湖监测站点和设置在南京师范大学（仙林校区）学正楼楼顶的太阳光度计监测站点进行验证，两个站点的位置信息如表 3-12 所示。由于 GOCI 卫星发射时间为 2011 年 4 月，而太湖站 level2.0 AOD 可用数据区间为 2005 年 9 月到 2012 年 10 月，与 GOCI 数据匹配的时间段较少，因此选用太湖站 level1.5 数据进行验证。

表 3-12　太阳光度计地面观测站点信息

来源	地面观测站名称	纬度	经度
AERONET	太湖（Taihu）	31.421°N	120.215°E
南京师范大学（仙林校区）	学正楼	32.10°N	118.91°E

对 2013 年 1 月～2015 年 2 月的 GOCI 数据进行筛选，去除受到云、雨、雪等自然天气影响的数据，最终反演得到了 380 幅 GOCI 数据的 AOD，并与两个地面观测站点的实测数据进行了匹配，两者的对比散点图如图 3-19 所示。

图 3-20 分别为太湖站 2013 年 4 月 14 日、2013 年 4 月 15 日、2014 年 10 月 13 日、2015 年 2 月 11 日地面观测 AOD 与一天中 GOCI 遥感反演 AOD 的时间变化曲线。图 3-21 分别为南京师范大学（仙林校区）学正楼站 2013 年 4 月 14 日、2014 年 11 月 18 日、2014 年 12 月 29 日、2015 年 2 月 11 日地面观测 AOD 与 GOCI

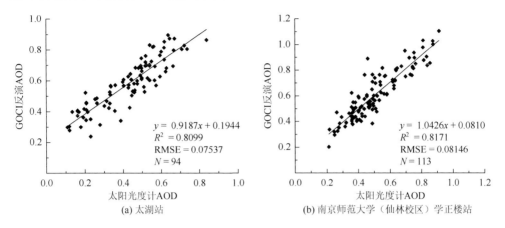

图 3-19　GOCI 反演结果与太湖站、南京师范大学（仙林校区）学正楼站地面观测数据对比

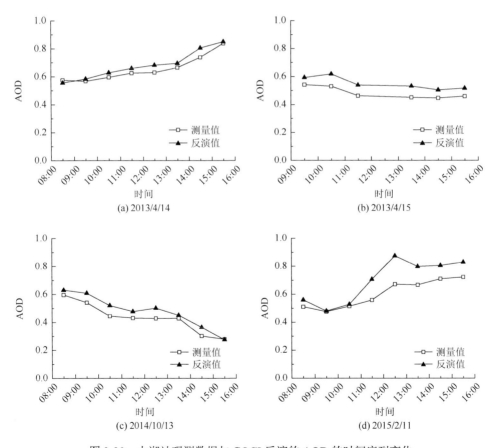

图 3-20　太湖站观测数据与 GOCI 反演的 AOD 的时间序列变化

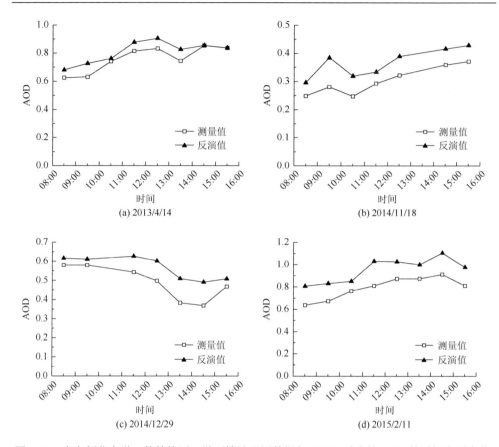

图 3-21　南京师范大学（仙林校区）学正楼站观测数据与 GOCI 反演的 AOD 的时间序列变化

反演结果的变化曲线。从图中可以看出，GOCI 反演结果与地面观测数据在日内变化趋势上具有很强的一致性，可以表明反演结果比较合理，可用于气溶胶日内变化趋势研究。同时，GOCI 反演结果整体上高于站点观测值，而这与MODIS 反演的 AOD 在中国东部地区显著偏高具有一致性（夏祥鳌，2006；李成才等，2003）。

3.6　多角度偏振数据反演气溶胶组分及光学厚度

利用 PARASOL 偏振遥感数据对地表反射率不敏感的偏振波段，采用自定义气溶胶组分代替辐射传输模型中气溶胶类型反演了长三角地区的 AOD 和气溶胶组分，并与 6S 模型中缺省的大陆型和城市型气溶胶类型所反演的光学厚度值进行了对比（程峰，2017）。

3.6.1　PARASOL 数据预处理

1. 云检测

由于云影响遥感影像信息的准确性，因此在进行气溶胶反演前要对遥感影像进行云检测，去除有云像元。在 PARASOL 偏振遥感数据的存储中包含云标识字段（rough cloud indicator），其中 0 标识无云，100 标识有云，50 标识不确定。无云的数据直接提取，其中不确定是否有云的数据将进行云检测，云检测采用 443nm 波段进行检测，具体如下。

由于 443nm 波段上无云的洁净像元与有云覆盖的像元存在最大对比度，因此利用 443nm 波段反射率在扣除分子散射影响后大于设定的阈值则判定为有云，反之则无云：

$$R_{443} - R_{443}^m > \Delta R_{443} \tag{3-36}$$

式中，R_{443} 为卫星传感器接收的反射率；R_{443}^m 为分子散射；ΔR_{443} 为阈值，取 0.15（孙夏和赵慧洁，2009）。

2. 气体吸收校正

PARASOL 与其他传感器相比，波段宽度较窄，气体吸收的影响较小，因此本书主要对臭氧和水汽的吸收进行校正。吸收校正采用经验订正方法（韩志刚，1999）。

$$T_{abs}' = \exp\left[-\delta_{abs}\left(\frac{1}{\cos\theta_v} + \frac{1}{\cos\theta_s}\right)\right] \tag{3-37}$$

式中，T_{abs}' 为气体吸收路径双程透射率；δ_{abs} 为气体吸收光学厚度。

3. 瑞利散射校正

为了能获取更加准确的气溶胶反演结果，需要对影像进行瑞利散射校正。瑞利散射的光学厚度 τ_m 与气压、温度存在一定关系，具体关系如下：

$$\tau_m = \tau_{m_0}\left(\frac{P}{P_0}\right)\left(\frac{T_0}{T}\right) \tag{3-38}$$

式中，P 为气压；T 为温度；P_0 为大气标准气压；T_0 为大气标准温度（237.15K）；τ_{m_0} 为标准大气条件下的整层大气分子的散射光学厚度，在 0.3～3.5μm 的波段范围可表示为

$$\tau_{m_0} = 0.008569\lambda^{-4}(1 + 0.0113\lambda^{-2} + 0.00013^{-4}) \tag{3-39}$$

气压和温度从 FNL 全球分析资料数据（final operational global analysis，FNL）中获得。

3.6.2　查找表的构建

本书在气溶胶组分和 AOD 反演过程中主要构建了两套查找表，即不同气溶胶类型气溶胶查找表和自定义组分查找表。查找表通过设置不同的太阳和卫星天顶角、相对方位角等几何参数、气溶胶光学参数等不同变化值代入辐射传输模型中计算获取偏振反射率来进行构建。

为了提高气溶胶反演效率，在构建查找表时设置参数需要控制在一定变化范围内，然后再代入 6S 模型计算，本书反演 AOD 时共同的输入参数设置如下。

（1）太阳天顶角：15°、20°、25°、30°、35°、40°、45°、50°、55°。

（2）卫星天顶角：25°、30°、35°、40°、45°、50°、55°、60°、65°。

（3）相对方位角：0°、30°、60°、90°、120°、150°、180°。

（4）气溶胶光学厚度：0、0.1、0.2、0.3、0.4、0.5、0.6、0.8、1.0、1.5、2.0。

（5）大气模式：4~9 月设置为中纬度夏季，其余设置为中纬度冬季。

两套查找表的最大的区别在气溶胶类型输入。在气溶胶类型和 AOD 反演时分别输入大陆型、城市型和海洋型 3 种气溶胶类型，建立对应的 3 种气溶胶类型的查找表；而气溶胶组分和 AOD 反演所需查找表构建则是输入不同气溶胶类型对应的组分来构建查找表，气溶胶组分比例确定利用正交实验来完成。由于 AOD 在查找表中设置有一定间隔，因此在查算时需要采用插值算法来获取 AOD 值。

3.6.3　自定义气溶胶类型

1983 年，国际气象学和大气物理学协会（International Association of Meteorology and Atmospheric Physics，IAMAP）定义了标准辐射大气气溶胶类型，将气溶胶分成大陆型、海洋型和城市型等类型，不同的气溶胶类型由沙尘性、水溶性、海洋性和煤烟性 4 种基本组分构成（表 3-13）（Remer et al.，2002；张兴华等，2013）。因此，可通过 4 种基本组分来自定义气溶胶类型。

表 3-13　标准辐射大气（SRA）气溶胶类型及 4 种基本组分比例

气溶胶类型	沙尘性	水溶性	海洋性	煤烟性
大陆型	0.70	0.29	0	0.01
海洋型	0	0.05	0.95	0
城市型	0.17	0.61	0	0.22

由于大陆型、海洋型和城市型等标准气溶胶类型不一定符合区域气溶胶的实际情况，因此可以通过自定义气溶胶类型来获取更加准确的气溶胶类型，提高AOD 反演精度。自定义气溶胶类型可以利用沙尘性、水溶性、海洋性及煤烟性 4 种组分按一定比例进行组合而成。由于 4 种气溶胶组分能构成无限种可能，将所有气溶胶组分的比例组合输入 6S 模型来构建查找表，然后通过查算来获取最符合实际的比例组合，显然数据量巨大，计算机将难以完成，所以需要设置最有可能的比例组合，减少计算量的同时又不降低计算精度。因此此部分成为反演气溶胶组分的关键，本书主要采用以下两个步骤来解决。

1）确定气溶胶类型

反演第一部分，则是直接输入大陆型、城市型和海洋型气溶胶类型来构建查找表，然后获取最优气溶胶类型和 AOD。6S 模型中大陆型、城市型和海洋型气溶胶类型主要由沙尘性、水溶性、海洋性及煤烟性四种组分构成，具体组成见表 3-13。确定了气溶胶类型则基本确定了不同组分的比例。

由于气溶胶组分的比例构成是根据全球太阳光度计观测数据统计后大致给出的结果，东亚地区主要为大颗粒物（沙尘性气溶胶）主导的大陆型气溶胶（Levy et al.，2007；Lyapustin et al.，2011）。因此中国地区反演 AOD 是气溶胶类型直接输入大陆型。根据反演结果分析得知，长三角地区主要为大陆型气溶胶和城市型气溶胶，海洋型气溶胶影响较小，在本书中将不再考虑。

2）设计正交试验确定气溶胶组分比例

虽然气溶胶不同组分限制在了城市型气溶胶和大陆型气溶胶之间，但仍具有大量的组合数量，直接代入计算将耗费大量的时间，很难应用于大数据量的处理。本书采用正交实验方法，进一步减少反演时间而获得精度较高的反演结果。

正交试验设计（orthogonal design）主要使用正交表进行试验设计。正交表是正交实验的核心，在确定各影响因素之间的关系后，基于均衡分布的思想，利用组合数学理论进行构建。正交试验既可以减少试验次数，同时又能保证试验结果的准确性。

标准辐射大气中定义的气溶胶类型中，大陆型气溶胶（沙尘性 0.70，水溶性 0.29，海洋性 0，煤烟性 0.01）描述自然状态下的背景气溶胶，城市型气溶胶（沙尘性 0.17，水溶性 0.61，海洋性 0，煤烟性 0.22）是指在背景气溶胶下输入了过多的人为气溶胶，表现出强吸收特性。城市型气溶胶中煤烟性气溶胶体积比达到了 22%，在中国明显偏大（李成才，2002）。而中国地区实际的气溶胶类型各组分比例应介于城市型和大陆型气溶胶之间（茆佳佳，2011）。

针对上述问题，已有研究人员开展了气溶胶类型具体组分构成的研究，一般利用太阳光度计结合卫星遥感数据的方法来进行确定。茆佳佳（2011）利用太阳光度计结合 MODIS 数据拟合出我国东部地区气溶胶组分：夏冬两季沙尘性气溶胶比例分别为 0.17、0.56，水溶性为 0.82、0.42，烟尘性为 0.01、0.02；胡方超等（2009）利用冬夏两次实验数据计算出了太湖周边气溶胶组分比例，夏、冬季沙尘性粒子比例为 0.5、0.48，水溶性粒子比例为 0.29、0.50，烟尘性粒子比例为 0.21、0.02；范娇等（2015）利用太阳光度计数据计算了杭州地区沙尘性气溶胶比例为 0.3、水溶性为 0.56、海洋性为 0.2，煤烟性为 0.12；王玲等（2010）利用地基遥感数据确定了杭州市冬季的气溶胶中沙尘性、水溶性和煤烟性气溶胶组分分别为 40%、44%和 16%。由此可以看出不同研究结果在不同季节和不同地点计算出的气溶胶组分均有较大的偏差。

　　已有研究成果显示，海洋性气溶胶对长三角地区影响较小，沙尘性、水溶性及煤烟性气溶胶比例主要介于大陆型气溶胶和城市型气溶胶的构成比例之间，在此基础上进行正交表设计。

　　在反演过程中首先确定气溶胶类型，当类型判定为大陆型，则表示气溶胶各组分比例接近大陆型气溶胶组分构成，则以大陆型气溶胶的比例构成为基础进行气溶胶组分进一步细分。由于大陆型气溶胶以沙尘性气溶胶为主，所以以沙尘性气溶胶为主要影响因素进行划分。在进行正交表设计时将沙尘性分为 0.3～0.7 五个水平，海洋性分为 0～0.024 五个水平，煤烟性分为 0.01～0.22 五个水平，水溶型气溶胶比例由 1 减去前三者之和（表 3-14）。如果在气溶胶类型反演时将气溶胶类型判定为城市型时，则表示各组分比例接近城市型气溶胶的组分构成。由于城市型气溶胶以水溶性气溶胶为主，所以以水溶性气溶胶为主要影响因素进行划分。在进行正交表设计时水溶性分为 0.31～0.71 五个水平，海洋性分为 0～0.024 五个水平，煤烟性分为 0.01～0.22 五个水平，沙尘性气溶胶比例由 1 减去前三者之和（表 3-15）。

表 3-14　大陆型正交表

沙尘性	海洋性	煤烟性	水溶性
0.7	0.024	0.22	0.056
0.7	0.018	0.16	0.122
0.7	0.012	0.11	0.178
0.7	0.006	0.06	0.234
0.7	0	0.01	0.29
0.6	0.024	0.16	0.216
0.6	0.018	0.11	0.272
0.6	0.012	0.06	0.328
0.6	0.006	0.01	0.384
0.6	0	0.22	0.18

续表

沙尘性	海洋性	煤烟性	水溶性
0.5	0.024	0.11	0.366
0.5	0.018	0.06	0.422
0.5	0.012	0.01	0.478
0.5	0.006	0.22	0.274
0.5	0	0.16	0.34
0.4	0.024	0.06	0.516
0.4	0.018	0.01	0.572
0.4	0.012	0.22	0.368
0.4	0.006	0.16	0.434
0.4	0	0.11	0.49
0.3	0.024	0.01	0.666
0.3	0.018	0.22	0.462
0.3	0.012	0.16	0.528
0.3	0.006	0.11	0.584
0.3	0	0.06	0.64

表 3-15　城市型正交表

水溶性	海洋性	煤烟性	沙尘性
0.71	0.024	0.22	0.046
0.71	0.018	0.16	0.102
0.71	0.012	0.11	0.168
0.71	0.006	0.06	0.224
0.71	0	0.01	0.28
0.61	0.024	0.16	0.206
0.61	0.018	0.11	0.262
0.61	0.012	0.06	0.318
0.61	0.006	0.01	0.374
0.61	0	0.22	0.17
0.51	0.024	0.11	0.356
0.51	0.018	0.06	0.412
0.51	0.012	0.01	0.468
0.51	0.006	0.22	0.264
0.51	0	0.16	0.33
0.41	0.024	0.06	0.506
0.41	0.018	0.01	0.562

续表

水溶性	海洋性	煤烟性	沙尘性
0.41	0.012	0.22	0.358
0.41	0.006	0.16	0.424
0.41	0	0.11	0.48
0.31	0.024	0.01	0.656
0.31	0.018	0.22	0.452
0.31	0.012	0.16	0.518
0.31	0.006	0.11	0.574
0.31	0	0.06	0.63

3.6.4　反演步骤

本书利用 PARASOL 数据反演获取气溶胶沙尘性、水溶性、海洋性和煤烟性四种组分比例及气溶胶光学厚度，具体反演步骤如下（图 3-22）。

（1）构建不同气溶胶类型查找表：通过矢量 6S 模型构建大陆型、城市型和海洋型三种气溶胶类型查找表。

（2）提取数据并进行预处理：本书提取 PARASOL 偏振遥感数据中的 865nm 偏振波段进行气溶胶反演。偏振波段能够忽略地表反射率影响，提高反演精度；另外，研究表明 865nm 偏振波段反演的结果更为合理（孙夏和赵慧洁，2009），因此选取 865nm 偏振波段作为 AOD 反演波段。在波段选取后，对 PARASOL 865nm 偏振波段数据进行云检测、气体吸收校正和瑞利散射校正等预处理，提取、计算同一像元不同观测方向的几何参数、偏振反射率等参数。

（3）反演不同气溶胶类型及 AOD：分别代入大陆型、城市型和海洋型气溶胶查找表中进行查算，反演不同类型气溶胶所对应的 AOD。由于 PARASOL 为多角度偏振遥感卫星，同一像元可以计算出多个观测方向的 AOD，因此需要计算出不同观测方向 AOD 的标准差，根据光学厚度标准差最小原则确定气溶胶类型和对应的 AOD（Herman et al.，1997），对结果进行分析，发现长三角地区主要为大陆型和城市型两种气溶胶类型，同时也大致确定了气溶胶组分。

（4）确定气溶胶组分：6S 模型气溶胶类型由沙尘性、水溶性、海洋性及煤烟性四种组分按特定比例组合而成，根据步骤（3）分析结果，对研究区主要气溶胶类型（大陆型和城市型气溶胶）对应的组分比例进行设计正交实验，获取更多气溶胶组分比例组合。

（5）构建组分查找表：分别利用大陆型和城市型气溶胶对应的组分比例代入辐射传输模型，构建大陆型和城市型气溶胶对应组分查找表。

（6）确定气溶胶光学厚度及组分：步骤（3）中确定了气溶胶类型，利用确定的气溶胶类型代入相对应类型的组分查找表进行查算，计算出不同观测方向的 AOD 及对应组分。同样根据光学厚度标准差最小原则确定最终反演的 AOD 及组分。

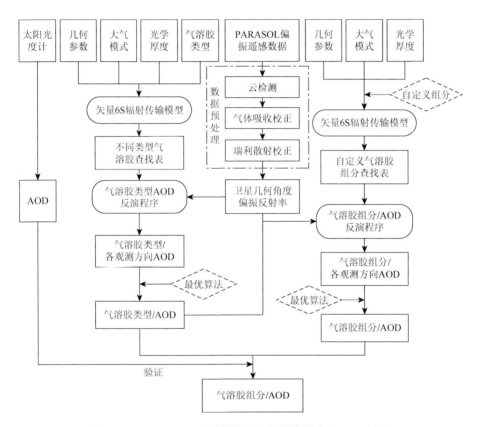

图 3-22　PARASOL 卫星数据反演气溶胶组分及 AOD 流程

通过以上反演过程，得到了 2008～2013 年研究区的气溶胶组分体积比和光学厚度，2013 年 9 月 17 日的反演结果如图 3-23 所示。其中，图 3-23（a）～（c）分别为沙尘性、水溶性和煤烟性粒子所占的比例，海洋性粒子所占的比例很低，因此忽略其影响。图 3-23（d）为该日的 AOD 反演结果。

3.6.5　反演结果验证

本书在利用 PARASOL 偏振遥感卫星数据通过自定义气溶胶类型算法反演长三角地区 AOD 的同时，还分别利用大陆型和城市型两种气溶胶类型反演了相同

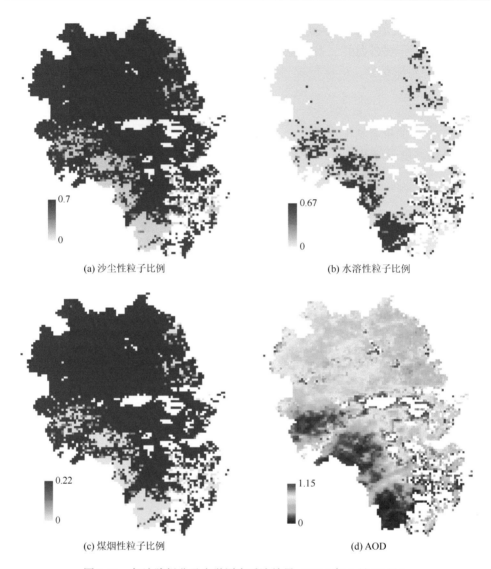

(a) 沙尘性粒子比例   (b) 水溶性粒子比例

(c) 煤烟性粒子比例   (d) AOD

图 3-23 气溶胶组分及光学厚度反演结果（2013 年 9 月 17 日）

区域的 AOD 数据，并分别对反演获得的三组 AOD 数据进行验证，比较不同方式反演 AOD 值的准确度。

AOD 验证利用 AERONET 气溶胶自动观测网下载的太阳光度计实测的 AOD 数据，总共搜集了南京站（南京信息工程大学）、杭州站、合肥站及太湖站 2008～2013 年观测的 AOD 数据。其中能一直获取数据的仅有太湖站，其他站点数据在短暂运行后均不再共享数据，最后总共收集到 47 个有效数据，并利用其进行验证。

　　验证结果显示自定义组分反演的 AOD 与实测 AOD 拟合效果最好，R^2 达到了 0.6478，均高于另外两种反演结果，同时 RMSE 为 0.1265，为验证结果中标准误差中最低值［图 3-24（a）］。在另外两种反演结果中，城市型气溶胶类型反演的结果要好于大陆型气溶胶类型反演的结果［图 3-24（b）和图 3-24（c）］。城市型气溶胶类型反演的 AOD 与实测 AOD 拟合后的 R^2 为 0.3026，高于大陆型气溶胶类型反演 AOD 的拟合结果，同时 RMSE 为 0.2162，误差低于大陆型气溶胶类型反演的 AOD。由此可见，自定气溶胶组分反演的 AOD 值具有较高的准确度。

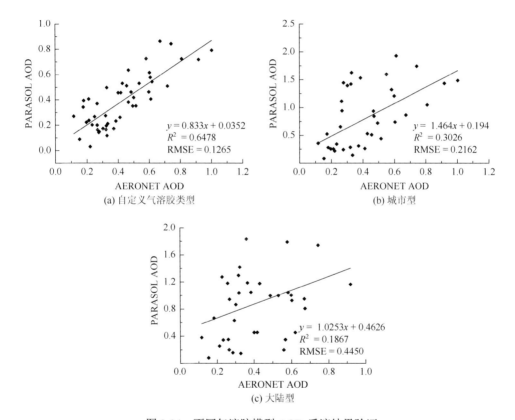

(a) 自定义气溶胶类型　　　　　　　　　　(b) 城市型

(c) 大陆型

图 3-24　不同气溶胶模型 AOD 反演结果验证

第4章 云对气溶胶卫星遥感的影响及其消减方法

4.1 概　　述

目前，卫星遥感反演 AOD 已经取得很多的研究成果，发展了多种 AOD 反演算法，但绝大多数 AOD 反演方法和数据产品通常假定大气是水平均一和平面平行近似的，即单个像素的辐射性质独立于相邻的其他像素，都局限于晴空无云天气（像元）下的应用。

然而，就全球范围来说，大气中云的平均覆盖率约为 60%。气溶胶作为云凝结核在成云过程中发挥着关键作用，其间接气候效应被认为是当前全球气候变化最不确定的因子之一。全球气溶胶和云特性的卫星遥感为人们深入理解气溶胶间接气候效应提供了一种研究途径，但其面临的主要问题是如何获取邻近云的晴空像元气溶胶特性，并减小卫星遥感反演结果的不确定性。因此，研究三维大气中气溶胶-云之间的相互辐射作用，量化云邻近效应产生的反演误差，对于减小基于卫星遥感研究气溶胶间接气候效应的不确定性具有非常重要的意义。

此外，随着区域气候变化和大气污染研究重要性的日益突出，诸如城市空气质量评价、复杂地形区气溶胶分布制图、局地气溶胶-云转化过程等研究领域，迫切需要更高空间分辨率和时间分辨率的气溶胶产品。近极地太阳同步轨道卫星由于高度低，观测效果较好，但受过境次数的限制，大多数反演工作局限于一天一次或两次，例如，MODIS 气溶胶产品每天仅提供 TERRA 和 AQUA 两次监测结果，受云层覆盖的影响，有可能连续多日无法获取有效反演结果，很难实现气溶胶日变化特征的监测。而环境保护部门更加关注的是气溶胶污染气团的运移轨迹，对其进行跟踪和预测。地球同步轨道卫星具有每天多次对地监测的能力，但同样面临多云天气下气溶胶卫星遥感的不确定性问题。

因此，为了全面掌握大气气溶胶的区域分布情况及其变化规律，发展和改进多云天气下适用的 AOD 遥感反演方法是非常值得探索的研究方向。实现多云天气下高时空分辨率的气溶胶制图，对于短期的大气活动监测、中长期大气活动预测，以及气溶胶与云之间的相互作用、气溶胶与天气（气候）系统之间的关系机理研究都具有十分重要的意义。

本章通过分析 MODIS 产品资料，获得对云影响下 AOD 反演不确定性的初步认识，并基于 GOCI 和 Landsat 影像提出消减云影响的 AOD 反演模型，以期为多云天气下高时空分辨率的气溶胶遥感提供理论依据和方法参考（贺军亮，2016）。

4.2　AOD 随云参数变化的统计特征

远洋地区受人类活动影响较小，气溶胶时空分布一般稳定不变。本节基于 MODIS 海洋气溶胶和云产品数据集，从数据观测角度统计分析云对气溶胶遥感的综合影响特征，获得对云影响下 AOD 反演不确定性的初步认识。

4.2.1　MODIS AOD 反演值随云参数的变化特征

利用 AERONET AOD 对 MODIS C5 Optical_Depth_Land_And_ Ocean 数据集的验证研究显示,海洋气溶胶算法反演 0.55μm AOD 的期望误差为±（0.03 + 5%），而陆地算法为±（0.05 + 15%），并且 TERRA 和 AQUA 的验证结果基本一致（Remer et al.，2008；Levy et al.，2010）。考虑到海洋地区气溶胶类型较为单一，AOD 反演精度较高，本节基于海洋地区 MODIS C6 气溶胶和云产品分析 AOD 随云量、邻近云距离、卷云反射率等云参数的变化特征。为了最大限度地排除陆源气溶胶输送的影响，选择南太平洋中部 AERONET Tahiti 站点周围海域为研究对象，共收集该区域 2003 年相对应的 MOD04、MOD04_3K、MOD06 产品文件各 397 个进行统计分析。

MODIS 的扫描角度较大，约为±55°，对应地面宽度为 2330km。由于地球曲率的影响，MODIS 产品存在着图像边缘重叠效应，1km 分辨率的 MODIS 数据在扫描角度大于 25°时相邻扫描行之间存在重叠，而分辨率 250m 的数据在 17°就开始重叠（郭广猛，2003）。MOD04 和 MOD06 星下点空间分辨率为 10km×10km，但在扫描轨道边缘像元尺寸将会增大到 48km×20km。因此，在进行统计分析前，首先参考观测角度信息，将卫星天顶角大于 20°的像元剔除。此外，MODIS 邻近云距离产品将影像外边界默认为有云像元进行计算，并且设定有效取值范围为 0～60 像元，将实际邻近云距离超出 60 像元的情况统一赋值为最大有效取值 60 像元。为了减小统计误差，本书将距离影像边界 30km 内的像元剔除不做统计分析。对于 Cloud_Pixel_Distance_Land_Ocean 数据集，则补充计算了邻近云距离超出 60 像元的情况。

1. AOD 与云量之间的变化关系

首先统计 MOD04 AOD 与云量之间的变化关系，样本数量共 311646 个，将所有数据按云量大小排序，分别以云量 0.1 和 0.05 为间隔统计相应 AOD 均值，结果如图 4-1 所示。在两种云量分级尺度上，MOD04 AOD 均表现出随着云量的增加而增大的特征。以云量 0.1 间隔为例，62%的 AOD 反演结果分布在云量大于0.5 的情况，而仅约 12%的反演结果分布在云量小于 0.1 的情况。云量为 0~0.1时，平均 AOD 为 0.102，云量增大到 0.9 以上时，平均 AOD 为 0.143，相比低云量（0~0.1）平均 AOD 增加了 40%。当云量小于 0.2 和大于 0.6 时，AOD 与云量呈正比的线性关系更为明显。从标准偏差来看，云量较大时 AOD 的离散程度也较大。与云量 0.1 间隔相似，0.05 的云量分级间隔下 MODIS AOD 与云量之间同样呈现出正比关系。

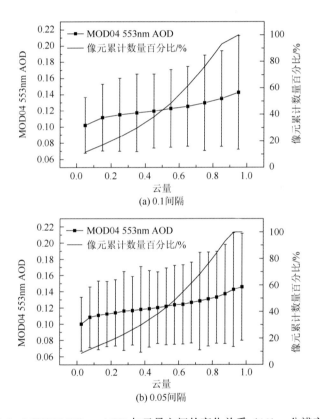

图 4-1　MOD04 553nm AOD 与云量之间的变化关系（10km 分辨率）

2. AOD 与邻近云距离之间的变化关系

图 4-2 是 MOD04 AOD 与 10km 反演区平均邻近云距离之间的变化关系。MODIS AOD 反演值基本随平均邻近云距离的增加而呈幂函数式衰减。以邻近云距离 1km 间隔为例，68%的 AOD 反演结果分布在平均邻近云距离小于 1km 的情况，而平均邻近云距离小于 3km 的像元累计数量百分比就已经高达 90%。平均邻

近云距离小于 1km 时，平均 AOD 为 0.130，平均邻近云距离增大到 30km 时，平均 AOD 减小了 37%，达到 0.082。当平均邻近云距离小于 10km 时，MODIS AOD 反演值与平均邻近云距离呈负相关关系更为明显，标准偏差较大。同样，邻近云距离 0.5km 间隔下 AOD 与平均邻近云距离之间也呈现出负相关关系。

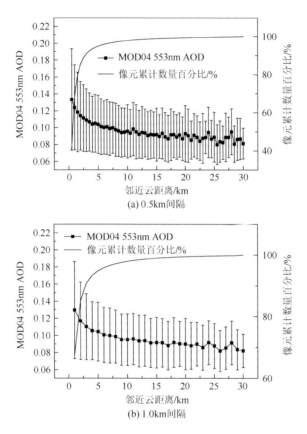

图 4-2　MOD04 AOD 与平均邻近云距离之间的变化关系（10km 分辨率）

从 C6 版本开始，NASA 开始提供暗像元算法 3km 分辨率的气溶胶反演结果（MxD04_3K，x 表示 O 或 Y）。该产品将 500m 分辨率 L1B 反射率数据按每 6×6 个像元进行重组，相比 10km 产品划分出更多的反演区。这里将 MxD04_3K AOD 降尺度重采样为 500m 分辨率大小，从而与修正过的 Cloud_Pixel_Distance_Land_Ocean 数据集实现像元尺度对应。如图 4-3 所示统计结果，在更高分辨率尺度下，MODIS AOD 反演值及其标准偏差总体上仍然随邻近云距离的增加而呈幂函数式衰减。在邻近云距离约 70km 处，AOD 突然降低很多的原因，可能是相应像元样本数量较少造成的。

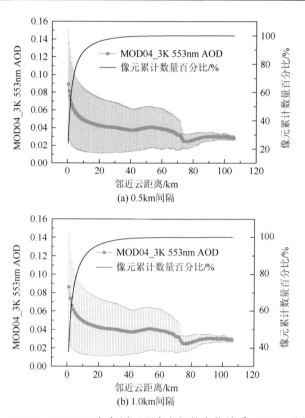

图 4-3　MOD04_3K AOD 与邻近云距离之间的变化关系（500m 分辨率）

3. AOD 与平均卷云反射率之间的变化关系

卷云由高空的细小冰晶组成，冰晶比较稀疏，故卷云厚度比较薄而透光良好，多分布于中分辨率影像的亚像元中，特别是薄卷云的存在成为云直接污染效应的主要原因。NASA MODIS 气溶胶反演算法卷云掩膜一般通过红外通道（1.38μm）反射率阈值检测实现。假定反演区内卷云反射率越高，AOD 反演结果受到云直接污染效应的可能性越大，这里利用 MOD06 数据集中卷云反射率数据研究云直接污染效应产生的影响。首先计算 10km×10km 和 3km×3km 范围内平均卷云反射率，然后按 0~0.001，0.001~0.002，0.002~0.003……进行卷云反射率分级，统计对应 MOD04 和 MOD04_3K 有效 AOD 反演结果的均值。考虑到样本统计数量的限制，图 4-4 只展示了平均卷云反射率小于 0.02 下 MODIS AOD 的变化情况，AOD 及其标准偏差与平均卷云反射率之间基本呈现出正比关系，这证实了云直接污染效应对 AOD 反演的影响。从像元累计数量分布来看，平均卷云反射率较小的 AOD 反演区所占比例较高，意味着大量的像元通过了 MODIS 卷云掩膜检测，从而增大了云直接污染效应影响的可能性。

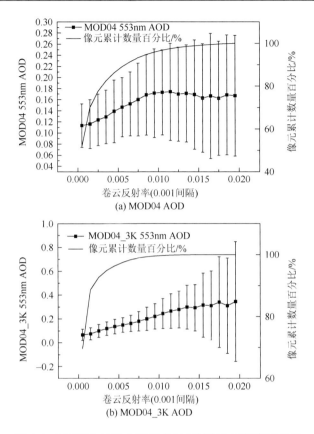

图 4-4 MODIS AOD 与平均卷云反射率之间的变化关系

4. AOD 与平均云顶气压、云光学厚度、云滴有效半径之间的变化关系

将 MOD06 数据集中的云顶气压、云滴有效半径和云光学厚度同样升尺度重采样为 10km 分辨率大小，然后选择有效 AOD 反演结果对应像元提取相关参数进行统计，如图 4-5 所示。云顶气压分布范围为 300～1100hPa，按 100hPa 间隔分级。云光学厚度分布范围为 0～40，按光学厚度 4 间隔分级。云滴有效半径分布范围为 4～60μm，按 4μm 间隔分级。总体上，MOD04 AOD 随云顶气压和云光学厚度的增加而减小。卷云属于高云，云顶气压较低，并且光学厚度一般较小，是形成以上 AOD 分布特征的可能原因之一。从云掩膜角度来看，云光学厚度越大，更易于被阈值法准确检测，从而可能使得反演区内气溶胶像元受到云污染的影响降低。MOD04 AOD 随云滴有效半径的变化规律较为复杂，由于以上统计分析均采用的是实际卫星反演产品，统计结果可能是多个因子叠加影响的体现。当云滴有效半径大于 30μm 时，云滴之间碰并增长过程加速进展，形成较强降水的可能性加大，而降水对气溶胶粒子具有显著的湿清除作用，使得相应 AOD 降低（郭学良等，2010）。

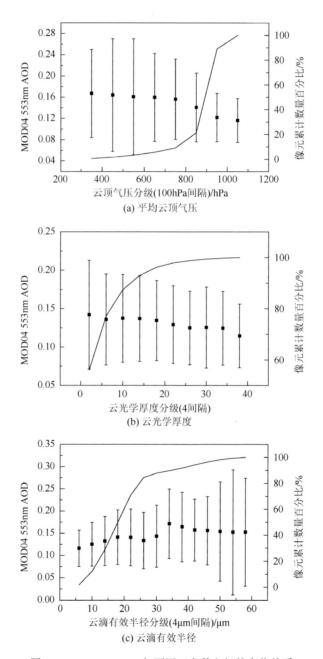

(a) 平均云顶气压

(b) 云光学厚度

(c) 云滴有效半径

图 4-5 MOD04 AOD 与不同云参数之间的变化关系

4.2.2　MODIS AOD 反演误差随云参数的变化特征

MODIS AOD 随着云量的增加而增大的变化规律，与前人相关观测研究结论一致（Loeb and Manalo-Smith，2005；晏利斌和刘晓东，2009）。产生这一变化规律的原因是多方面的。一方面，风速、相对湿度及气溶胶粒子的吸湿性等大气条件与云的分布有很大的关联，AOD 与云量呈正比一定程度上反映了真实的物理现象。另一方面，随着云量的增加，AOD 反演受到三维云邻近效应、亚像元云污染等的影响，也会产生较大的反演误差。为了分离反演误差在云量与 AOD 正比关系中的贡献，Zhang 等（2005）利用 MODIS C5 AOD（0.55μm）与 AERONET AOD（0.55μm）匹配数据分析了反演误差随云量的变化情况。本节利用 MODIS C6/AERONET 匹配数据统计 AOD（0.553μm）反演误差随云量、平均邻近云距离和平均卷云反射率的变化特征。

1. 星地数据匹配方法

地基观测与卫星观测往往具有不同的时空分辨率，MODIS/AERONET 的验证研究中常用以下 3 种星地数据匹配方法。

（1）计算地基站点经纬度坐标到各像元中心坐标的欧氏距离，确定地基站点所在像元为中心像元，选择周围 50km×50km 范围作为卫星反演结果采样区。地基观测结果的采样时间间隔为卫星过境时刻前后各半小时（Ichoku et al.，2002）。

（2）以地基站点为中心，按直径大约 50km 建立卫星反演结果圆形采样区，并且保证采样区内至少存在 3 个有效卫星反演结果，卫星过境时刻前后半小时的地基观测时间间隔内至少存在两次太阳光度计的观测记录。圆形采样方法适用于不同空间分辨率遥感数据之间的对比（Petrenko et al.，2012）。

（3）选择距离地基站点位置在 0.3°（纬度/经度）以内的有效卫星反演结果，同时要求卫星过境时刻前后各 30min 内存在太阳光度计的有效观测记录（Zhang and Reid，2006；Shi et al.，2011）。

本部分关注像元尺度云况条件对气溶胶遥感的影响，这里参考第三种星地数据匹配方法，以地基站点所在像元为中心像元，在 3×3 像元范围内选择距离地基站点经纬度坐标最近的有效 AOD 反演结果与地基观测结果进行匹配，保证两者之间空间距离小于 0.3°。由于本书所涉及站点均分布在远洋海岛上，代表清洁海洋边界层大气环境，因此剔除了那些陆地暗像元法反演得到的 AOD 结果。

对于 AERONET 数据，计算卫星过境时刻 1h 时间窗口内所有 level 2.0 观测结果的均值，作为 AOD 观测真值。AERONET 提供了 1.02μm、0.87μm、0.68μm、0.50μm 和 0.44μm 等多个通道的 AOD 观测结果，而 MxD04_L2 主要提供中心波

长 0.553μm 的 AOD，因此，需要利用 Angstrom 公式将 AERONET 结果统一转换
为 0.553μm 的 AOD（Angstrom，1961）：

$$\begin{cases} \tau_{870nm} = \beta \cdot 0.87^{-\alpha} \\ \tau_{440nm} = \beta \cdot 0.44^{-\alpha} \end{cases} \qquad (4\text{-}1)$$

$$\alpha = -\frac{\ln(\tau_{870nm} / \tau_{440nm})}{\ln(0.87 / 0.44)} \qquad (4\text{-}2)$$

$$\beta = \frac{\tau_{870nm}}{0.87^{-\alpha}} \qquad (4\text{-}3)$$

$$\tau_{553nm} = \beta \cdot 0.553^{-\alpha} \qquad (4\text{-}4)$$

式中，τ 为特定波长 AOD；α 为 Angstrom 波长指数，能够反映气溶胶粒子的大
小；β 为大气浑浊度系数，与气溶胶粒子总数，粒子谱分布和复折射指数有关。

2. MODIS AOD 反演误差随云参数的变化特征

考虑到地基有效观测数据的可获取数量，收集了 2000～2004 年 9 个远洋海岛
AERONET 站点观测数据，利用星地数据匹配方法，共获取有效验证数据 712 组
（MOD04_L2 数据 688 个），并要求该验证数据 Optical_Depth_Land_And_Ocean、
Average_Cloud_Pixel_Distance_Land_And_Ocean 、 Aerosol_Cloud_Fraction_Ocean
三个数据集同时存在有效取值，并且 0.553μm AOD＞0（当气溶胶信号较弱时，
MxD04_L2 产品 AOD 反演值有可能为负值）。图 4-6 中散点分别表示以云量 0.1、
平均邻近云距离 0.5km、平均卷云反射率 0.001 为分级间隔的相应 AOD 反演误差
均值，虚线代表相应 AERONET AOD 均值，黑色实线是由反演误差均值散点进行
二次多项式拟合得到的趋势线。

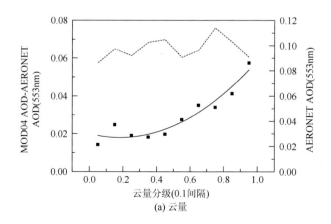

(a) 云量

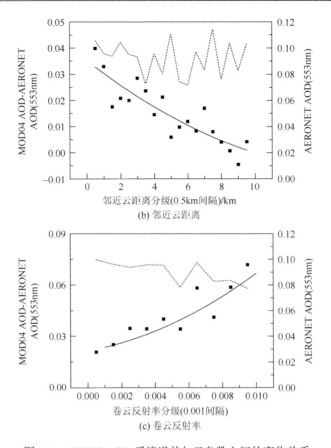

(b) 邻近云距离

(c) 卷云反射率

图 4-6　MODIS AOD 反演误差与云参数之间的变化关系

可以看出，AERONET AOD 均值在不同云况下总体变化趋势不明显，而 AOD 反演误差则基本随着云量的增加而增大，随平均邻近云距离的增加而减小，随平均卷云反射率的增大而增大。云量为 0~0.1 时，平均 AOD 反演误差为 0.014，云量增大到 0.9 以上时，平均 AOD 反演误差达到 0.057，平均相对误差高达 63%。平均邻近云距离为 0.5km 时，平均 AOD 反演误差为 0.040，相对误差为 38%，平均邻近云距离增大到 9.5km 时，平均 AOD 反演误差减小到 0.004。平均卷云反射率为 0~0.001 时，平均 AOD 反演误差为 0.021，平均卷云反射率增大到 0.009 以上时，平均 AOD 反演误差达到 0.072，相对误差则高达 93%。当云量和平均卷云反射率为 0、平均邻近云距离很远时，AOD 反演误差仍然存在，这有可能是由数据定标或者反演算法本身误差造成的。

提高 MODIS AOD 的反演精度，除了对反演算法本身的选择和改进以外，很大程度上还需要减小数据定标和云掩膜等预处理工作产生的误差影响。由于云的形状不规则，边界不明显，无论哪种光学遥感云掩膜方法都不能完全将云和晴空气溶胶区分开来。MODIS C6 陆地气溶胶云掩膜采用可见光通道 $0.47\mu m$ 反射率及其空间变异性阈值法实现,并结合红外通道 $1.38\mu m$ 阈值掩膜卷云像元。海洋气溶胶云掩膜算法包括:$0.55\mu m$ 反射率及其空间变异性检测、$0.47\mu m$ 反射率及其与 $0.65\mu m$ 反射率比值检测、$1.38\mu m$ 反射率及其与 $1.24\mu m$ 反射率比值检测等。在经过云掩膜处理后 MODIS 气溶胶反演算法进一步剔除了部分最亮和最暗像元,这种像元筛选策略很大程度上可以减少由残留云像元和云阴影产生的反演误差。但是 MODIS 气溶胶云掩膜规则均采用固定阈值实现,并且 C6 算法相对于 C5 算法调整了部分规则阈值,如红外亮温差值检测,降低了卷云检测精度(Levy et al., 2013),这些残留云的影响再加上三维云邻近效应的影响都将会造成 MxD04 产品的反演误差。

本书采用的云量和邻近云距离是基于 MxD04_L2 气溶胶云掩膜数据统计所得,云体边缘、碎云等混合像元,以及不适宜气溶胶反演、邻近云体的晴空像元都有可能被标识为云像元,即 MxD04_L2 云量(或邻近云距离)有可能大于(或小于)MxD06_L2 中实际云掩膜结果。此外,所使用的 MODIS/AERONET 验证数据的平均云量仅为 0.4,而 MODIS 观测的全球平均云量高达 0.6。这意味着 MODIS/AERONET 验证数据 AOD 反演结果多是体现的少云或晴空天气下的情况。因此,那些多云天气下 AOD 反演误差相比于以上统计结果将会更大。

4.2.3　考虑云影响的 MODIS AOD 反演产品误差修正模型

基于以上 AOD 反演误差随云量、平均邻近云距离和平均卷云反射率的变化特征分析,可以构建出考虑云影响的 MODIS AOD 反演产品的误差修正经验模型:

$$\tau'_{553nm} = 0.81494 \cdot \tau_{553nm} - 0.02204 \cdot CF + 0.00014 \cdot CD - 3.75103 \cdot CR + 0.0113$$

$$(4-5)$$

式中,τ_{553nm} 为 553nm MODIS AOD 反演结果;τ'_{553nm} 为修正的 553nm MODIS AOD 反演结果;CF 为 $10km \times 10km$ 反演区云量;CD 为 $10km \times 10km$ 反演区平均邻近云距离(km);CR 为 $10km \times 10km$ 反演区平均卷云反射率。

以上修正模型自变量中没有考虑云顶气压、云光学厚度和有效半径等其他云参数,主要出于这些参数反演算法较复杂、不方便获取的原因。MODIS 采用 CO_2 薄片算法反演中高层云的云顶气压,而对于云顶气压大于 700hPa 接近地面的云层,则用 $11\mu m$ 红外通道的亮温来决定云顶温度,然后通过比较亮温和美国国家环境预报中心(National Centers for Environmental Prediction,NCEP)全球资料同化系统(global data assimilation system,GDAS)中的温度廓线来决定云顶气压。云光学厚度和云滴有效半径则采用 $2.1\mu m$ 和 $1.2\mu m$(或者 $0.86\mu m$、$0.65\mu m$)双通道反射率与辐射查找表对比协同反演得到(Platnick et al., 2003)。

图 4-7 是 MODIS AOD 产品反演值和修正后 MODIS AOD 与 AERONET AOD

的对比情况。图中黑色实线为线性回归拟合线，两条虚线表示拟合线 95% 的置信区间。结果显示，大部分的 MODIS AOD 散点分布在 1：1 线以下，即受到云影响的 MODIS AOD 产品反演值总体偏高。通过考虑云影响的误差修正模型处理，MODIS AOD 产品反演值与地基值之间的回归斜率由 0.77 增加到 0.99，平均绝对误差由 0.026 降低到 9.23×10^{-7}，均方根误差由 0.048 降低到 0.037，总体样本均值由 0.123 降低到 0.097，降低了大约 21%，这降低的部分主要是由云的三维邻近效应和直接污染效应等造成的。

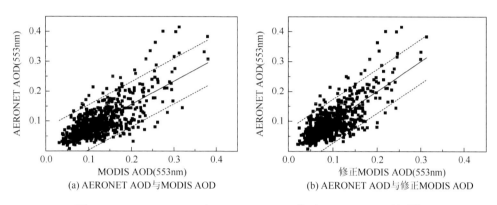

(a) AERONET AOD 与 MODIS AOD　　　　(b) AERONET AOD 与修正 MODIS AOD

图 4-7　AERONET AOD 与 MODIS AOD、修正 MODIS AOD 的对比

4.3　消减云影响的波段比值法

考虑到三维辐射传输计算的复杂性和较低的运算效率，以及构建符合真实情况云场的难度，采用基于平面平行近似和多次散射等假设的一维辐射传输模型仍将是 AOD 反演业务和研究工作的主要手段。本节基于 Monte Carlo 模拟结果确定云影响消减因子，利用 6S 模型分析评价云影响消减因子在 GOCI 影像 AOD 反演中的应用效果。

4.3.1　云邻近效应影响的简化模型

首先基于蒙特卡罗（Monte Carlo）模拟实验对三维云邻近效应的认识，参考大气辐射传输基本理论，构建云邻近效应对表观反射率影响的简化模型，为确定云邻近效应消减因子奠定理论基础。

假如不考虑大气的影响，卫星传感器接收的亮度 $L_{0\lambda}$，只与相应波长太阳辐射到地面的辐照度和地物反射率有关。

$$L_{0\lambda} = \frac{\rho_\lambda}{\pi} E_{0\lambda} \cos\theta \qquad (4\text{-}6)$$

式中，$E_{0\lambda}$ 为波长 λ 的大气层顶太阳辐照度；θ 为太阳天顶角；ρ_λ 为地物反射率；π 为半球反射球面度。

由于大气的存在，辐射经过大气吸收和散射的消光，透过率小于 1，从而减弱了原信号的强度，进入传感器的亮度值 $L_{1\lambda}$ 为

$$L_{1\lambda} = \frac{\rho_\lambda T_{\Phi\lambda}}{\pi} E_{0\lambda} T_{\theta\lambda} \cos\theta \tag{4-7}$$

式中，$T_{\theta\lambda}$ 和 $T_{\Phi\lambda}$ 分别为入射方向和反射方向上大气透过率。

大气对辐射散射后，来自各个方向的散射又重新以漫入射的形式照射地物，其辐照度为 E_D，这部分能量经过地物的反射及反射路径上大气的吸收进入传感器增强了原信号的强度，其亮度值 $L_{2\lambda}$ 为

$$L_{2\lambda} = \frac{\rho_\lambda T_{\Phi\lambda}}{\pi} E_D \tag{4-8}$$

其他部分大气散射光向上通过大气直接进入到传感器，也增强了原信号的强度，这部分辐射一般称为程辐射度 $L_{3\lambda}$（Haan et al.，1991），可以分解为大气分子程辐射 $L_{m\lambda}$ 和气溶胶粒子程辐射 $L_{a\lambda}$ 两部分。

$$L_{3\lambda} = L_{m\lambda} + L_{a\lambda} \tag{4-9}$$

对于晴空无云天气，进入卫星传感器的辐射亮度 L_λ 是以上 $L_{1\lambda}$、$L_{2\lambda}$、$L_{3\lambda}$ 三部分的加和，则表观反射率 R_λ^{1D} 可表示为（梅安新等，2001）

$$R_\lambda^{1D} = \frac{\pi L_\lambda}{E_{0\lambda} \cos\theta} = \rho_\lambda T_{\Phi\lambda} T_{\theta\lambda} + \frac{\rho_\lambda T_{\Phi\lambda}}{E_{0\lambda} \cos\theta} E_D + \frac{\pi(L_{m\lambda} + L_{a\lambda})}{E_{0\lambda} \cos\theta} \tag{4-10}$$

而当有云存在时，由于三维邻近效应作用，一部分辐射经云散射进入晴空像元卫星观测视场内，同样可以直接向上通过大气进入传感器或下行经过地物反射进入传感器，最终使得表观反射率产生一定增量。

$$R_\lambda^{3D} = R_\lambda^{1D} + \Delta R_\lambda = \frac{\pi(L_\lambda + \Delta L_\lambda)}{E_{0\lambda} \cos\theta} \tag{4-11}$$

$$R_\lambda^{3D} = \rho_\lambda T_{\Phi\lambda} T_{\theta\lambda} + \frac{\rho_\lambda T_{\Phi\lambda}}{E_{0\lambda} \cos\theta}(E_D + \Delta E_D) + \frac{\pi(L_{m\lambda} + \Delta L_{m\lambda} + L_{a\lambda} + \Delta L_{a\lambda})}{E_{0\lambda} \cos\theta} \tag{4-12}$$

$$\Delta R_\lambda = \frac{\pi \Delta L_\lambda}{E_{0\lambda} \cos\theta} = \frac{\rho_\lambda T_{\Phi\lambda}}{E_{0\lambda} \cos\theta} \Delta E_D + \frac{\pi(\Delta L_{m\lambda} + \Delta L_{a\lambda})}{E_{0\lambda} \cos\theta} \tag{4-13}$$

式中，ΔL_λ 为进入卫星传感器的辐射亮度 L_λ 的增量；$\Delta L_{m\lambda}$ 为大气分子程辐射 $L_{m\lambda}$ 的增量；$\Delta L_{a\lambda}$ 为气溶胶粒子程辐射 $L_{a\lambda}$ 的增量；ΔE_D 为辐照度 E_D 的增量。

通过模拟实验也可以看出，云邻近效应影响 ΔR_λ 是大气条件、云况信息、观测几何、地表类型等多种因素的综合结果。严格地说，去除云邻近效应影响是将式（4-13）中的各项因子求出，对卫星观测表观反射率 R_λ^{3D} 进行修正，从而得到反映真实大气成分状态的表观反射率 R_λ^{1D}。精确校正云邻近效应影响需要利用三维辐射传输方程求算数值解，并且需要得到卫星观测时刻的各项环境参数，而这

些参数一般很难获取（Marshak and Davis，2005）。因此，对于解算效率较高的一维辐射传输方程应用，可以采用一些简化的处理方法，确定消减因子，去掉主要的表观反射率增量，得到近似真实的表观反射率，用以进行 AOD 反演，最终达到消减反演误差的目的。

4.3.2 基于模拟分析确定云影响消减因子

1. 单波段消减因子的确定

对于某一观测时刻和目标像元，云邻近效应产生的表观反射率增量 ΔR_λ 的大小只与波长 λ 有关。因此，可以将受云邻近效应影响较小的波段确定为消减因子。本节讨论对比不同波段反射率误差造成的 AOD 反演误差。

在确定观测几何、大气模式（气体成分）、气溶胶模式（类型和浓度）、波长等参数的情况下，6S 模型会根据地表反射率计算卫星表观反射率，相反也会根据卫星表观反射率求取地表反射率，即进行大气校正。其中，气溶胶浓度用能见度或者 550nm AOD 表示。

假定地表为朗伯体，以统计得出的典型地物地表反射率（图 4-8）为输入，设置太阳天顶角 30°，太阳方位角 180°，观测天顶角 30°，观测方位角 180°的观测条件，选择中纬度夏季大气模式和大陆型气溶胶类型，模拟 AOD（550nm）在 0.0～2.0 变化（步长 0.002）所对应的表观反射率。Monte Carlo 模拟中气溶胶廓线的光学厚度为 0.235，以该光学厚度下 6S 模型模拟各波长的表观反射率作为理论真值 R_λ^{1D}（图 4-9），以不同地表条件下反射率增量模拟结果作为 ΔR_λ，求得受云邻近效应影响的表观反射率 R_λ^{3D}，然后分别从图 4-9 中查找 R_λ^{3D} 所对应的 AOD，从而计算云邻近效应产生的 AOD 反演误差。

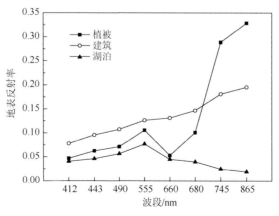

图 4-8　典型地物光谱曲线

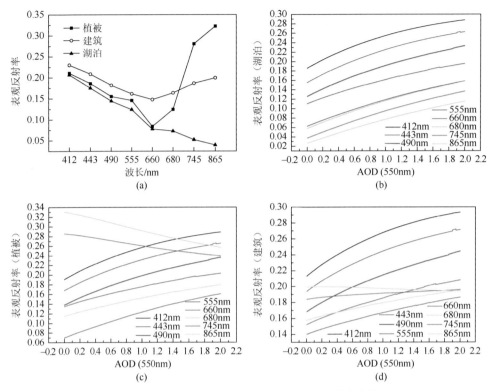

图 4-9　6S 模型模拟表观反射率及其随 AOD 的变化情况

各波长 AOD 反演误差统计见表 4-1。湖泊地表 865nm 云邻近效应影响产生 0.054 的 AOD 反演误差，对于 0.235 的 AOD 真值来说，相对误差达 23%。建筑和植被地表 AOD 反演误差最小波段分别为 412nm 和 660nm，相对误差分别为 52% 和 36%。需要说明的是，以上反演误差是单体云产生的，在真实情况中，受到多个云体共同影响 AOD 的反演误差会更大。例如，复杂分布云场模拟结果中，湖泊地表 412nm 云邻近效应产生的平均反射率增量 0.0122，有可能造成 0.161 的 AOD 反演误差，相对误差高达 69%。

表 4-1　不同地表云邻近效应产生的单波段误差统计特征

地表类型	波长/nm	表观反射率增量	表观反射率相对误差/%	AOD 反演绝对误差	AOD 反演相对误差/%
湖泊地表	412	0.0069	3.33	0.089	37.69
	443	0.0068	3.89	0.087	37.08
	490	0.0065	4.48	0.089	37.96
	555	0.0068	5.47	0.124	52.73
	660	0.0045	5.79	0.076	32.23

续表

地表类型	波长/nm	表观反射率增量	表观反射率相对误差/%	AOD 反演绝对误差	AOD 反演相对误差/%
湖泊地表	680	0.0044	6.06	0.071	30.30
	745	0.0036	6.80	0.059	24.94
	865	0.0029	7.37	0.054	22.90
建筑地表	412	0.0074	3.21	0.122	51.94
	443	0.0076	3.65	0.137	58.41
	490	0.0079	4.36	0.161	68.30
	555	0.0085	5.28	0.248	105.50
	660	0.0076	5.16	0.286	121.90
	680	0.0088	5.37	0.412	175.33
	745	0.0101	5.39	—	—
	865	0.0107	5.38	—	—
植被地表	412	0.0070	3.30	0.093	39.56
	443	0.0071	3.80	0.100	42.43
	490	0.0069	4.47	0.105	44.79
	555	0.0078	5.32	0.181	76.82
	660	0.0047	5.63	0.084	35.81
	680	0.0068	5.44	0.176	74.78
	745	0.0158	5.62	—	—
	865	0.0187	5.79	—	—

注："—"表示反演值超出查找表范围，反演误差较大。

2. 波段比值消减因子的确定

将邻近云的晴空像元表观反射率表示为

$$R_\lambda^{3D} = R_\lambda^{1D} + \Delta R_\lambda \tag{4-14}$$

式中，R_λ^{3D} 为卫星观测表观反射率；R_λ^{1D} 为表征晴空像元实际大气、地表状况的真实表观反射率；ΔR_λ 为 3D 云邻近效应产生的反射率增量。与 R_λ^{1D} 相比，ΔR_λ 不仅由地表反照率、分子大气和气溶胶的光学属性等共同决定，而且 ΔR_λ 还是云光学属性的函数，这与 1D 反射率不同。由于云的光学属性在可见光波段几乎不随波长变化而变化，Kassianov 和 Ovtchinnikov（2008）假设表观反射率的相对误差（$\Delta R_\lambda / R_\lambda^{1D}$）同样对波长的依赖性较小，即 $\Delta R_\lambda \approx \gamma R_\lambda^{1D}$，$\gamma$ 是云光学属性的函数，与波长无关。基于以上假设，Kassianov 和 Ovtchinnikou（2008）提出了反射率比值的云邻近效应消减方法：

$$\begin{cases} R_{660nm}^{3D}/R_{470nm}^{3D} \approx R_{660nm}^{1D}/R_{470nm}^{1D} \\ R_{870nm}^{3D}/R_{470nm}^{3D} \approx R_{870nm}^{1D}/R_{470nm}^{1D} \\ \tau_\lambda = \beta\lambda^{-\alpha} \end{cases} \tag{4-15}$$

本书经过模拟证明，在不同 AOD、云况信息、像元尺度、观测几何等条件下，忽略地表贡献（$\rho_\lambda=0$）时表观反射率增量的相对误差整体上随波长增大而增大。而各种典型地类表观反射率增量相对误差也受到地表反射率波谱规律的影响，表现出一定的波长依赖性。特别是植被地表和建筑地表 745nm 和 865nm 反射率增量中地表贡献比例非常显著，受地表反射率变化影响较大。并且，不同波长表观反射率随 AOD 的变化趋势也有所差异（图 4-9），即相同的反射率增量各波长产生的 AOD 反演误差也不尽相同。因此，可认为不同波段组合形成的反射率比值，在消减气溶胶光学厚度反演误差的效果上也可能存在差异，或者说并不是任意波段反射率比值都适用于云邻近效应的消减。

基于以上分析，提出最佳反射率比值 AOD 反演误差消减因子的确定方法。

（1）计算两两波长之间反射率比值误差消减因子。对 412nm、443nm、490nm、555nm、660nm、680nm、745nm 和 865nm 各波段两两组合计算三维表观反射率比值 $R_{\lambda a}^{3D}/R_{\lambda b}^{3D}$。

（2）计算两两波长之间一维反射率比值 $R_{\lambda a}^{1D}/R_{\lambda b}^{1D}$。基于 6S 模型模拟结果（图 4-9），计算相同 AOD 下两两波长之间模拟表观反射率比值，生成耦合反射率比值的查找表。

（3）查找并插值计算 AOD 反演值。查找与 $R_{\lambda a}^{3D}/R_{\lambda b}^{3D}$ 最邻近的一维反射率比值 $R_{\lambda a}^{1D}/R_{\lambda b}^{1D}$，根据这两个最邻近的一维反射率比值，得到相应的 AOD 值，然后通过插值计算，获得 AOD 反演值。

（4）确定最佳反射率比值 AOD 反演误差消减因子。以 0.235 为反演真值，对比基于不同反射率比值反演 AOD 的误差大小，确定最佳反射率比值 AOD 反演误差消减因子。

根据以上步骤，统计了不同反射率比值 AOD 反演误差，见表 4-2。对比表 4-1 中表观反射率相对误差，可以看出，反射率比值相对误差均有所减小。但同时也发现，消减反射率比值误差效果最好的因子，其反演 AOD 的误差并不一定是最小的。因此，不能简单利用反射率比值误差消减因子确定 AOD 反演误差消减因子，还要综合考虑反射率比值随 AOD 变化的敏感程度（图 4-10～图 4-12）。例如，湖泊地表 B2/B4（$R_{443nm}^{3D}/R_{555nm}^{3D}$）几乎不随 AOD 变化而变化，虽然表观反射率比值相对误差仅为−1.50%，但产生的 AOD 反演误差高达 356.89%，远远高于单波段消减因子反演误差。

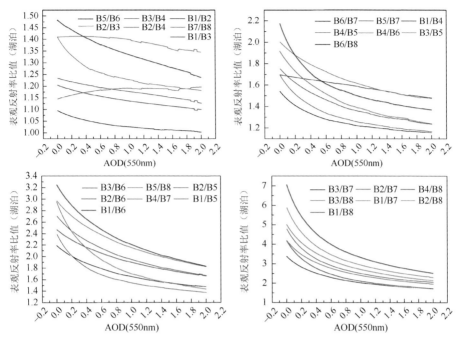

图 4-10　6S 模型模拟表观反射率比值随 AOD 的变化情况（湖泊地表）

B5/B6 为波段比，余同

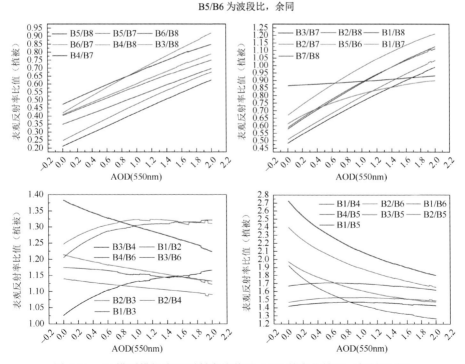

图 4-11　6S 模型模拟表观反射率比值随 AOD 的变化情况（植被地表）

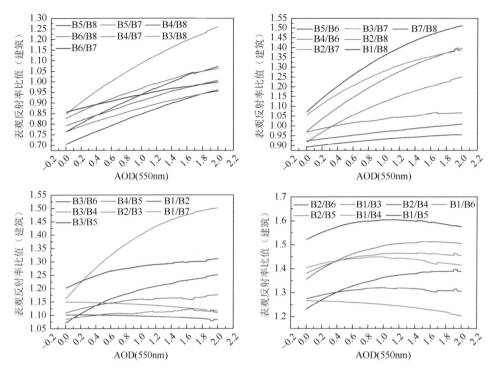

图 4-12　6S 模型模拟表观反射率比值随 AOD 的变化情况（建筑地表）

表 4-2　不同地表云邻近效应产生的波段比值误差统计特征

地表类型	波段比	表观反射率比值增量	表观反射率比值相对误差/%	AOD 反演绝对误差	AOD 反演相对误差/%
湖泊地表	B4/B5	−0.0047	−0.30	0.009	3.99
	B4/B6	−0.0093	−0.55	0.014	5.82
	B4/B7	−0.0294	−1.24	0.018	7.55
	B4/B8	−0.0552	−1.76	0.020	8.41
	B6/B7	−0.0097	−0.69	0.023	9.86
	B5/B7	−0.0141	−0.95	0.025	10.49
	B6/B8	−0.0225	−1.22	0.025	10.50
	B5/B8	−0.0288	−1.47	0.025	10.82
	B7/B8	−0.0070	−0.53	0.027	11.42
	B5/B6	−0.0027	−0.25	0.030	12.72
	B3/B8	−0.0980	−2.69	0.033	13.90
	B3/B7	−0.0599	−2.17	0.035	14.68
	B2/B8	−0.1431	−3.23	0.037	15.80

续表

地表类型	波段比	表观反射率比值 增量	表观反射率比值 相对误差/%	AOD 反演 绝对误差	AOD 反演 相对误差/%
湖泊 地表	B2/B7	−0.0912	−2.72	0.040	17.05
	B1/B8	−0.1964	−3.76	0.040	17.09
	B1/B7	−0.1286	−3.25	0.044	18.57
	B3/B6	−0.0294	−1.49	0.044	18.92
	B3/B5	−0.0230	−1.24	0.049	20.96
	B2/B6	−0.0490	−2.04	0.053	22.54
	B1/B6	−0.0730	−2.57	0.057	24.22
	B2/B5	−0.0404	−1.79	0.059	25.21
	B1/B5	−0.0619	−2.33	0.063	26.77
	B1/B2	−0.0064	−0.55	0.079	33.74
	B1/B3	−0.0158	−1.10	0.091	38.80
	B2/B3	−0.0068	−0.56	0.106	44.93
	B3/B4	−0.0110	−0.94	−0.142	−60.27
	B1/B4	−0.0339	−2.04	0.309	131.70
	B2/B4	−0.0212	−1.50	0.839	356.89
建筑 地表	B6/B8	−0.0001	−0.02	−0.001	−0.46
	B7/B8	0.0001	0.01	0.002	0.71
	B6/B7	−0.0002	−0.02	−0.002	−1.02
	B4/B8	−0.0008	−0.10	−0.004	−1.77
	B4/B7	−0.0009	−0.11	−0.006	−2.44
	B4/B6	−0.0008	−0.08	−0.010	−4.15
	B5/B8	−0.0015	−0.21	−0.010	−4.40
	B5/B7	−0.0017	−0.22	−0.014	−6.05
	B3/B8	−0.0088	−0.97	−0.033	−13.90
	B4/B5	0.0012	0.11	0.034	14.37
	B5/B6	−0.0017	−0.19	−0.038	−15.97
	B3/B7	−0.0095	−0.98	−0.040	−16.88
	B2/B8	−0.0172	−1.64	−0.057	−24.28
	B3/B6	−0.0106	−0.95	−0.066	−27.93
	B2/B7	−0.0185	−1.65	−0.068	−28.87
	B1/B8	−0.0238	−2.06	−0.072	−30.44

地表类型	波段比	表观反射率比值增量	表观反射率比值相对误差/%	AOD 反演绝对误差	AOD 反演相对误差/%
建筑地表	B3/B5	−0.0094	−0.76	−0.081	−34.51
	B1/B7	−0.0255	−2.07	−0.087	−37.00
	B2/B6	−0.0208	−1.63	−0.114	−48.46
	B1/B6	−0.0288	−2.05	−0.141	−59.98
	B3/B4	−0.0098	−0.87	−0.143	−60.70
	B2/B5	−0.0203	−1.44	−0.157	−66.72
	B1/B5	−0.0289	−1.86	−0.198	−84.05
	B2/B3	−0.0078	−0.68	0.718	305.48
	B1/B3	−0.0139	−1.10	0.744	316.65
	B1/B2	−0.0047	−0.43	0.782	332.70
	B1/B4	—	—	—	—
	B2/B4	—	—	—	—
植被地表	B5/B7	0.0000	0.01	0.000	0.06
	B5/B8	−0.0004	−0.15	−0.002	−0.79
	B6/B7	−0.0007	−0.17	−0.004	−1.72
	B5/B6	0.0012	0.18	0.005	2.12
	B4/B7	−0.0015	−0.28	−0.007	−2.99
	B6/B8	−0.0013	−0.32	−0.007	−3.13
	B4/B5	−0.0051	−0.29	0.008	3.37
	B4/B8	−0.0020	−0.44	−0.010	−4.36
	B3/B7	−0.0060	−1.09	−0.020	−8.72
	B3/B8	−0.0060	−1.25	−0.022	−9.45
	B2/B7	−0.0115	−1.73	−0.036	−15.21
	B2/B8	−0.0109	−1.88	−0.037	−15.62
	B3/B5	−0.0203	−1.10	0.047	19.93
	B1/B7	−0.0165	−2.19	−0.048	−20.39
	B1/B8	−0.0153	−2.35	−0.048	−20.49
	B7/B8	−0.0014	−0.16	−0.052	−21.93
	B3/B4	−0.0086	−0.81	−0.061	−25.78
	B2/B5	−0.0384	−1.74	0.063	26.88
	B1/B5	−0.0552	−2.20	0.074	31.43
	B3/B6	−0.0115	−0.93	−0.076	−32.22

续表

地表类型	波段比	表观反射率比值增量	表观反射率比值相对误差/%	AOD 反演绝对误差	AOD 反演相对误差/%
植被地表	B4/B6	−0.0013	−0.11	0.086	36.53
	B2/B4	−0.0185	−1.45	−0.152	−64.81
	B2/B3	−0.0077	−0.64	0.155	65.75
	B1/B3	−0.0151	−1.11	0.168	71.46
	B2/B6	−0.0234	−1.56	−0.183	−77.73
	B1/B2	−0.0054	−0.47	0.198	84.27
	B1/B6	−0.0343	−2.03	1.314	559.11
	B1/B4	—	—	—	—

注："—"表示反演值超出查找表范围或者出现多解的情况。

　　为了检验波段比值消减因子在不同邻近云距离上的适用效果，基于复杂云场模拟结果，分别计算不同地表类型反射率增量相对误差和反射率比值相对误差的绝对值的差值，对比结果如图 4-13～图 4-16 所示。

　　对于绝大部分晴空无云像元，波段比值消减因子具有较好的误差消减效果，在向阳一侧，距离云体越近，误差消减越大。对于云阴影和云分布密度较大区域的无云像元，由于云邻近"增亮"和"阴影"效应的综合影响，这些区域不同波段之间反射率变化规律非常复杂，出现反射率比值相对误差较之单波段反射率相对误差有可能增大的现象。这种现象在各种地表类型均有存在，相比 B3/B5 和 B3/B8 反射率比值消减因子表现更为明显。例如，植被地表采用 B3/B8 反射率比值消减因子不仅未能消减云阴影区云邻近效应影响，反而增大了相对误差，最大误差高达约 100%。

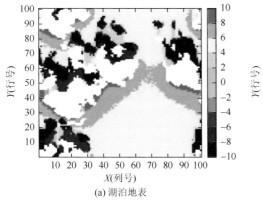

(a) 湖泊地表

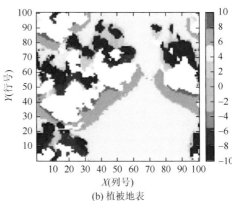

(b) 植被地表

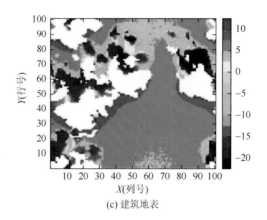

(c) 建筑地表

图 4-13 B3 和 B3/B5 消减因子相对误差的对比

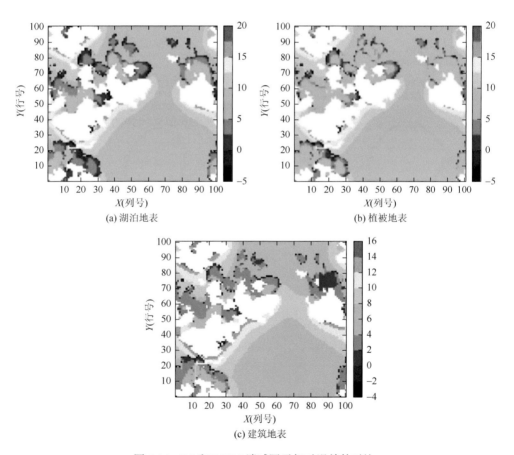

(a) 湖泊地表 (b) 植被地表

(c) 建筑地表

图 4-14 B5 和 B3/B5 消减因子相对误差的对比

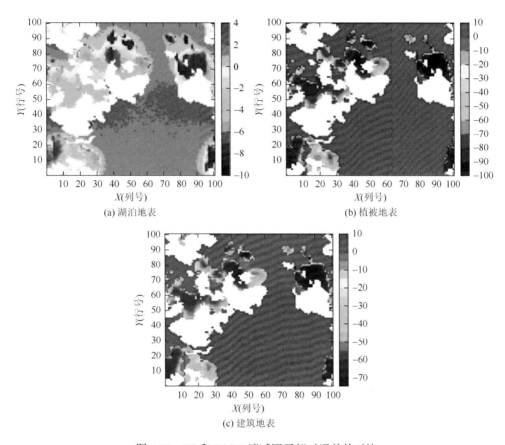

(a) 湖泊地表　　　　　　　　　　　　　(b) 植被地表

(c) 建筑地表

图 4-15　B3 和 B3/B8 消减因子相对误差的对比

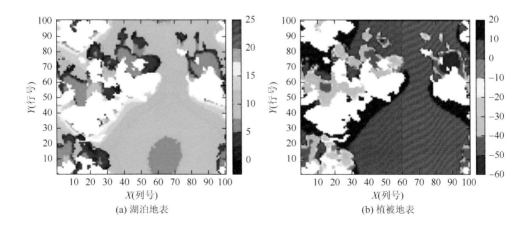

(a) 湖泊地表　　　　　　　　　　　　　(b) 植被地表

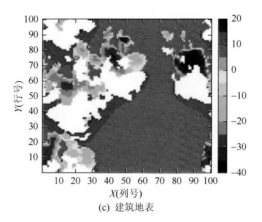

(c) 建筑地表

图 4-16　B8 和 B3/B8 消减因子相对误差的对比

4.3.3　基于波段比值消减法的 AOD 反演与验证

本节应用波段比值消减法对 AERONET 太湖站所在区域进行 AOD 反演实验，具体反演技术流程如图 4-17 所示。

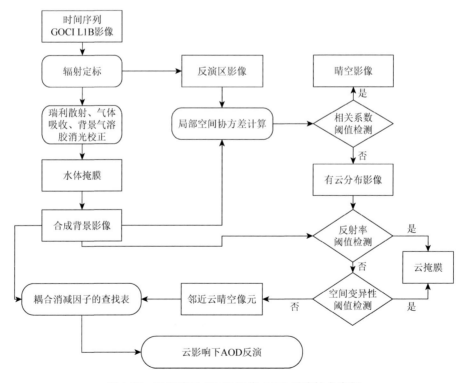

图 4-17　云影响下 GOCI 影像 AOD 反演技术流程

1. 数据准备

AERONET 太湖站（31.42°N，120.22°E）地处长三角腹地，江苏省东南部，无锡市西南部。该站濒临长江流域下游太湖梅梁湾的东岸，海拔 20m，距离无锡市区 12km，位置相对偏僻。该地区属北亚热带季风气候，四季分明，气候湿润，植被种类兼具温带和典型亚热带的特点，种类丰富，植被覆盖率高，自然环境保护较好。图 4-18 为该地区 30m 分辨率的地表覆盖分类分布，站点周围 3km 缓冲区内主要地表覆被类型为水体、森林、灌木地和耕地，并有少量人造地表分布。

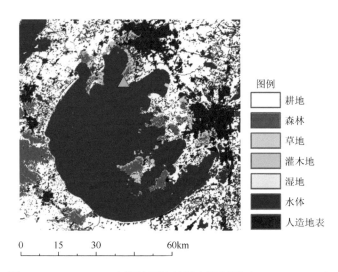

图例
☐ 耕地
■ 森林
▨ 草地
▨ 灌木地
▢ 湿地
■ 水体
■ 人造地表

0　　15　　30　　　　　60km

图 4-18　AERONET 太湖站周边地区土地利用（Globe Land 30）

GOCI 数据共享开始于 2011 年 4 月，本书实验数据时间范围为 2011 年 4～10 月，这段时期地表植被生长较为茂盛。对照 GOCI 影像的获取时刻（0216UTC、0316 UTC、0416 UTC），从 AERONET level 2.0 数据集中筛选出临近 GOCI 观测时刻前后半小时之内的地基观测数据进行平均，得到各观测时刻 AOD 的验证值。下载对应时刻 GOCI L1B 影像，通过以下公式将辐射计数 DN 值换算为具有物理意义的辐射亮度值 L（$\text{W·m}^{-2}\text{·sr}^{-1}\text{·μm}^{-1}$）：

$$L = DN \cdot a + b \qquad (4\text{-}16)$$

式中，a 和 b 分别为增益和偏移系数。目前，GOCI 各个光谱通道采用相同的增益和偏移值（$a = 10^{-6}$，$b = 0$）（Lee et al.，2012）。获得卫星观测辐亮度后，根据各波段大气层顶太阳辐照度及太阳天顶角计算大气层顶反射率，即表观反射率。

Bar-Or 等采用形态分析方法提取了不同类型云的影响域，认为云影响域的范围在 30km 左右（Bar-Or et al.，2010，2011）。参考全球平均云影响域范围及 AOD

随云参数的变化特征，以 AERONET 地基站点位置像元为中心，30km 为半径生成缓冲区，对获取的 GOCI 表观反射率影像进行裁剪，供后续云检测和 AOD 反演使用。

2. 云像元检测

云和晴空像元的判别是气溶胶遥感的必要工作，同时也是土地覆被分类、变化检测、生物物理参数反演等光学遥感影像应用中所遇到的主要问题之一。除太阳耀斑区外，海洋水体在近红外波段反射率一般都较低，使得水体上空的云检测相对简单，而陆地地表类型复杂，准确的云检测则非常困难。根据不同的卫星通道设置，目前发展了多种云检测算法（Rossow and Garder，1993；Ackerman et al.，1998）。云一般在可见光波段具有高反射率值，在热红外波段具有较低的亮温，而晴空像元则相反。通过设定反射率或者亮温阈值，可以将大部分的云与晴空进行区分。但是，当 AOD 较大时，如沙尘或者重污染天气，气溶胶和云体边缘的光谱反射率差异会降低；当云滴半径较大时，云反射率也会降低，这些情况下反射率阈值检测就有可能造成错分。相比气溶胶，云具有复杂的宏观形态特征和热力、动力结构，表现出较高的反射率空间变异性，空间变异性检测可以作为反射率阈值云检测的有效补充（Martins et al.，2002）。

GOCI 的波段设置不具有热红外通道，本书综合利用可见光通道反射率值及其空间变异性进行云检测。首先，从图 4-19 典型地物表观反射率变化情况可以看出，短波长区（412～555nm）不同地物之间表观反射率均较为相近，这意味着，即使一定空间范围内混合了不同地物的像素，这些波段的反射率空间变异性也会较小。图 4-19 展示了 412～555nm 各波长 3 像元×3 像元卷积窗口反射率标准差分布图（以植被为例）。可以看出，所有波长晴空和云之间均存在明显的界线。除云块中心区域外，云像元反射率空间变异性均较大。云块中心区域一般具有高反射率值，反射率阈值检测能够很好地将这部分云掩膜掉。结合模拟结果可知，412nm 云邻近效应表观反射率增量较其他波长受地表反射率的影响较小，最终确定 GOCI 陆地云检测波段为 412nm。实际应用中，空间变异性检测中卷积窗口在水平或垂直方向每次只移动一个像元距离，生成的云掩膜产品为 500m 分辨率，这样可以保留更多的云邻近晴空像元供气溶胶反演。此外，对于图像边界像元，卷积窗口会超出图像的实际范围，可以采取复制边界像元的方法对原图像进行边界延拓，然后进行卷积计算。

利用地球同步卫星的高时间分辨率的优势，将时间维和空间维相结合，进一步提高云检测的准确度。在同一地区的时间序列影像集中，相对于短暂的云分布，陆表特征可视为静止或缓慢变化的背景。因此，对同一地区连续观测的两幅影像 N 像元×N 像元之间进行局部空间协方差计算［式（4-17）］，如果相关性较高，通常意味着两幅影像 N 像元×N 像元均为无云状况，而较低的相关系数值，一般代表至

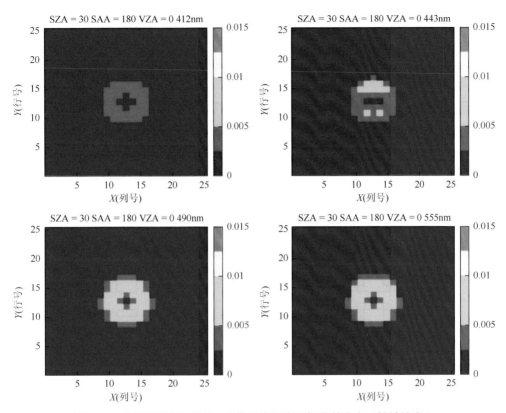

图 4-19 表观反射率 3 像元×3 像元卷积窗口标准差分布（植被地表）

少在一幅影像中存在云分布。如果事先获取了该地区晴空无云陆表背景图像，则很容易利用相关系数阈值来确认时间序列影像集中的云天影像。而对于像素级云的识别，也可以参考反射率和反射率标准差增大或减小阈值来实现云或云阴影的检测。

$$r = \frac{\sum_{i,j=1}^{N}(x_{ij}-\overline{x})(y_{ij}-\overline{y})}{\sqrt{\sum_{i,j=1}^{N}(x_{ij}-\overline{x})^2}\sqrt{\sum_{i,j=1}^{N}(y_{ij}-\overline{y})^2}} \qquad (4\text{-}17)$$

式中，r 为相关系数；i、j 为影像中像元的行列号；x_{ij} 为第一幅影像某行列号像元的灰度值；y_{ij} 为第二幅影像某行列号像元的灰度值；$\overline{x}$ 为第一幅影像 N 像元×N 像元的平均灰度值；$\overline{y}$ 为第二幅影像 N 像元×N 像元的平均灰度值。

以太湖站周边地区 2011 年 7 月 28 日和 29 日 UTC0216 影像为例，来构建 GOCI 陆地云检测规则。图 4-20（a）为 7 月 28 日假彩色合成表观反射率影像（R865nm，G660nm，B555nm，2%线性拉伸），太湖站南部和东部有明显的云覆盖，北部有零星薄云分布。7 月 29 日太湖地区晴空无云，图 4-21 为这两幅影像同名地物的表观反射率散点图,将散点按7月28日影像中的晴空像元和云像元用颜色进行区分。如果只统计7月28日影像中的晴空像元,则这两幅影像的相关系数为0.62,而图4-21中由于云像元的存在,两幅影像相关系数大大降低,仅为0.069。

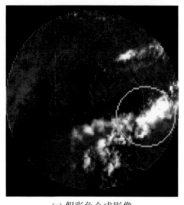 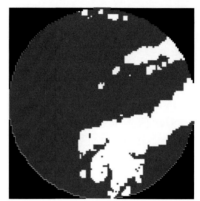

(a) 假彩色合成影像　　　　　　　　　　　　(b) 云检测结果

图 4-20　GOCI 影像云识别结果示例

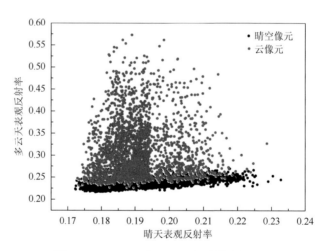

图 4-21　GOCI 影像云识别相关性分析示例

图 4-22 展示了像素级云识别阈值确定的方法和相应的云检测结果。阈值确定过程为:首先,选择图 4-20(a)中典型云区(绿色圆圈部分)构建感兴趣区,分别建立 412nm 表观反射率、表观反射率标准差、多云天和晴天表观反射率差值、多云天和晴天表观反射率标准差差值的像元累计数量变化曲线。其次,对像元累计数量变化曲线计算一阶导数,并采用 Savitzky-Golay 5 点平滑算法进行平滑除噪。最后,沿 x 轴选择平滑曲线首次下降趋势的谷点作为各指标云识别阈值。云

和晴空陆表反射率的直方图会有部分重叠，重叠部分一般为薄云或较亮地表。对比来看，反射率标准差及其差值导数曲线中晴空和云像元峰谷拐点均更为明显，能够更好地将云和晴空陆表区分开来。最终，确定 GOCI 陆地云检测规则如下。

1）反射率阈值检测

如果 412nm 表观反射率大于 0.28，则认为该像元为云；如果 412nm 多云天和晴天表观反射率差值大于 0.09，则认为该像元为云。

2）空间变异性检测

如果 3 像元×3 像元卷积窗口 412nm 反射率标准差大于 0.009，则认为卷积窗口中心像元为云或阴影；如果 3 像元×3 像元卷积窗口 412nm 多云天和晴天表观反射率标准差差值大于 0.006，则认为卷积窗口中心像元为云或阴影。

图 4-22 中分别展示了以上各规则的云检测结果，蓝色为非云晴空，白色为云像元分布。从目视效果上看，反射率阈值规则能够检测出大部分的云像元，而空间变异性检测能够辨识细小的云特征，如对图像北部和南部薄云的识别效果。总之，以上规则能较好地实现云掩膜。最终，将各指标云检测结果合成为综合云检测结果，如图 4-20（b）所示。

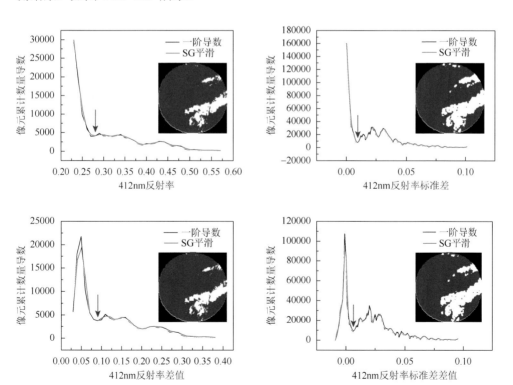

图 4-22　GOCI 影像云识别阈值确定示例

以上云检测方法能在很大程度上实现云掩膜，同时由于雪和冰也具有高反射率值，该方法一定程度上也可以将雪和冰像元掩膜掉。采用固定阈值，有可能漏检一些孤立或者亚像元的云污染，也有可能将部分云邻近晴空像元和阴影像元误分为云。最佳的云判别阈值，要兼顾保证足够多的晴空像元数量和减少云对晴空像元气溶胶反演的影响。因此，在实际应用以上判别规则时，还应考虑云、气溶胶类型、地理位置和观测几何等的影响，适当调整判别阈值。例如，对于高亮地表反射率超出 0.28 时，反射率阈值设置应适当增大。当晴空 3 像元×3 像元卷积窗口内地物类型特别复杂时，也有可能通过空间变异性检测，而被错分为云，相应空间变异性阈值也应适当增大。此外，陆表覆被的剧烈变化，如农作物收割、农田耕作、植被的生长凋谢、土地建设项目大规模的开发等活动，或者局部区域内气溶胶浓度分布的显著变化，都会引起陆表反射率的剧烈变化，也有可能造成连续观测的两幅影像之间相关性降低。

3. 地表反射率的确定

AOD 反演的关键问题之一是如何将地表贡献和大气贡献从卫星观测信号中分离，即必须估算出地表反射率。由于大气信号的影响，从表观反射率中直接估算地表反射率非常困难。即使在晴朗无云无霾天气下，卫星观测信号仍然受到气体吸收、瑞利散射和背景气溶胶消光的影响，需要消除这些大气成分对表观反射率的贡献，才能获取地表反射率。红外波段（如 2.13μm）气溶胶和瑞利散射较小，其表观反射率可以用来直接估计地表贡献（Kaufman and Remer，1994）。但对于缺少 2.13μm 波段设置的卫星传感器来说，地表反射率的确定需要采用其他方法。

一般来说，对于暗地表和非吸收型气溶胶，卫星观测的表观反射率会随 AOD 的增大而增大；而对于亮地表或者吸收型气溶胶，AOD 的增大有可能使得表观反射率减小。此外，由于非朗伯地表和瑞利散射的影响，卫星表观反射率还随光照和观测几何的变化而变化。对于某一确定位置，地球同步卫星观测几何保持相对稳定，其太阳-地球-卫星几何的变化仅限于每日太阳赤纬角的变化，这就减小了表观反射率对地表双向反射分布函数的依赖，使得每天同一时刻获取的卫星影像之间的对比成为可能。

因此，假设图像中各个位置地表特征在一定时期内保持不变，并且对于每个观测时刻至少存在一次干洁天气下的观测，对不同观测时刻时间序列图像进行瑞利散射、气体吸收和背景气溶胶消光的大气校正，选择每个像元地表反射率的最小值可以合成不同观测时刻的背景影像。由于太阳耀斑、浊度和水沫的影响，内陆水体反射率易于出现快速变化的情况，故一般将水体从合成背景影像中剔除。

本书主要研究目的是讨论云对气溶胶遥感的影响，在实验数据时间范围内，经云像元检测处理识别多云天气影像，通过星地数据匹配，保留同时有 AERONET level 2.0 数据记录的影像。然后选择最临近云天的晴空影像，以各观测时刻晴空像元表观反射率为输入，利用 6S 模型进行瑞利散射、气体吸收和气溶胶消光等大气校正，估算地表反射率。主要校正参数设置如下。

GOCI L1B 数据中记录的是卫星观测仰角而非天顶角，在 6S 模型大气校正参数输入时需要进行转换。6S 模型提供了无气溶胶、大陆型、海洋型、城市型、背景沙漠型、生物质燃烧型和平流层气溶胶 7 种缺省类型，并允许用户根据区域特征或者实测数据自定义气溶胶类型和廓线分布。本书参考太湖站实测的气溶胶粒径谱分布和复折射指数产品定义气溶胶类型。对于没有实测结果的应用，气溶胶类型设定为大陆型气溶胶模式。在合成背景影像反演模型中，背景气溶胶特征的确定非常困难，因为其随季节、时间序列长度和观测时刻而变化，一般通过研究区多年的观测资料统计确定干洁天气下的平均能见度或者 AOD。本书采用太湖站实测 AOD 作为输入参数，以提高大气校正精度。由于 CE318 太阳光度计的反演通道不包括 550nm，通过相邻通道（如 1020nm、870nm、675nm、440nm 等）的 AOD 的反演结果，利用 Angstrom 公式进行非线性最小二乘拟合，计算 550nm 处的 AOD 输入 6S 模型中。6S 模型没有预设 GOCI 传感器通道光谱响应函数，本书将 GOCI 的波段响应函数采用拉格朗日多项式插值法采样成 2.5nm 间隔，输入到模型中进行计算。

MODIS 植被指数、叶面积指数、地表温度/发射率、地表反射率等合成产品的时间周期一般是 8 天或 16 天。为保证地表反射率一定时期内保持不变的假设条件，本书选择的晴空和云天影像样本数据时间间隔一般也都在 1～8 天，个别样本数据（8 对）相隔时间最大不超过 16 天。实验所用晴空和云天影像匹配数据共计 61 对。

4. AOD 反演结果与验证

在地表反射率已知的基础上，根据每个观测时刻的几何角度和大气条件，利用 6S 模型的正算过程分别模拟 AOD 在 0.0～2.0 范围变化所对应的表观反射率，构建查找表。利用模拟表观反射率计算云邻近效应影响消减因子，与原表合并生成耦合消减因子的查找表。在查找表中检索与多云天影像观测消减因子值邻近的两个模拟消减因子，然后根据这两个模拟消减因子对应的 AOD，进行插值运算实现云邻近效应影响下的 AOD 反演。

除了基于模拟结果确定的单波段和波段比值云影响消减因子之外，本节还采用差值、归一化与加和等常用的数学表达形式构建了 3 种遥感指数，其表征的物理意义见表 4-3。

表 4-3　用于 AOD 反演的遥感指数

遥感指数	形式	物理意义	示例代号
x 或 y	单波段	云影响下的表观反射率	B2
x/y	比值	放大两个变量的差异	R_B2B8
$x-y$	差值	放大两个变量的差异	D_B2B8
$(x-y)/(x+y)$	归一化	放大两个变量的差异	N_B2B8
$\sqrt{x^2+y^2}$	加和	放大两个变量的共性	S_B2B8

　　具体反演过程中，考虑到太湖站所在位置濒临水体，所在像元水陆混合显著，并且为了增强 GOCI 500m 分辨率像元气溶胶信噪比，利用 865nm 和 660nm 波段计算归一化植被指数，在太湖站周边 3km 缓冲区内选取植被指数最大值作为暗像元，来进行 AOD 的反演和验证。这里 3km 缓冲区范围的选取，一方面是因为太湖站周边自然环境保护较好，另一方面这个尺度也与 NASA MODIS 气溶胶标准产品最大分辨率一致，即假设这一范围内气溶胶分布相对稳定。各指标反演结果见表 4-4。

表 4-4　各消减因子反演结果统计参数

消减因子	绝对误差			相对误差/%			均方根误差	相关系数	有效数量
	平均值	最小值	最大值	平均值	最小值	最大值			
R_B2B8	0.12	0.00	0.39	17.94	0.01	69.82	0.15	0.94	59
N_B2B8	0.12	0.00	0.39	17.94	0.01	69.82	0.15	0.94	59
R_B6B8	0.13	0.00	0.51	20.30	0.03	114.26	0.18	0.93	56
N_B6B8	0.13	0.00	0.51	20.30	0.03	114.26	0.18	0.93	56
D_B2B8	0.13	0.00	0.40	20.85	0.01	81.34	0.16	0.93	59
R_B3B8	0.14	0.00	0.45	20.91	0.09	94.35	0.18	0.93	59
N_B3B8	0.14	0.00	0.45	20.91	0.09	94.35	0.18	0.93	59
N_B1B5	0.16	0.00	0.70	21.56	0.06	71.33	0.21	0.90	43
R_B1B5	0.16	0.00	0.70	21.56	0.06	71.33	0.21	0.90	43
R_B1B8	0.14	0.00	0.45	21.70	0.04	80.65	0.17	0.92	59
N_B1B8	0.14	0.00	0.45	21.70	0.04	80.65	0.17	0.92	59
D_B4B8	0.15	0.00	0.43	21.78	0.23	83.07	0.18	0.91	57
D_B6B8	0.15	0.00	0.42	22.13	0.06	64.01	0.18	0.90	57
R_B2B5	0.15	0.01	0.55	22.25	0.36	71.62	0.19	0.90	40
N_B2B5	0.15	0.01	0.55	22.25	0.36	71.62	0.19	0.90	40
D_B5B8	0.16	0.01	0.47	22.40	0.82	89.94	0.19	0.89	57

消减因子	绝对误差			相对误差/%			均方根误差	相关系数	有效数量
	平均值	最小值	最大值	平均值	最小值	最大值			
R_B5B8	0.15	0.01	0.61	22.65	0.62	81.88	0.19	0.93	58
N_B5B8	0.15	0.01	0.61	22.65	0.62	81.88	0.19	0.93	58
D_B3B8	0.15	0.01	0.41	22.73	0.67	74.43	0.18	0.91	58
D_B1B8	0.14	0.00	0.45	22.81	0.34	98.77	0.18	0.92	60
R_B1B2	0.16	0.01	0.95	22.99	0.63	127.85	0.23	0.89	47
N_B1B2	0.16	0.01	0.95	22.99	0.63	127.85	0.23	0.89	47
R_B4B8	0.16	0.00	0.51	23.21	0.42	90.10	0.20	0.94	57
N_B4B8	0.16	0.00	0.51	23.21	0.42	90.10	0.20	0.94	57
N_B2B7	0.15	0.00	0.65	24.60	0.41	121.28	0.19	0.89	59
R_B2B7	0.15	0.00	0.65	24.60	0.41	121.28	0.19	0.89	59
R_B6B7	0.16	0.00	0.54	24.74	0.39	156.52	0.20	0.89	55
N_B6B7	0.16	0.00	0.54	24.74	0.39	156.52	0.20	0.89	55
D_B2B7	0.16	0.00	0.68	24.91	0.19	123.55	0.21	0.86	57
R_B4B7	0.17	0.01	0.49	25.05	0.67	98.69	0.21	0.91	54
N_B4B7	0.17	0.01	0.49	25.05	0.67	98.69	0.21	0.91	54
R_B3B7	0.16	0.00	0.62	25.49	0.35	144.85	0.21	0.89	58
N_B3B7	0.16	0.00	0.62	25.49	0.35	144.85	0.21	0.89	58
N_B5B7	0.17	0.01	0.53	26.06	0.75	98.27	0.20	0.91	57
R_B5B7	0.17	0.01	0.53	26.06	0.74	98.27	0.20	0.91	57
S_B2B5	0.19	0.01	0.54	26.78	0.91	120.68	0.24	0.93	51
D_B5B7	0.20	0.00	0.62	27.27	0.17	112.44	0.24	0.81	56
D_B1B7	0.18	0.00	0.75	28.35	0.15	135.85	0.23	0.84	56
B2	0.19	0.00	0.48	28.37	0.13	128.78	0.24	0.93	50
D_B3B7	0.18	0.01	0.70	28.46	0.61	140.40	0.22	0.84	57
D_B4B7	0.19	0.00	0.64	28.90	0.16	114.89	0.23	0.83	55
S_B2B6	0.19	0.03	0.51	29.25	3.50	139.84	0.24	0.92	52
S_B3B5	0.20	0.01	0.74	29.36	1.68	139.37	0.26	0.89	50
R_B1B7	0.18	0.01	0.76	29.53	1.41	137.61	0.23	0.83	56
N_B1B7	0.18	0.01	0.76	29.53	1.41	137.61	0.23	0.83	56
B5	0.21	0.00	1.02	29.99	0.09	112.04	0.29	0.86	50
S_B5B6	0.19	0.01	0.90	30.03	0.65	134.35	0.27	0.86	49
S_B2B3	0.21	0.01	0.60	30.10	1.14	141.87	0.26	0.92	51
N_B1B3	0.18	0.00	0.75	30.40	0.21	171.28	0.24	0.90	44
R_B1B3	0.18	0.00	0.75	30.40	0.21	171.28	0.24	0.90	44
S_B2B4	0.22	0.00	0.65	30.80	0.44	119.36	0.27	0.91	50

消减因子	绝对误差			相对误差/%			均方根误差	相关系数	有效数量
	平均值	最小值	最大值	平均值	最小值	最大值			
R_B3B5	0.26	0.00	1.61	31.35	0.15	116.71	0.38	0.64	36
N_B3B5	0.26	0.00	1.61	31.35	0.15	116.71	0.38	0.64	36
N_B4B5	0.24	0.00	1.02	31.46	0.26	169.46	0.34	0.68	48
R_B4B5	0.24	0.00	1.02	31.46	0.26	169.46	0.34	0.68	48
D_B6B7	0.21	0.01	0.59	31.49	0.32	144.41	0.25	0.80	56
S_B3B6	0.21	0.00	0.78	31.73	0.60	161.97	0.28	0.88	50
S_B1B5	0.22	0.00	0.61	32.15	0.24	135.75	0.27	0.91	51
B6	0.21	0.01	0.95	32.53	1.90	205.45	0.29	0.85	50
S_B1B2	0.23	0.01	0.71	32.57	0.85	139.18	0.29	0.92	52
S_B1B6	0.22	0.01	0.66	32.62	3.16	156.07	0.27	0.90	48
B3	0.22	0.00	0.74	32.85	0.25	158.31	0.28	0.90	51
S_B1B3	0.23	0.01	0.73	33.49	1.81	154.31	0.29	0.91	49
S_B4B5	0.24	0.01	0.94	33.57	3.25	103.46	0.30	0.89	48
S_B3B4	0.24	0.01	0.72	33.96	1.36	136.31	0.30	0.90	50
S_B4B6	0.24	0.00	0.86	35.10	0.01	156.70	0.31	0.87	47
S_B1B4	0.25	0.00	0.74	35.68	0.69	133.55	0.31	0.92	50
B1	0.26	0.00	0.79	38.02	0.20	148.65	0.33	0.89	48
B4	0.27	0.01	0.88	38.08	1.61	121.53	0.34	0.90	46
R_B1B6	0.22	0.00	0.75	38.21	0.48	371.88	0.28	0.79	44
N_B1B6	0.22	0.00	0.75	38.21	0.48	371.88	0.28	0.79	44
B8	0.33	0.03	1.22	39.78	3.22	105.29	0.41	0.53	56
S_B7B8	0.38	0.01	1.27	43.73	1.40	150.00	0.48	0.29	55
D_B1B5	0.36	0.00	1.17	45.42	0.06	77.29	0.48	0.36	12
R_B5B6	0.40	0.05	0.83	46.98	5.39	134.38	0.46	0.43	17
N_B5B6	0.40	0.05	0.83	46.98	5.39	134.38	0.46	0.43	17
D_B7B8	0.36	0.00	0.94	47.48	0.14	153.77	0.45	0.56	45
N_B2B6	0.28	0.00	0.85	49.44	0.77	459.51	0.35	0.68	43
R_B2B6	0.28	0.00	0.85	49.44	0.77	459.51	0.35	0.68	43
N_B4B6	0.32	0.01	1.21	52.77	1.36	390.84	0.41	0.52	51
R_B4B6	0.32	0.01	1.21	52.77	1.36	390.84	0.41	0.52	51
R_B1B4	0.34	0.02	0.82	53.27	2.49	339.73	0.41	0.73	32
N_B1B4	0.34	0.02	0.82	53.27	2.49	339.73	0.41	0.73	32
R_B2B3	0.33	0.00	1.09	53.96	0.35	315.35	0.43	0.69	41
N_B2B3	0.33	0.00	1.09	53.96	0.35	315.35	0.43	0.69	41
B7	0.47	0.03	1.54	56.41	2.95	248.52	0.59	−0.01	49

消减因子	绝对误差			相对误差/%			均方根误差	相关系数	有效数量
	平均值	最小值	最大值	平均值	最小值	最大值			
D_B2B4	0.40	0.00	1.35	58.47	0.99	310.04	0.53	0.13	55
S_B5B8	0.49	0.03	1.47	59.37	3.12	156.61	0.60	0.01	52
S_B6B8	0.50	0.01	1.48	59.82	0.98	155.29	0.61	0.01	51
N_B3B4	0.51	0.00	1.39	63.41	0.16	325.63	0.61	0.02	43
R_B3B4	0.51	0.00	1.39	63.41	0.16	325.63	0.61	0.02	43
S_B3B8	0.47	0.07	1.02	63.93	6.91	178.88	0.55	−0.02	26
D_B3B4	0.38	0.00	1.48	64.37	0.09	428.79	0.53	0.23	51
S_B6B7	0.50	0.03	1.60	64.57	6.85	218.23	0.64	−0.40	24
N_B3B6	0.36	0.02	1.27	64.99	2.38	585.53	0.48	0.39	40
R_B3B6	0.36	0.02	1.27	64.99	2.38	585.53	0.48	0.39	40
D_B1B4	0.50	0.00	1.48	66.47	0.20	334.60	0.65	0.05	30
R_B7B8	0.43	0.05	1.06	68.99	3.07	359.91	0.51	0.47	37
N_B7B8	0.43	0.05	1.06	68.99	3.07	359.91	0.51	0.47	37
S_B4B8	0.56	0.02	1.57	70.10	3.38	194.56	0.67	−0.15	46
D_B4B5	0.52	0.04	1.04	70.66	5.94	171.73	0.61	−0.26	15
D_B5B6	0.57	0.01	1.03	74.56	0.75	202.05	0.64	0.30	13
S_B4B7	0.56	0.02	1.16	74.82	2.66	188.55	0.67	−0.18	16
S_B2B8	0.57	0.07	1.40	76.43	16.45	247.33	0.67	−0.16	19
D_B3B6	0.41	0.01	1.28	77.63	0.72	224.25	0.53	0.31	26
D_B2B6	0.46	0.04	1.48	77.99	4.14	320.49	0.62	0.17	26
D_B1B6	0.49	0.01	1.16	79.21	3.24	224.60	0.60	−0.12	13
S_B5B7	0.58	0.01	1.61	79.42	1.66	476.60	0.72	−0.46	27
S_B1B8	0.61	0.07	1.35	81.22	14.96	264.26	0.71	−0.31	15
D_B3B5	0.44	0.07	1.30	82.18	13.33	284.71	0.55	0.43	28
D_B1B2	0.40	0.05	1.14	87.56	2.98	373.53	0.51	0.54	18
D_B2B5	0.50	0.01	1.66	92.56	2.02	527.48	0.66	0.04	24
R_B2B4	0.64	0.02	1.59	106.05	1.66	627.38	0.75	−0.05	26
N_B2B4	0.64	0.02	1.59	106.05	1.66	627.38	0.75	−0.05	26
S_B1B7	0.56	0.08	1.16	118.77	10.72	625.92	0.64	0.45	19
D_B2B3	0.67	0.00	1.60	137.01	0.85	1003.84	0.84	−0.36	16
D_B1B3	0.60	0.22	1.15	137.70	17.86	676.71	0.67	0.63	12
S_B2B7	0.72	0.26	1.33	144.59	45.62	760.67	0.78	0.36	21
D_B4B6	0.63	0.02	1.84	174.14	3.06	1151.99	0.83	−0.35	14
S_B3B7	0.95	0.60	1.77	217.50	67.54	1111.08	0.99	0.56	14

对比基于真实影像数据反演结果（表 4-4）和基于模拟数据反演结果（表 4-1 和表 4-2），可以得出如下结论。

（1）单波段消减因子中蓝光、红光波段较绿光、近红外波段消减云影响效果好。原因可能是植被地表在蓝光、红光波段的反射率较低，随时间变化缓慢，造成反演误差较小。

（2）大多数波段组合下的比值、差值和归一化形式能够起到消减云影响的作用，而加和形式反演误差整体较大。部分波段组合下的比值、差值和归一化形式相比单波段消减因子未能消减云影响产生的反演误差。

（3）按平均反演相对误差排序，基于真实影像数据反演结果与基于模拟数据结果并不完全一致。一方面，模拟实验以单体云场向阳一侧产生"增亮"效应的邻近云 1.5km 像元为分析对象，而真实影像中云况则非常复杂；另一方面，基于合成背景影像原理确定的地表反射率随时间并非完全没有变化，也会给气溶胶光学厚度反演误差带来一定影响。

以波段比值消减因子 R^{3D}_{443nm} / R^{3D}_{865nm} 和单波段消减因子 R^{3D}_{443nm} 为例，绘制其反演结果与太阳光度计测量结果的回归分析散点图，如图 4-23 所示。图中实线为拟合回归线，截距不等于 0 代表着干洁天气下存在的误差，形成原因有可能是辐射定标或者地表反射率误差。虚线为 MODIS 的标准误差线，MODIS 的标准误差为 $\pm 0.05 \pm 0.15\tau_a$，其中 τ_a 为 AERONET AOD。波段比值消减因子反演结果大多数的散点分布于标准误差线以内，说明该波段比值消减因子反演得到的 AOD 与地基观测结果具有很好的一致性，确定系数 R^2 达到 0.8885。当 AOD 较小时，有部分散点分布于标准误差线之外，出现这种情况的原因是，基于合成背景影像原理确定的地表反射率误差较大，在 AOD 较小时，地表反射率的误差被放大，导致反演结果不理想。而单波段消减因子的反演结果中大部分的散点分布于标准误差线

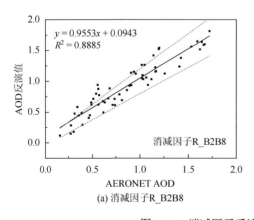
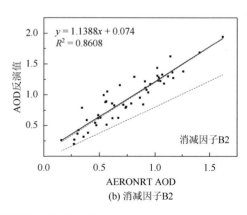

(a) 消减因子R_B2B8　　　(b) 消减因子B2

图 4-23 消减因子反演结果回归分析散点图

之外，且拟合线斜率值大于 1，说明直接利用云影响下的表观反射率进行反演，AOD 结果有可能高估。

　　如图 4-24 所示，西山岛位于太湖的东南隅，距离太湖站约 30km，面积约 80km²，南北宽约 11km，东西长约 15km，是太湖中的最大岛屿，也是国家级风景名胜区之一。岛上植被发育良好，森林覆盖率达 80%，为国家森林公园，无工业污染源分布。2011 年 7 月 28 日该岛上空云分布较为密集（右图中白色为云分布），按照上述方法对该范围影像内 NDVI>0.3 的暗像元进行 AOD 反演示例，反演结果及统计直方图如图 4-25 所示。整体来看，大部分像元单波段消减因子反演值要高于波段比值法结果，但也存在部分位于水陆交接地带和紧邻云分布的像元，其波段比值反演结果较高或过低的现象。这反映出波段比值法受混合像元的影响较为敏感。统计太湖站全天的 AOD 地基监测值（图 4-26），2011 年 7 月 28 日该

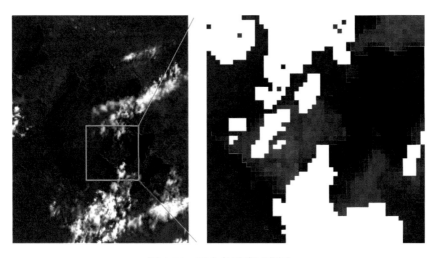

图 4-24　西山岛反演区范围

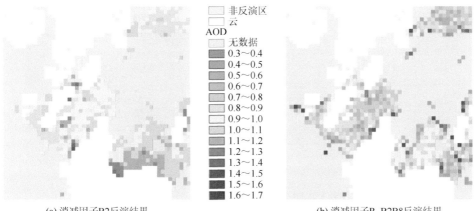

（a）消减因子 B2 反演结果　　　　　　　　　　　　　　（b）消减因子 R_B2B8 反演结果

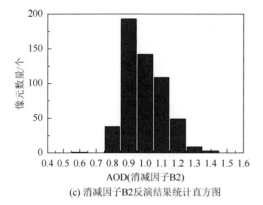

(c) 消减因子B2反演结果统计直方图

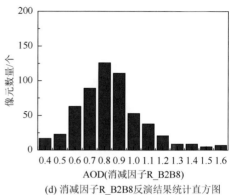

(d) 消减因子R_B2B8反演结果统计直方图

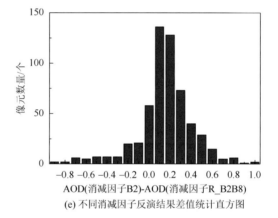

(e) 不同消减因子反演结果差值统计直方图

图 4-25 西山岛 AOD 反演结果对比

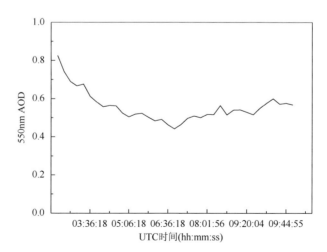

图 4-26 AERONET 太湖站 550nmAOD 监测结果（2011 年 7 月 28 日）

地区 AOD 变化比较平稳，最高值为 0.82。而单波段和波段比值两种方法反演 AOD 的均值分别为 1.00 和 0.84。因此，可以认为波段比值法（GOCI R_{443nm}^{3D} / R_{865nm}^{3D}）能够消减云的影响，反演结果符合气溶胶局部分布特征。

5. 敏感性分析

对于某一确定位置，地球同步卫星观测几何保持相对稳定，其太阳-地球-卫星几何的变化仅限于每日太阳赤纬角的变化，但利用最邻近天的地表反射率假设为反演时的地表反射率，这种不同时间的观测几何仍然会给地表二向反射率的取值带来一定程度的影响，并进而对 AOD 反演带来误差。统计太湖站所在经纬度位置 2011 年全年每日 11：16 的太阳天顶角的变化情况，得出每 16 天间隔太阳天顶角的最大变化约为 5°。在相关模拟参数条件下（贺军亮，2016），以 443nm 为例，以上太阳天顶角的变化可造成地表反射率约 0.01 的误差。利用 6S 模型模拟表观反射率构建查找表时，在地表反射率分别加入 ±0.01 和 ±0.005 的误差，进行反演试验，获得结果如表 4-5 所示。需要说明的是，该结果是在单体云场模拟结果基础上进行的，云邻近效应产生的表观反射率增量与现实情况会有所差异，而且只对 B2 单波段地表反射率加入了误差噪声。从结果可以看出，不同波段组合之间表观反射率比值对地表反射率误差的敏感程度有所差异。地表反射率的确定误差，经由查找表中不同波段表观反射率比值的运算处理，有可能进一步夸大误差噪声，从而造成 AOD 反演误差的不准确。这一敏感性实验结果证明了消减反射率比值误差效果最好的因子，其反演 AOD 的误差并不一定是最小的，还要综合考虑反射率比值随 AOD 变化的敏感程度。

表 4-5　植被地表云影响下 AOD 反演相对误差对比　　　　（单位：%）

消减因子	地表反射率无误差	地表反射率误差 −0.005	地表反射率误差 −0.01	地表反射率误差 0.005	地表反射率误差 0.01
B2	42.43	61.71	80.28	22.44	1.78
R_B1B2	84.27	270.97	383.77	—	—
R_B2B3	65.75	—	—	196.27	288.21
R_B2B4	−64.81	16.05	90.50	—	—
R_B2B5	26.88	−1.26	−32.74	52.85	77.60
R_B2B6	−77.73	12.58	97.33	—	—
R_B2B7	−15.21	0.77	16.19	−31.47	−48.80
R_B2B8	−15.62	−0.55	14.05	−30.88	−47.11

注："—"表示反演值超出查找表范围，反演误差较大。

因此，在波段比值云影响消减方法的应用过程中，需要注意对晴空地表反射率合成影像时间跨度的控制。时间跨度过长，虽然增加了晴朗天气影像的观测概率，但是也会引入地表反射率的变动误差。时间跨度过短，地表反射率还有可能会受到地表湿度的影响而发生变化。这对于裸露地表，如沙漠地区的影响尤为显著。对于植被覆盖地区，短时间内降水产生的土壤湿度变化对于植被冠层反射率影响较小。对于较长的时间尺度，地表反射率将随着植被的季节生长节律变化而变化。冬季和夏季植被生长缓慢，地表反射率变化相对春季和秋季更为稳定。当持续灰霾天气或多云天气发生时，在时间窗口内不能获取合成背景影像，将限制该方法的应用。

4.4　消减云影响的程辐射法

复杂的云体几何形态和空间分布使得建立真实晴空辐射与其邻近云环境之间的一一对应关系非常困难。陆表复杂的地面反射特征更是增加了评估和消减云邻近效应的难度。那么，能否从程辐射角度来构建消减云影响的 AOD 反演模型？本节根据云影响下暗像元线的变化特征，提出基于程辐射消减法的 AOD 反演模型，并进行 Landsat 反演实例验证。

4.4.1　程辐射值的确定方法

大气程辐射是太阳辐射在大气传输过程中经大气分子、气溶胶、冰晶等粒子散射后直接到达传感器的辐射，是表征大气质量状况的天空背景辐射遥感分量。由于大气分子的时空分布较为稳定，并且其对太阳辐射的影响简单容易计算，因此大气程辐射值很大程度上依赖于气溶胶的物理特性，如尺度分布、折射因子和光学厚度等。以下介绍几种主要的大气程辐射值定量化确定方法。

1. 大气程辐射图像生成方法

李先华等（1994）提出了程辐射图像生成方法，并将其应用到大气环境质量研究中。根据遥感成像机理，该方法将传感器接收到的能量值表示为

$$DN = \frac{K \cdot E \cdot \rho \cdot T_{down} \cdot T_{up}}{\pi} + DNa = \frac{K \cdot E \cdot \rho \cdot T}{\pi} + DNa \qquad (4-18)$$

式中，K 为卫星传感器所固有的增益系数；E 为像元的地面辐射照度；ρ 为地表反射率；T_{down} 为大气入射方向透过率；T_{up} 为大气反射方向透过率；T 为入射方向和反射方向上大气透过率之积；DN 和 DNa 分别为像元亮度值和大气程辐射值。

T 和 DNa 均是表征大气状况的参数，与地面信息无关。将地面微分到一个足够小的范围，假设在此范围内的地面覆盖单一、大气状况均匀。设 P_1、P_2 为不同地类边界上的相邻像元，其亮度值 DN 的差异只与地表反射率有关，即

$$\begin{cases} \mathrm{DN}_1 = \dfrac{K \cdot E \cdot \rho_1 \cdot T}{\pi} + \mathrm{DNa} \\ \mathrm{DN}_2 = \dfrac{K \cdot E \cdot \rho_2 \cdot T}{\pi} + \mathrm{DNa} \end{cases} \tag{4-19}$$

求解上述方程组，得到不同地物边界上像元的大气程辐射值计算公式：

$$\mathrm{DNa} = \mathrm{DN}_1 - \frac{\rho_1}{\rho_1 - \rho_2}(\mathrm{DN}_1 - \mathrm{DN}_2) \tag{4-20}$$

式中，DN_1、DN_2 为相邻不同种类地物的像元遥感数值；ρ_1、ρ_2 分别为与 DN_1、DN_2 对应的地面反射率。

根据遥感成像原理，假设同一地类内部像元大气程辐射值 DNa 与原始遥感值 DN 之间的定量关系为

$$\mathrm{DNa} = a \cdot \ln(\mathrm{DN} - \mathrm{DNa}) + b \tag{4-21}$$

式中，a、b 为待定（回归）系数，可以利用该地类边界上多个已知像元点的原始遥感值和像元大气程辐射值，通过最小二乘法计算得到，从而实现地类内部像元大气程辐射值的求解。

综上，该方法的求解离不开地表反射率 ρ 值的确定，大气程辐射遥感图像的可靠性取决于地面反射率的反演精度。

2. 亮度直方图最小值确定法

程辐射度的大小与像元位置有关，随大气条件、太阳照射方向和时间变化而变化。对于类似山体阴影、深海水面等地物，理论上其辐射亮度或反射率应接近 0，实际图像上这些地物的像元值应该就是大气散射影响导致的程辐射度增值。假设在同一幅图像的有限面积内程辐射度的变化量微小，其值的大小只与波段有关，可以通过直方图统计找到图像中的最小亮度值，从而确定区域程辐射值。直方图以统计图的形式表示图像亮度值与像元数之间的关系。在二维坐标系中，横坐标代表图像中像元的亮度值，纵坐标代表每一亮度或亮度间隔的像元数占总像元数的百分比。最小值确定法的适用条件首先要满足存在辐射亮度或反射亮度应为零的地物，这就大大限制了该方法的适用范围。

3. 二维光谱空间回归分析法

假定某红外波段，存在程辐射为主的大气影响，且亮度增值最小，接近于零，设为波段 A。以 A 波段的像元亮度值为 x 轴，以可见光波段 B 的像元亮度值为 y

轴，构建二维光谱空间，两个波段中对应像元在坐标系内用一个散点表示。由于波段之间的相关性，通过回归分析在众多点中一定能找到一条直线与波段 B 的亮度值 y 轴相交。这个回归线的截距，即波段 A 中的亮度为零处在波段 B 中所具有的亮度可以认为是波段 B 的程辐射度（梅安新等，2001）。

　　回归分析法的前提要求是参与构建二维光谱空间的两个波段之间满足线性相关关系。植被、湿润土壤和阴影在蓝（或红）可见光和短波红外通道具有较为一致的反射特性，意味着这两个通道之间具有一定的相关性。叶绿素可见光波段的吸收光谱，在蓝紫光和红光处各有一显著的吸收峰。随着植被覆盖度的增加，叶片中的叶绿素在红光和蓝紫光通道吸收更多的太阳辐射，使得红光、蓝紫光波段反射率降低。同时，叶绿素含量对水分亏缺的响应较为敏感，较多的叶片含水量在短波红外通道处也会形成吸收峰。土壤湿度的增加降低了土壤孔隙之间相对折射率，使得前向散射增强，也会降低蓝红光波段反射率。同样，湿润土壤在短波红外通道的反射率也会偏低。此外，植被或地形阴影的存在也会造成蓝红光和短波红外通道反射辐射强度同时降低。

　　Kaufman 和 Remer（1994）对美国东部地区 AVHRR 图像的分析表明，AVHRR 的 3.75μm 通道对积聚模态气溶胶如硫酸盐和有机颗粒等的存在不敏感，并且与 0.64μm 通道反射率之间具有一定的线性关系，相关系数在 0.74～0.96。但是利用 3.75μm 通道时需要订正热辐射和水汽吸收对反射辐射的影响。

　　2.2μm 通道处于靠近 3.75μm 通道的大气窗口内。大约 300K 的地球表面热辐射对 2.2μm 通道的反射辐射影响较小，可以避免热辐射订正不确定性而产生的应用误差。此外，该通道波长远大于烟尘、硫酸盐等气溶胶粒子的大小，同样对气溶胶的存在不敏感。Kaufman 等（1997b）利用多幅 AVIRIS 和 Landsat TM 图像分别统计了 2.2μm 与 0.49μm、2.2μm 与 0.66μm 地表反射率之间的相关关系，涉及地物类型包括森林、农作物、裸土、居住区和水体等，并给出了利用 2.2μm 通道反射率估计可见光通道地表反射率的线性关系［式（4-22）和式（4-23）］，同时指出估算误差随反射率的增大而增大。

$$\rho_{0.49\mu m} = 0.25 \rho_{2.2\mu m} \tag{4-22}$$

$$\rho_{0.66\mu m} = 0.50 \rho_{2.2\mu m} \tag{4-23}$$

　　实际上，蓝红可见光和短波红外通道之间的相互关系并不是固定不变的。随着时间季节的更迭，同一类型植被叶绿素和含水量的内部结构均在发生变化，从而引起光谱特征的变化，影响着短波红外和可见光之间的比例关系。植被类型的差异同样也会造成以上比例关系的波动。基于以上研究基础，Wen 等（1999）利用 Landsat TM 影像 2.2μm 与 0.49μm（或 0.66μm）表观反射率构建二维光谱空间确定大气程辐射值。具体步骤如下。

（1）将 TM 影像按每 512 像元×512 像元范围（约 15km×15km）分块；

（2）在每个分块内，统计 10 像元×10 像元范围内 2.2μm 表观反射率标准偏差，剔除标准偏差大于 0.02 的异质性像元，获取局地均质性像元聚类点集；

（3）以各均质性聚类点集（10 像元×10 像元范围）2.2μm 表观反射率均值为横坐标，以相应 0.49μm（或 0.66μm）表观反射率均值为纵坐标，绘制二维光谱特征空间；

（4）在二维光谱特征空间中，按横轴坐标将聚类点集分组，提取各组中纵轴波段反射率较小的 20%的聚类点集，构成该分块中最暗像元的集合；

（5）采用最小二乘法拟合最暗像元点集，并要求相关系数优于 0.8，以保证参与构建二维光谱空间的两个波段之间满足线性相关关系；

（6）确定拟合回归线的截距，即为该分块的大气程辐射值。

二维光谱空间回归分析法通过散点图回归拟合自动确定可见光和短波红外通道之间的线性关系，从而避免了采用固定比率关系，可以有效提高大气程辐射值的确定精度。但该方法在以下方面仍存在一定的局限性。

（1）蓝（或红）可见光和短波红外通道反射率之间的线性相关关系适用于植被和湿润土壤等暗像元地表，如果分块区域内存在大片的亮像元分布，如城市、干旱地区地表等，往往得不到相关性较高的散点图分布。此外，对于确定的局地均质性像元检测阈值，用来构建二维光谱特征空间的聚类点集数量会随聚类单元（5 像元×5 像元、10 像元×10 像元、20 像元×20 像元等）增大而减少，从而影响散点的线性分布。对于更高分辨率影像分块尺度（3km、2km、1km 等）大气程辐射值的确定，应当改进二维光谱特征空间散点筛选规则，以保证获得足够数量的散点。

（2）局地均质性像元检测和暗像元检测过程中均采用了固定阈值，使得从二维光谱特征空间提取的最暗像元集合中，有可能存在非暗像元如薄云、裸土等噪声散点，有必要提出自适应识别或剔除噪声散点的算法，以形成自动化的处理流程。

（3）未考虑气体吸收的影响。

综合以上方法来看，由地物类型的多样性所造成的反射率的多变性使得从遥感图像的辐射值中分离出大气程辐射项是很困难的。地表反射率越低，程辐射对表观反射率的贡献就越大，表观反射率中气溶胶信号就越明显。所以如果要用程辐射项来获得气溶胶信息，就必须要求地表辐射值非常小、可以忽略或者可以比较精确地确定。地面反射率的获取方法大致可分为两种类型，遥感反演和地面实测。遥感反演过程中往往又需要 AOD 作为已知参数输入辐射传输模型中。地面实测方法则要考虑点面尺度转换的问题。李先华等（1994）提出的大气程辐射图像生成方法实质上是在地面反射率库已知的基础上实现的。此外，针对一些特定的传感器，已经发展了 AOD 和地表反射率协同反演的算法，如 MODIS

双星协同反演算法（Tang et al.，2005）。二维光谱空间回归分析法具有自适应识别确定大气程辐射值的优点，因此，本书在改进 Wen 等（1999）确定大气程辐射值方法的基础上，结合预测区间估计理论方法，基于 Landsat TM、ETM +、OLI 影像数据资料，提出可消减多云天气下多次散射对程辐射值影响的 AOD 反演模型。

4.4.2 基于程辐射消减法的 AOD 反演模型

1. 理论基础

在没有强排放源的局部区域内，大气气溶胶一般呈水平均匀成层分布。在这种情况下，假定如果短波红外和可见光波段地表反射率线性相关，其表观反射率同样呈线性比例关系。首先通过公式推导对以上假设加以说明（Wen et al.，1999）：

$$\alpha_{vis} = \alpha_{vis}^{atm} + T_{vis}(\mu_0)T_{vis}(\mu)\rho_{vis} / (1 - \rho_{vis}R) \tag{4-24}$$

式中，α_{vis} 为可见光波段表观反射率；α_{vis}^{atm} 为大气程辐射率；$T_{vis}(\mu_0)$ 为太阳辐射下行到地表的透射率；μ_0 为太阳天顶角的余弦；$T_{vis}(\mu)$ 为地表到大气层顶沿卫星观测角度 μ 上行辐射的透射率；ρ_{vis} 为观测角和入射角上平均的地表反射率；R 为大气后向散射比（Liou and Bohren，1981）。

湿润土壤和浓密植被地表蓝光、红光波段 $\rho_{vis}R$ 值较小，因此暗地表蓝光、红光波段表观反射率可以近似表示为

$$\alpha_{vis} \approx \alpha_{vis}^{atm} + T_{vis}(\mu_0)T_{vis}(\mu)\rho_{vis} \tag{4-25}$$

除了沙尘以外，气溶胶对空间观测辐射的影响随波长按 λ^{-1} 到 λ^{-2} 比例递减。因此，对于短波红外波段，大多数类型气溶胶（烟尘、硫酸盐等）的大气散射作用相当微弱，可以忽略不计（Kaufman et al.，1997b）。其表观反射率可以表示为

$$\alpha_{2.2\mu m} = T_{2.2\mu m}(\mu_0)T_{2.2\mu m}(\mu)\rho_{2.2\mu m} \tag{4-26}$$

假设短波红外和可见光地表反射率呈线性比例关系，表示为

$$\rho_{vis} = \xi\rho_{2.2\mu m} \tag{4-27}$$

那么，联立以上各式，就可以得到可见光和短波红外波段卫星表观反射率之间的线性相关关系，表示为

$$\alpha_{vis} \approx \alpha_{vis}^{atm} + \frac{T_{vis}(\mu_0)T_{vis}(\mu)}{T_{2.2\mu m}(\mu_0)T_{2.2\mu m}(\mu)}\xi\rho_{2.2\mu m} \tag{4-28}$$

进一步利用 6S 模型模拟验证以上假设。模拟参数设置如下。

（1）中纬度地区星下点观测，太阳天顶角 45°，卫星方位角和太阳方位角均设为 0°；

（2）中纬度夏季标准大气模式；

（3）大陆型、城市型和生物质燃烧型 3 种缺省类型气溶胶模式；

（4）550nm AOD 取值范围 0.1～1.0，增量间隔 0.1；

（5）Landsat 5 TM 第 1 波段、第 3 波段和第 7 波段；

（6）第 7 波段表观反射率取值范围 0.02～0.20，增量间隔 0.02；

（7）短波红外波段和蓝红可见光地表反射率之间的比例关系参考暗像元法给出：

$$\rho_{band1} = 0.25\rho_{band7} \tag{4-29}$$

$$\rho_{band3} = 0.50\rho_{band7} \tag{4-30}$$

模拟结果如图 4-27 所示。图中实线和虚线分别代表蓝光、红光波段表观反射率，每幅图中最底部斜线代表 AOD = 0.1 的情况，依次向上增加到顶部斜线 AOD = 1.0 的情况。可以看出，对于各种气溶胶类型，短波红外波段和蓝红可见光表观反射率之间均呈现出线性关系。在某一 AOD 取值情况下，蓝光、红光波段表观反射率均随短波红外表观反射率增加而增加，体现出地表对表观反射率的贡献。而随着 AOD 增大，线性关系的斜率逐渐变小，则体现出地表对表观反射率的影响也逐渐减小。这一特征在城市型气溶胶模式下体现得更为明显。需要指出的是，对于城市型气溶胶模式，当短波红外波段表观反射率小于 0.14 时，红光波段表观反射率随 AOD 增大而增大；随着短波红外波段表观反射率逐渐增大，红光波段表观反射率对 AOD 的敏感性逐渐减小；当短波红外波段表观反射率增大到 0.14 左右时，红光波段表观反射率已不随 AOD 的增加而变化，即该表观反射率下不能有效实现 AOD 的反演；随着短波红外表观反射率继续增大，红光波段表观反射率随 AOD 的增大反而减小。6S 模型中城市型气溶胶由沙尘性、可溶性和煤烟性三种气溶胶粒子按 17%、61%和 22%的体积百分比组成。不同气溶胶粒子对入射辐射的散射、吸收作用差异耦合地表贡献造成了卫星接收辐射的强弱变化。

模拟实验中红光波段地表反射率设置为蓝光地表反射率的两倍。但是在某一 AOD 取值情况下，当短波红外表观反射率较小时，蓝光波段表观反射率总是比红光波段大得多。其主要原因是蓝光波段大气分子散射贡献作用较大。在 AOD 较小的情况下，如 AOD = 0.1 时，随着短波红外表观反射率的增加，由于地表贡献增大，红光波段表观反射率有可能会超过蓝光波段。而随着 AOD 增大，表观反射率中地表贡献比例又相应减小。

以上分析表明，对于水平均匀分布的大气气溶胶，如果短波红外和可见光波段地表反射率线性相关，其表观反射率同样呈线性比例关系。实际应用中，假设在有限范围内气溶胶分布均匀，像元间程辐射值变化量微小，基于暗像元地表反射率线性比例关系的先验认知，以有限范围内暗像元集合 2.2μm 与 0.49μm（或 0.66μm）表观反射率构建二维光谱空间，通过回归分析法确定回归线的截距，即

0.49μm（或 0.66μm）的大气程辐射率，进而结合辐射传输模型，由大气程辐射率反演得到 AOD。

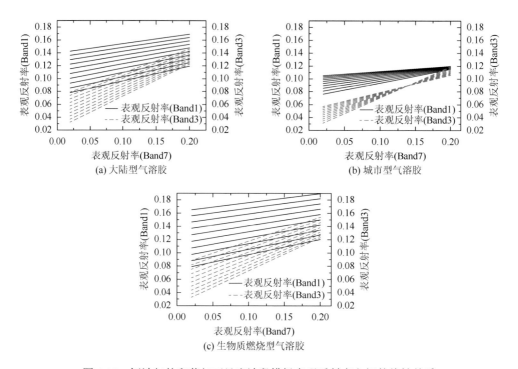

(a) 大陆型气溶胶   (b) 城市型气溶胶

(c) 生物质燃烧型气溶胶

图 4-27 短波红外和蓝红可见光波段模拟表观反射率之间的线性关系

2. 反演模型

1）云像元检测

ACCA（automatic cloud cover assessment）算法是 NASA 针对 Landsat 7 ETM＋影像数据设计的一种自动云量评估算法。该算法基于云、雪、土壤、植被和水体光谱特性的差异，进行非监督分类，主要用于整景影像云量的快速估计。由于 ETM＋波段设置的限制，ACCA 算法对于半透明的薄云、卷云、云边缘及云阴影的检测能力有限。基于 B2～B5 的大气层顶光谱反射率和 B6 的表观亮度温度，ACCA 算法构建了 26 个判定规则，按照以下 4 个过程进行处理（Irish et al., 2006）。

第一，逐像元扫描为"光谱云识别"，通过 11 个判定规则将像元划分为暖云、冷云、疑似云、雪和沙地像元等；

第二，云热效应信息统计，基于上一过程得到的冷云和暖云分布情况，利用 B6 计算云像元表观亮度温度最大值、平均值、标准差和直方图偏斜度等统计量；

第三，基于云像元温度值的统计量计算得到两个新的 B6 阈值，对所有疑似云像元进一步进行对比判定，并重新统计整景影像云热效应信息的统计量，最终区分为暖云或冷云；

第四，将以上过程中云掩膜数据进行聚合，并采用最邻近重采样方法填补一些云邻近像元。重采样操作将云覆盖量扩大，使其准确反映一景图像中不能用的像元总量。

ACCA 算法的设计初衷不是为了生产逐像元的云掩膜产品，而是快速统计整景影像的云量情况，以辅助 Landsat 7 地面系统实现全球陆地无云图像的周期性存档。考虑到高分辨率影像逐像元云检测的效率问题，本书在参考 ACCA 算法"光谱云识别"判定规则的基础上，结合 HSV 色彩空间变换方法，对疑似云像元的色调（H）、饱和度（S）和明度（V）进一步综合诊断，从而实现云像元自动检测。具体判定规则如下。

规则①. $0.07 \leqslant B3 \leqslant 0.08$ and $30 \leqslant H \leqslant 90$ and $S > 0.7$ and $V > 0.6$，云；

规则②. $0.07 \leqslant B3 \leqslant 0.08$ and $270 \leqslant H \leqslant 330$ and $S > 0.7$ and $V > 0.6$，云；

规则③. $B3 > 0.08$ and $-0.25 < (B2-B5)/(B2+B5) < 0.7$ and $B6 < 300K$ and $(1-B5)*B6 \geqslant 225$ and $B5 \geqslant 0.08$ and $30 \leqslant H \leqslant 90$ and $S > 0.7$ and $V > 0.6$，云；

规则④. $B3 > 0.08$ and $-0.25 < (B2-B5)/(B2+B5) < 0.7$ and $B6 < 300K$ and $(1-B5)*B6 \geqslant 225$ and $B5 \geqslant 0.08$ and $270 \leqslant H \leqslant 330$ and $S > 0.7$ and $V > 0.6$，云；

规则⑤. $B3 > 0.08$ and $-0.25 < (B2-B5)/(B2+B5) < 0.7$ and $B6 < 300K$ and $(1-B5)*B6 < 225$ and $30 \leqslant H \leqslant 90$ and $S > 0.7$ and $V > 0.6$，云；

规则⑥. $B3 > 0.08$ and $-0.25 < (B2-B5)/(B2+B5) < 0.7$ and $B6 < 300K$ and $(1-B5)*B6 < 225$ and $270 \leqslant H \leqslant 330$ and $S > 0.7$ and $V > 0.6$，云。

以上规则中 B2～B5 为大气层顶光谱反射率，B6 为表观亮度温度。色调、饱和度和明度参数的获取需要对 RGB 的彩色影像进行 HSV 正变换。通过大量试验发现，在 TM 波段 B3（R 分量）、B5（G 分量）、B6（B 分量）假彩色合成后的影像中，云在 RGB 色彩空间中为紫色或黄色，即在 HSV 空间中色调位于 270°～330°或 30°～90°，而雪基本为红色，陆地为绿色，水体和阴影为黑色，云与其他地物色彩差别很大，很容易区分。为了增加算法的鲁棒性，特别是增强云与阴影、裸露地表的区分，在色调阈值限定的基础上，本书又添加了饱和度和明度的阈值限定。以云与其他地物的自身光谱特性和光谱差异为理论基础，综合 ACCA 算法和 HSV 色彩空间的应用，本书提出的 Landsat 7 ETM + 云检测算法可以很好地将云、雪、裸露地表、植被和水体区分开来，具有简单可行、客观性强、精度高和计算速度快等特点，适用于不同的下垫面和季节，云检测效果理想。实验证明，该算法同样适用于 Landsat 5 TM 影像的云检测应用。相关实验结果在 4.4.3 节中展示。

除了保持原有 Landsat 7 卫星的基本特点外，Landsat 8 新增的卷云波段可以很好地突出云的特征，特别是增强了对半透明的薄云和云边缘的检测精度。在数据提供方式上，Landsat 8 OLI_TIRS 产品在传统光谱波段之外，还提供了一个质量评估波段〔Quality Assessment（QA）Band〕。该波段以位组合的形式存储了每个像元成像时的地表、大气和传感器的状态信息。表 4-6 为各 QA 波段位值对应的描述信息。这些位值信息可以有效地指示哪些像素受到了传感器状态影响或者受到了云覆盖影响。因此，针对 Landsat 8 的云像元检测，首先将 QA 文件中的像元值转换为 16 位二进制形式，然后读取云（含卷云）置信度信息，就可以方便地生成云掩膜数据。通过大量试验发现，综合 QA 波段和 HSV 色彩空间的应用，能达到更好的云检测效果。

表 4-6　Landsat 8 QA 波段位值信息

QA 波段位值	说明	QA 波段位值	说明
0	非成像区	6~7	备用位
1	失帧	8~9	备用位
2	地形遮蔽	10~11	冰雪置信度
3	备用位	12~13	卷云置信度
4~5	水体置信度	14~15	云置信度

2）暗像元检测

蓝红可见光和短波红外通道之间的线性关系在冰雪、湿地、水体等地表类型上表现较差，因此，在云掩膜处理之后，还需要将这些非暗像元进一步掩膜。

SNOMAP 算法是 Hall 等（1995）提出的基于 Landsat 5 TM 数据的积雪识别算法。归一化积雪指数（normalized difference snow index，NDSI）是 SNOMAP 算法中的核心内容，也是目前光学遥感提取积雪的通用方法。基于 Landsat 8 OLI 数据的计算方法为

$$NDSI = (B3 - B6) / (B3 + B6) \tag{4-31}$$

式中，B3 和 B6 分别为 OLI 数据中积雪具有较高反射率的绿光波段（0.53~0.59μm）和具有较强吸收特征的短波红外波段（1.57~1.65μm）的反射率。

快速简便而应用较广的水体信息提取方法有很多。例如，MODIS 暗像元气溶胶业务化反演算法中就简单地采用归一化植被指数（NDVI）进行内陆水体的掩膜。徐涵秋（2005，2008）利用 TM 和 ETM + 数据对比分析了多种水体指数的应用效果，认为改进的归一化差值水体指数（MNDWI）应用范围更广，提取精度更高。对于 Landsat 8 OLI 影像，MNDWI 的计算方法与 NDSI 相同，均采用了绿光和短波红外波段。

综合以上分析，通过大量试验，并参考 MODIS 气溶胶业务化反演算法中暗像元的选择方法，以 Landsat 8 OLI 数据为例，本书暗像元检测规则确定如下：

NDSI≤0 and 0.01≤B7≤0.25,暗像元

其中,B7 是 OLI 数据的短波红外波段(2.11~2.29μm)的反射率。针对非云像元应用以上规则,可以有效剔除雪、水体、云阴影、薄云及部分建筑用地的影响。相关实验结果在 4.4.3 节中展示。

3)二维光谱特征空间构建

基于二维光谱特征空间的大气程辐射值自动提取,首先需要将遥感影像转换到光谱特征空间中。以 OLI 影像为例,按照 101 像元×101 像元卷积窗口(约 3km×3km)分块统计窗口内所有暗像元的蓝光(0.45~0.51μm)、红光(0.64~0.67μm)、短波红外(2.11~2.29μm)波段表观反射率。根据各暗像元在横轴(短波红外)和纵轴(蓝光或红光)2 个波段的反射率值,绘制其在二维光谱空间内的分布特征,如图 4-28 所示。图中所有像元散点包含初始暗像元和非暗像元散点,筛选暗像元散点是初始暗像元散点集合的子集。

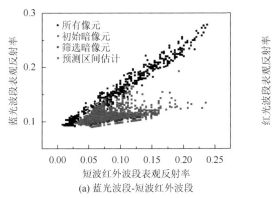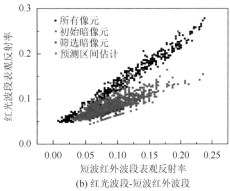

图 4-28 蓝光波段-短波红外波段和红光波段-短波红外波段光谱特征空间

4)初始最暗像元集合提取

通过以上一系列定量化的规则,能够区分出绝大部分的云、冰雪、水体及其他暗像元。各规则阈值很难实现自适应设定,再加上 TM、ETM+数据缺少卷云波段,这使得构建的二维光谱空间中,有可能保留了非暗像元如薄云、裸土、浅水等像元噪声散点的影响,即暗像元检测结果并不一定完全准确。在晴朗无云的天气下,暗像元检测结果能保持一定精度,但卷积窗口内同一类型地物地表反射率的波动,也会造成可见光和短波红外通道表观反射率之间相互关系的波动。

对于足够数量的呈线性分布的暗像元散点集合,其下边界往往代表着最暗像元集合的线性分布,即横坐标所对应的纵坐标值最小的点,是确定暗像元线的重要依据。处于下边界以上的散点所对应的地表像元较亮,有可能掩盖微弱的气溶胶信号。为了降低地表反射率波动的影响,在构建的二维光谱空间中,通过横坐

标分组的方法，将所有的像元点按其短波红外波段反射率归入不同的组中，在各组中分别获取蓝光或红光波段反射率最小的像元点，构成初始的最暗像元点集。

5）自适应区间选取

通过以上分析，在二维光谱空间横坐标的全区间内，各组纵坐标最小值所对应的像元点并不一定都是暗像元，有可能存在薄云、裸土、浅水等像元噪声散点。自适应区间选取就是通过一种简单的自适应方法，选取横坐标区间，从而缩小初始暗像元点集，完成暗像元的初步筛选。

首先，以八分位点对初始暗像元点集横轴波段反射率范围进行划分，其次，分别确定初始暗像元点集的 0～25%、0～37.5%、0～50%、0～62.5%、0～75%、0～87.5%、0～100%、12.5%～37.5%、12.5%～50%、12.5%～62.5%、12.5%～75%、12.5%～87.5%、12.5%～100%子集，并计算各子集的最小二乘相关系数 r、一元线性拟合方程的斜率和截距。

$$r = \frac{\sum(X_i - \bar{X})(Y_i - \bar{Y})}{\sqrt{\sum(X_i - \bar{X})^2} \cdot \sqrt{\sum(Y_i - \bar{Y})^2}} \qquad (4\text{-}32)$$

式中，X_i 和 Y_i 分别为该像元点横坐标波段和纵坐标波段的反射率值；$\bar{X}$ 和 $\bar{Y}$ 分别为 X_i 和 Y_i 的平均值；i 为各子集内散点数量。

最后，选取相关系数最大并且拟合直线的斜率小于 1、截距大于 0 的子集，作为暗像元点的有效子集，其横坐标区间也将确定为暗像元的横坐标初始区间。

6）迭代筛选暗像元点

对于有效子集中的像元点，还需进一步筛选，以剔除一些离散的异常值，如传感器噪声、湿地、云阴影像元等。因此，对有效子集中的像元点进行循环迭代，每次循环都将垂直偏差最大的点从子集中去除。具体迭代过程是，首先，计算有效子集的一元线性拟合方程和相关系数，然后按照横坐标波段反射率排序，获取有效子集中像元总数的一半点集（数量为 m）作为迭代子集，并计算迭代子集的一元线性拟合方程。判断迭代子集拟合方程是否与有效子集一致，如果不一致，则将垂直偏差最大的点从子集中去除。按照相同的判断过程，去除剩余点集中垂直偏差最大点。然后，计算新有效子集的一元线性拟合方程和相关系数，迭代子集像元数量变为 $m+1$，重复执行以上相同的迭代过程，直到迭代子集包含了新的有效子集全部散点后循环结束。最后，有效子集中剩余的像元点便是自动算法最终获取的暗像元点，然后通过最小二乘拟合，即可得到暗像元线的方程。

7）云影响消减

假设在有限范围内气溶胶分布均匀，像元间程辐射值变化量微小，将 101 像元×101 像元卷积窗口中心像元的大气程辐射率表示为

$$\alpha_{0.49\mu m}^{atm\_3D} = \alpha_{0.49\mu m}^{atm\_1D} + \varepsilon_{0.49\mu m}^{atm\_1D} + \Delta\alpha_{0.49\mu m}^{atm} \qquad (4\text{-}33)$$

$$\alpha_{0.66\mu m}^{atm\_3D} = \alpha_{0.66\mu m}^{atm\_1D} + \varepsilon_{0.66\mu m}^{atm\_1D} + \Delta\alpha_{0.66\mu m}^{atm} \qquad (4\text{-}34)$$

式中，$\alpha_\lambda^{atm\_3D}$ 为回归分析法确定的大气程辐射率，即暗像元线拟合方程的截距；$\alpha_\lambda^{atm\_1D}$ 为表征晴空像元实际大气状况的真实程辐射率；$\varepsilon_\lambda^{atm\_1D}$ 为回归分析法产生的程辐射率误差；$\Delta\alpha_\lambda^{atm}$ 为 3D 云邻近效应产生的程辐射率增量，与大气分子、气溶胶和云的光学属性等有关。

对于晴朗天气，忽略回归分析法产生的固有程辐射率误差 $\varepsilon_\lambda^{atm\_1D}$，使得 $\alpha_\lambda^{atm\_3D} \approx \alpha_\lambda^{atm\_1D}$，进而结合辐射传输模型，由大气程辐射率反演得到 AOD。而对于多云天气，在二维光谱空间中，3D 云邻近效应产生的程辐射率增量 $\Delta\alpha_\lambda^{atm}$ 使得卷积窗口暗像元线较真实情况沿纵轴方向有所升高。根据云影响下暗像元线的分布变化特征，本反演模型算法采用预测区间估计的处理方法来消减多次散射产生的程辐射率误差影响。

在统计学中，区间估计是参数估计的一种形式。通过从总体中抽取的样本，根据一定的正确度与精确度的要求，构造出适当的区间，以作为总体的分布参数（或参数的函数）的真值所在范围的估计。当成对的两个变量数据分布大体上呈直线趋势时，运用合适的参数估计方法，求出一元线性回归模型，然后根据自变量与因变量之间的关系，对于自变量 x 的一个给定值 x_p，根据估计的回归方程可以得到因变量 y 的个别值的估计区间，这一区间称为预测区间。因变量个别值的方差的估计值 s_{ind} 为

$$s_{ind}^2 = s_y^2 \left[1 + \frac{1}{n} + \frac{(x_p - \overline{x})^2}{\sum x_i^2 - (\sum x_i)^2 / n} \right] \qquad (4\text{-}35)$$

式中，n 为样本数量；x_i 为样本值，$i = 1, 2, 3, \cdots, n$；$\overline{x}$ 为均值。

在 $1 - \alpha$ 置信水平下因变量个别值 $\overline{y}_p$ 的预测区间为

$$\left\{ \overline{y}_p - t_{\frac{\alpha}{2}} s_{ind}, \overline{y}_p + t_{\frac{\alpha}{2}} s_{ind} \right\} \qquad (4\text{-}36)$$

式中，t 为 t 检验统计量。

其中 s_y 为估计标准误差（安德森等，2000）。

$$s_y = \sqrt{\frac{\sum y^2 - \hat{b}_0 \sum y - \hat{b}_1 \sum xy}{n - 2}} \qquad (4\text{-}37)$$

式中，$\hat{b}_0$ 和 $\hat{b}_1$ 分别为线性回归模型的截距和斜率。

划定预测区间的两个数值分别称为预测下限和预测上限。在置信水平固定的情况下，样本量越多，预测区间越宽。在样本量相同的情况下，置信水平越高，预测区间越宽。相比 Wen 等（1999）的方法，本反演模型算法的卷积窗口尺度大大变小，并且暗像元线的提取经过了严格的、客观的、自动迭代筛选处理过程，使得最终保留的有效暗像元数量有限，因此，本反演模型算法中将置信水平设置为 99.9%，并取预测区间下限作为消减云影响之后的暗像元线。

8）AOD 反演

将地表反射率设为 0，利用 6S 模型构建 0.49μm 或 0.66μm 程辐射率随 AOD（从 0.0~2.0 变化）和几何角度（由卫星观测几何和时间决定）变化的查找表。遍历 AOD 和几何角度的组合，利用暗像元线拟合方程确定的截距，在查找表中检索与观测程辐射率最邻近的两个程辐射率值，然后根据这两个程辐射率对应的 AOD，进行插值运算，实现云影响下卷积窗口中心像元的气溶胶光学厚度反演。移动卷积窗口，重复步骤 3）~步骤 8），直到完成整幅影像各像元的 AOD 反演。

AOD 反演的精度受云和暗像元检测阈值等的影响，可能造成不同地区影像局部 AOD 反演异常值出现。一定范围内大气程辐射和气溶胶分布相对稳定，利用相邻像元 AOD 的空间自相关性，可以通过空间一致性检验将异常值剔除，而后采用 9 像元×9 像元的距离加权平均的滤波方法进行平滑处理，从而进一步内插部分非暗像元点的监测值及抑制异常点，输出最终反演结果（图 4-29）。

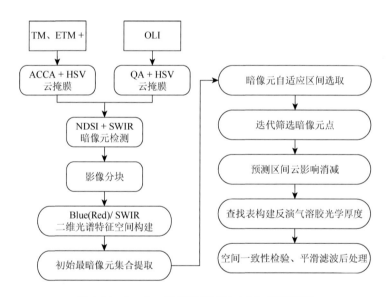

图 4-29　Landsat 程辐射消减法 AOD 反演流程

4.4.3　反演分析与验证

1. 模拟分析

如果考虑大气吸收气体的影响，可以将暗像元表观反射率近似表示为

$$\alpha_\lambda = T_\lambda^{gas} \cdot [\alpha_\lambda^{atm} + T_\lambda(\mu_0)T_\lambda(\mu)\rho_\lambda] = T_\lambda^{gas}\alpha_\lambda^{atm} + T_\lambda^{gas}T_\lambda^{atm}\rho_\lambda \qquad (4-38)$$

式中，α_λ 为波长 λ 的表观反射率；T_λ^{gas} 为吸收气体透过率；α_λ^{atm} 为大气程辐射率

（包括气溶胶反射率与瑞利反射率）；T_λ^{atm} 为包括气溶胶消光及瑞利散射的大气透射率；ρ_λ 为地表反射率。

令 B、R、SW 分别表示蓝光、红光和短波红外波段。假设短波红外和可见光地表反射率呈线性比例关系，表示为

$$\begin{cases} \rho_{\text{B}} = \xi_{\text{B}} \rho_{\text{SW}} \\ \rho_{\text{R}} = \xi_{\text{R}} \rho_{\text{SW}} \end{cases} \tag{4-39}$$

代入式（4-38），得

$$\alpha_{\text{B}} = \left(\frac{T_{\text{B}}^{\text{gas}} T_{\text{B}}^{\text{atm}}}{T_{\text{SW}}^{\text{gas}} T_{\text{SW}}^{\text{atm}}} \xi_{\text{B}} \right) \cdot \alpha_{\text{SW}} + \left(T_{\text{B}}^{\text{gas}} \alpha_{\text{B}}^{\text{atm}} - \left(\frac{T_{\text{B}}^{\text{gas}} T_{\text{B}}^{\text{atm}}}{T_{\text{SW}}^{\text{atm}}} \xi_{\text{B}} \right) \cdot \alpha_{\text{SW}}^{\text{atm}} \right) \tag{4-40}$$

$$\alpha_{\text{R}} = \left(\frac{T_{\text{R}}^{\text{gas}} T_{\text{R}}^{\text{atm}}}{T_{\text{SW}}^{\text{gas}} T_{\text{SW}}^{\text{atm}}} \xi_{\text{R}} \right) \cdot \alpha_{\text{SW}} + \left(T_{\text{R}}^{\text{gas}} \alpha_{\text{R}}^{\text{atm}} - \left(\frac{T_{\text{R}}^{\text{gas}} T_{\text{R}}^{\text{atm}}}{T_{\text{SW}}^{\text{atm}}} \xi_{\text{R}} \right) \cdot \alpha_{\text{SW}}^{\text{atm}} \right) \tag{4-41}$$

将暗像元线拟合方程表示为

$$\alpha_{\text{B}} = S_{\text{B}} \cdot \alpha_{\text{SW}} + I_{\text{B}} \tag{4-42}$$

$$\alpha_{\text{R}} = S_{\text{R}} \cdot \alpha_{\text{SW}} + I_{\text{R}} \tag{4-43}$$

式中，S 为斜率；I 为截距。则有

$$I_{\text{B}} = T_{\text{B}}^{\text{gas}} \alpha_{\text{B}}^{\text{atm}} - S_{\text{B}} T_{\text{SW}}^{\text{gas}} \alpha_{\text{SW}}^{\text{atm}} \tag{4-44}$$

$$I_{\text{R}} = T_{\text{R}}^{\text{gas}} \alpha_{\text{R}}^{\text{atm}} - S_{\text{B}} T_{\text{SW}}^{\text{gas}} \alpha_{\text{SW}}^{\text{atm}} \tag{4-45}$$

MODIS 业务化气溶胶反演算法中吸收气体透过率的改正需要从 NCEP 再分析资料中提取卫星过境邻近时刻的总水汽含量和臭氧柱总量数据。本书采用 6S 模型内置的大气廓线计算相应波段的吸收气体透过率。对于蓝红可见光波段，其吸收气体透过率均接近于 1。对于短波红外波段，大多数类型气溶胶（烟尘、硫酸盐等）的大气散射作用相当微弱，可以忽略不计（Kaufman et al., 1997b）。因此，可以将二维光谱空间暗像元线拟合方程的截距用以下几种形式近似表示：

$$I_{\text{B}}^1 \approx \alpha_{\text{B}}^{\text{atm}}; I_{\text{R}}^1 \approx \alpha_{\text{R}}^{\text{atm}} \tag{4-46}$$

$$I_{\text{B}}^2 \approx \alpha_{\text{B}}^{\text{atm}} - S_{\text{B}} \alpha_{\text{SW}}^{\text{atm}}; I_{\text{R}}^2 \approx \alpha_{\text{R}}^{\text{atm}} - S_{\text{R}} \alpha_{\text{SW}}^{\text{atm}} \tag{4-47}$$

$$I_{\text{B}}^3 \approx T_{\text{B}}^{\text{gas}} \alpha_{\text{B}}^{\text{atm}}; I_{\text{R}}^3 \approx T_{\text{R}}^{\text{gas}} \alpha_{\text{R}}^{\text{atm}} \tag{4-48}$$

$$I_{\text{B}}^4 \approx T_{\text{B}}^{\text{gas}} \alpha_{\text{B}}^{\text{atm}} - S_{\text{B}} T_{\text{SW}}^{\text{gas}} \alpha_{\text{SW}}^{\text{atm}}; I_{\text{R}}^4 \approx T_{\text{R}}^{\text{gas}} \alpha_{\text{R}}^{\text{atm}} - S_{\text{R}} T_{\text{SW}}^{\text{gas}} \alpha_{\text{SW}}^{\text{atm}} \tag{4-49}$$

$$I_{\text{B}}^5 \approx \alpha_{\text{B}}'; I_{\text{R}}^5 \approx \alpha_{\text{R}}' \tag{4-50}$$

式中，α_{B}' 和 α_{R}' 为地表反射率为零时的蓝光、红光波段表观反射率。

为了明确以上形式所产生的近似误差及 AOD 反演误差，利用图 4-27 模拟结果，分别确定不同气溶胶类型、不同 AOD 下暗像元线的截距，计算绝对误差 E：

$$E_{\text{B}}^1 = I_{\text{B}}^1 - \alpha_{\text{B}}^{\text{atm}} \tag{4-51}$$

$$E_{\text{B}}^2 = I_{\text{B}}^2 - \alpha_{\text{B}}^{\text{atm}} + S_{\text{B}} \alpha_{\text{SW}}^{\text{atm}} \tag{4-52}$$

$$E_{\text{B}}^3 = I_{\text{B}}^3 - T_{\text{B}}^{\text{gas}} \alpha_{\text{B}}^{\text{atm}} \tag{4-53}$$

$$E_B^4 = I_B^4 - T_B^{gas}\alpha_B^{atm} + S_B T_{SW}^{gas}\alpha_{SW}^{atm} \tag{4-54}$$

$$E_B^5 = I_B^5 - \alpha_B' \tag{4-55}$$

然后，遍历耦合各截距近似形式的查找表反演未受云影响条件下的 AOD，并以截距绝对误差 E 和 AOD 反演相对误差两个指标评价各形式的反演精度，结果见表 4-7～表 4-10。

表 4-7　未受云影响条件下蓝光波段暗像元线截距绝对误差

气溶胶类型	AOD 真值	E_B^1	E_B^2	E_B^3	E_B^4	E_B^5
大陆型	0.1	-1.30×10^{-3}	-1.11×10^{-3}	-1.23×10^{-4}	3.60×10^{-5}	-2.37×10^{-4}
	0.2	-1.53×10^{-3}	-1.21×10^{-3}	-2.32×10^{-4}	4.18×10^{-5}	-3.50×10^{-4}
	0.3	-1.75×10^{-3}	-1.31×10^{-3}	-3.32×10^{-4}	4.73×10^{-5}	-4.51×10^{-4}
	0.4	-1.97×10^{-3}	-1.41×10^{-3}	-4.20×10^{-4}	5.24×10^{-5}	-5.40×10^{-4}
	0.5	-2.17×10^{-3}	-1.52×10^{-3}	-4.98×10^{-4}	5.71×10^{-5}	-6.20×10^{-4}
	0.6	-2.36×10^{-3}	-1.62×10^{-3}	-5.66×10^{-4}	6.16×10^{-5}	-6.89×10^{-4}
	0.7	-2.54×10^{-3}	-1.73×10^{-3}	-6.25×10^{-4}	6.57×10^{-5}	-7.49×10^{-4}
	0.8	-2.70×10^{-3}	-1.83×10^{-3}	-6.76×10^{-4}	6.94×10^{-5}	-8.00×10^{-4}
	0.9	-2.86×10^{-3}	-1.93×10^{-3}	-7.19×10^{-4}	7.27×10^{-5}	-8.43×10^{-4}
	1.0	-3.00×10^{-3}	-2.02×10^{-3}	-7.56×10^{-4}	7.54×10^{-5}	-8.79×10^{-4}
城市型	0.1	-1.21×10^{-3}	-1.09×10^{-3}	-6.09×10^{-5}	3.97×10^{-5}	-1.73×10^{-4}
	0.2	-1.34×10^{-3}	-1.16×10^{-3}	-1.08×10^{-4}	4.77×10^{-5}	-2.20×10^{-4}
	0.3	-1.45×10^{-3}	-1.22×10^{-3}	-1.43×10^{-4}	5.41×10^{-5}	-2.54×10^{-4}
	0.4	-1.55×10^{-3}	-1.28×10^{-3}	-1.68×10^{-4}	5.94×10^{-5}	-2.77×10^{-4}
	0.5	-1.62×10^{-3}	-1.33×10^{-3}	-1.84×10^{-4}	6.35×10^{-5}	-2.92×10^{-4}
	0.6	-1.69×10^{-3}	-1.38×10^{-3}	-1.94×10^{-4}	6.69×10^{-5}	-3.00×10^{-4}
	0.7	-1.74×10^{-3}	-1.43×10^{-3}	-1.98×10^{-4}	6.95×10^{-5}	-3.02×10^{-4}
	0.8	-1.79×10^{-3}	-1.47×10^{-3}	-1.98×10^{-4}	7.14×10^{-5}	-2.99×10^{-4}
	0.9	-1.82×10^{-3}	-1.51×10^{-3}	-1.94×10^{-4}	7.28×10^{-5}	-2.93×10^{-4}
	1.0	-1.84×10^{-3}	-1.54×10^{-3}	-1.88×10^{-4}	7.34×10^{-5}	-2.84×10^{-4}
生物质燃烧型	0.1	-1.31×10^{-3}	-1.13×10^{-3}	-1.21×10^{-4}	3.17×10^{-5}	-2.38×10^{-4}
	0.2	-1.57×10^{-3}	-1.26×10^{-3}	-2.28×10^{-4}	3.62×10^{-5}	-3.48×10^{-4}
	0.3	-1.82×10^{-3}	-1.39×10^{-3}	-3.20×10^{-4}	4.19×10^{-5}	-4.46×10^{-4}
	0.4	-2.06×10^{-3}	-1.53×10^{-3}	-4.01×10^{-4}	4.82×10^{-5}	-5.30×10^{-4}
	0.5	-2.29×10^{-3}	-1.68×10^{-3}	-4.71×10^{-4}	5.49×10^{-5}	-6.03×10^{-4}
	0.6	-2.52×10^{-3}	-1.82×10^{-3}	-5.31×10^{-4}	6.15×10^{-5}	-6.66×10^{-4}

续表

气溶胶类型	AOD 真值	E_B^1	E_B^2	E_B^3	E_B^4	E_B^5
生物质燃烧型	0.7	-2.73×10^{-3}	-1.97×10^{-3}	-5.81×10^{-4}	6.79×10^{-5}	-7.19×10^{-4}
	0.8	-2.93×10^{-3}	-2.11×10^{-3}	-6.24×10^{-4}	7.39×10^{-5}	-7.63×10^{-4}
	0.9	-3.12×10^{-3}	-2.25×10^{-3}	-6.59×10^{-4}	7.93×10^{-5}	-8.00×10^{-4}
	1.0	-3.29×10^{-3}	-2.39×10^{-3}	-6.88×10^{-4}	8.40×10^{-5}	-8.29×10^{-4}

表 4-8　未受云影响条件下红光波段暗像元线截距绝对误差

气溶胶类型	AOD 真值	E_R^1	E_R^2	E_R^3	E_R^4	E_R^5
大陆型	0.1	-2.02×10^{-3}	-1.61×10^{-3}	-1.85×10^{-4}	1.61×10^{-4}	-4.96×10^{-4}
	0.2	-2.73×10^{-3}	-2.01×10^{-3}	-4.69×10^{-4}	1.40×10^{-4}	-7.81×10^{-4}
	0.3	-3.43×10^{-3}	-2.43×10^{-3}	-7.31×10^{-4}	1.23×10^{-4}	-1.04×10^{-3}
	0.4	-4.12×10^{-3}	-2.85×10^{-3}	-9.71×10^{-4}	1.11×10^{-4}	-1.29×10^{-3}
	0.5	-4.80×10^{-3}	-3.28×10^{-3}	-1.19×10^{-3}	1.02×10^{-4}	-1.51×10^{-3}
	0.6	-5.47×10^{-3}	-3.72×10^{-3}	-1.39×10^{-3}	9.54×10^{-5}	-1.71×10^{-3}
	0.7	-6.12×10^{-3}	-4.17×10^{-3}	-1.57×10^{-3}	9.10×10^{-5}	-1.89×10^{-3}
	0.8	-6.75×10^{-3}	-4.61×10^{-3}	-1.74×10^{-3}	8.84×10^{-5}	-2.06×10^{-3}
	0.9	-7.36×10^{-3}	-5.05×10^{-3}	-1.88×10^{-3}	8.97×10^{-5}	-2.20×10^{-3}
	1.0	-7.94×10^{-3}	-5.47×10^{-3}	-2.02×10^{-3}	8.84×10^{-5}	-2.34×10^{-3}
城市型	0.1	-1.82×10^{-3}	-1.55×10^{-3}	-5.40×10^{-5}	1.71×10^{-4}	-3.65×10^{-4}
	0.2	-2.29×10^{-3}	-1.87×10^{-3}	-2.03×10^{-4}	1.60×10^{-4}	-5.15×10^{-4}
	0.3	-2.73×10^{-3}	-2.17×10^{-3}	-3.26×10^{-4}	1.55×10^{-4}	-6.39×10^{-4}
	0.4	-3.14×10^{-3}	-2.46×10^{-3}	-4.26×10^{-4}	1.53×10^{-4}	-7.40×10^{-4}
	0.5	-3.50×10^{-3}	-2.73×10^{-3}	-5.08×10^{-4}	1.53×10^{-4}	-8.22×10^{-4}
	0.6	-3.84×10^{-3}	-2.99×10^{-3}	-5.71×10^{-4}	1.55×10^{-4}	-8.86×10^{-4}
	0.7	-4.16×10^{-3}	-3.24×10^{-3}	-6.20×10^{-4}	1.59×10^{-4}	-9.35×10^{-4}
	0.8	-4.44×10^{-3}	-3.48×10^{-3}	-6.55×10^{-4}	1.63×10^{-4}	-9.70×10^{-4}
	0.9	-4.71×10^{-3}	-3.71×10^{-3}	-6.79×10^{-4}	1.68×10^{-4}	-9.94×10^{-4}
	1.0	-4.93×10^{-3}	-3.92×10^{-3}	-6.92×10^{-4}	1.75×10^{-4}	-1.01×10^{-3}
生物质燃烧型	0.1	-2.05×10^{-3}	-1.66×10^{-3}	-1.85×10^{-4}	1.50×10^{-4}	-4.96×10^{-4}
	0.2	-2.81×10^{-3}	-2.12×10^{-3}	-4.68×10^{-4}	1.22×10^{-4}	-7.81×10^{-4}
	0.3	-3.57×10^{-3}	-2.60×10^{-3}	-7.26×10^{-4}	1.02×10^{-4}	-1.04×10^{-3}
	0.4	-4.34×10^{-3}	-3.11×10^{-3}	-9.62×10^{-4}	8.76×10^{-5}	-1.28×10^{-3}
	0.5	-5.09×10^{-3}	-3.62×10^{-3}	-1.18×10^{-3}	7.80×10^{-5}	-1.50×10^{-3}
	0.6	-5.84×10^{-3}	-4.14×10^{-3}	-1.37×10^{-3}	7.23×10^{-5}	-1.69×10^{-3}

气溶胶类型	AOD 真值	E_R^1	E_R^2	E_R^3	E_R^4	E_R^5
生物质燃烧型	0.7	-6.57×10^{-3}	-4.67×10^{-3}	-1.55×10^{-3}	6.96×10^{-5}	-1.87×10^{-3}
	0.8	-7.30×10^{-3}	-5.21×10^{-3}	-1.71×10^{-3}	6.94×10^{-5}	-2.04×10^{-3}
	0.9	-8.01×10^{-3}	-5.75×10^{-3}	-1.86×10^{-3}	7.11×10^{-5}	-2.18×10^{-3}
	1.0	-8.71×10^{-3}	-6.29×10^{-3}	-1.99×10^{-3}	7.46×10^{-5}	-2.32×10^{-3}

表 4-9 未受云影响条件下蓝光波段 AOD 反演相对误差　　　（单位：%）

气溶胶类型	AOD 真值	I_B^1	I_B^2	I_B^3	I_B^4	I_B^5
大陆型	0.1	-16.87	-15.51	-1.61	-0.28	-3.13
	0.2	-9.72	-8.45	-1.50	-0.32	-2.25
	0.3	-7.35	-6.12	-1.41	-0.28	-1.92
	0.4	-6.20	-4.97	-1.34	-0.23	-1.73
	0.5	-5.53	-4.30	-1.29	-0.18	-1.61
	0.6	-5.12	-3.87	-1.25	-0.12	-1.52
	0.7	-4.86	-3.58	-1.22	-0.07	-1.46
	0.8	-4.69	-3.37	-1.20	-0.01	-1.42
	0.9	-4.58	-3.22	-1.18	0.05	-1.38
	1.0	-4.53	-3.11	-1.17	0.12	-1.36
城市型	0.1	-21.52	-20.85	-1.11	-0.43	-3.15
	0.2	-12.90	-12.25	-1.07	-0.43	-2.17
	0.3	-10.19	-9.51	-1.03	-0.38	-1.83
	0.4	-8.99	-8.26	-1.01	-0.31	-1.66
	0.5	-8.42	-7.63	-0.99	-0.23	-1.57
	0.6	-8.20	-7.33	-0.98	-0.14	-1.52
	0.7	-8.22	-7.26	-0.98	-0.04	-1.50
	0.8	-8.42	-7.35	-0.99	0.09	-1.49
	0.9	-8.76	-7.56	-1.00	0.23	-1.51
	1.0	-9.21	-7.87	-1.01	0.41	-1.53
生物质燃烧型	0.1	-14.51	-13.46	-1.36	-0.34	-2.66
	0.2	-8.11	-7.17	-1.19	-0.33	-1.82
	0.3	-6.01	-5.12	-1.07	-0.27	-1.49
	0.4	-4.99	-4.12	-0.99	-0.21	-1.30
	0.5	-4.41	-3.56	-0.92	-0.16	-1.18
	0.6	-4.05	-3.20	-0.87	-0.11	-1.09

续表

气溶胶类型	AOD 真值	I_B^1	I_B^2	I_B^3	I_B^4	I_B^5
生物质燃烧型	0.7	−3.83	−2.96	−0.83	−0.06	−1.03
	0.8	−3.69	−2.80	−0.80	−0.01	−0.98
	0.9	−3.60	−2.69	−0.78	0.04	−0.95
	1.0	−3.54	−2.60	−0.76	0.09	−0.91

表 4-10 未受云影响条件下红光波段 AOD 反演相对误差 （单位：%）

气溶胶类型	AOD 真值	I_R^1	I_R^2	I_R^3	I_R^4	I_R^5
大陆型	0.1	−36.67	−32.62	−3.60	1.47	−9.67
	0.2	−23.65	−19.71	−4.36	−0.03	−7.27
	0.3	−19.21	−15.39	−4.40	−0.35	−6.29
	0.4	−17.01	−13.26	−4.31	−0.41	−5.71
	0.5	−15.61	−11.91	−4.17	−0.37	−5.27
	0.6	−14.61	−10.96	−4.01	−0.29	−4.92
	0.7	−13.90	−10.29	−3.86	−0.19	−4.64
	0.8	−13.40	−9.81	−3.73	−0.08	−4.41
	0.9	−13.17	−9.58	−3.65	0.04	−4.27
	1.0	−13.20	−9.57	−3.64	0.17	−4.21
城市型	0.1	−40.79	−38.43	−1.32	1.77	−8.89
	0.2	−26.36	−24.07	−2.54	0.14	−6.44
	0.3	−21.66	−19.35	−2.82	−0.21	−5.53
	0.4	−19.52	−17.16	−2.92	−0.27	−5.06
	0.5	−18.28	−15.85	−2.91	−0.21	−4.70
	0.6	−17.39	−14.89	−2.84	−0.09	−4.40
	0.7	−16.74	−14.17	−2.76	0.07	−4.14
	0.8	−16.31	−13.67	−2.67	0.25	−3.94
	0.9	−16.05	−13.34	−2.58	0.42	−3.77
	1.0	−16.59	−13.82	−3.00	0.70	−4.15
生物质燃烧型	0.1	−33.88	−30.29	−3.25	1.07	−8.76
	0.2	−21.65	−18.28	−3.85	−0.22	−6.43
	0.3	−17.44	−14.23	−3.80	−0.45	−5.44
	0.4	−15.33	−12.22	−3.65	−0.47	−4.85
	0.5	−14.06	−11.02	−3.50	−0.41	−4.44
	0.6	−13.19	−10.19	−3.34	−0.32	−4.12

续表

气溶胶类型	AOD 真值	I_R^1	I_R^2	I_R^3	I_R^4	I_R^5
生物质燃烧型	0.7	−12.55	−9.59	−3.19	−0.22	−3.85
	0.8	−12.08	−9.15	−3.06	−0.11	−3.64
	0.9	−11.74	−8.83	−2.95	0.00	−3.46
	1.0	−11.51	−8.59	−2.85	0.11	−3.32

对于各种气溶胶类型，除 I_B^4 外，二维光谱空间回归分析法确定的截距较其他几种近似形式均偏低。尤其是与 I_B^1 实际大气程辐射率的近似误差最大，这是由 2.2μm 通道对大气分子、气溶胶不敏感的假设造成的。0.49μm 和 0.66μm 各形式近似误差的绝对值基本随 AOD 的增大而增大；相同 AOD 水平下，0.49μm 各形式近似误差的绝对值一般要比 0.66μm 小。

从 AOD 反演相对误差来看，不同 AOD 水平下，除 I_B^4 外，由暗像元线截距按其他几种近似形式进行 AOD 反演，均造成 AOD 反演值的低估；I_B^4 的 AOD 反演误差最小，但其包含了大气透过率、暗像元线截距、斜率的综合影响，使得反演结果不稳定，AOD 反演相对误差有正有负。以 AOD 真值 0.5 为例，不同气溶胶类型下，各指标反演 AOD 准确度的排序如下：

大陆型，$I_B^4 > I_R^4 > I_B^3 > I_B^5 > I_R^3 > I_B^2 > I_R^5 > I_B^1 > I_R^2 > I_R^1$；
城市型，$I_R^4 > I_B^4 > I_B^3 > I_B^5 > I_R^3 > I_R^5 > I_B^2 > I_B^1 > I_R^2 > I_R^1$；
生物质燃烧型，$I_B^4 > I_R^4 > I_B^3 > I_B^5 > I_R^3 > I_B^2 > I_B^1 > I_R^5 > I_R^2 > I_R^1$。

以上模拟结果表明，二维光谱空间回归分析法反演 AOD 的精度与反演指标、反演波段及气溶胶类型有关。整体上，蓝光波段反演效果要优于红光波段。以大陆型 AOD 真值 0.5 为例，回归分析法确定的暗像元截距较大气程辐射率（I_B^1）实际值偏低 0.0022，造成 AOD 反演绝对误差为−0.0277，相对误差仅为−5.53%，而利用其他近似形式的反演误差更低。利用回归分析法确定近似程辐射率产生的 AOD 反演误差主要与气溶胶对 2.2μm 通道表观反射率的贡献有关，即随实际 AOD 水平变化而变化。因此还可以进一步利用辐射传输模型构建出不同气溶胶类型、观测几何条件下近似程辐射率反演 AOD 与理论 AOD 真值之间的转换关系，从而修正反演误差。

2. 反演实例

以下基于真实的 Landsat TM、ETM＋、OLI 影像数据，以星地数据匹配的 AERONET Level 2.0 AOD 资料为验证数据，来检验程辐射消减模型的反演效果。

1）构建查找表

研究区考虑了不同地表和气候特征，国内选择了 AERONET 北京、香河、兴隆和太湖四个站点。北京站位于中国科学院大气物理研究所的楼顶（39.98°N，116.38°E），海拔 92m，站点周围主要土地利用类型为道路和城市居民区。香河站位于距离北京市中心 65km 的廊坊市香河县（39.75°N，116.96°E），海拔 36m，站点周围土地利用类型以农田和建筑为主。兴隆站位于河北省兴隆县，燕山主峰南麓（40.40°N，117.58°E），海拔 970m，周围主要土地覆被为森林植被，其大气状况代表华北地区区域大气本底值。太湖站位于长江流域下游太湖梅梁湾的东岸（31.42°N，120.22°E），海拔 20m。

　　由于 Landsat 每 16 天重复覆盖一次，为了增加验证样本数量，还收集了美国东北部两个站点的星地数据：Howland（45.20°N，68.73°W）始建于 1987 年，位于缅因州班戈市北部针阔叶混交森林地带，海拔 100m；Harvard_Forest（42.53°N，72.19°W）位于马萨诸塞州一个空旷的牧场中，海拔 322m。Knapp（2002）将美国境内 33 个 AERONET 站点气溶胶观测值输入 6S 模型进行模拟，在假设气溶胶类型为大陆型时，所模拟的表观反射率结果与相应时刻 GOES 卫星可见光波段表观反射率基本一致。张军华等（2003）、He 等（2014a）的研究也指出，对于中国大陆地区大范围气溶胶光学特性的遥感应用，6S 模型缺省大陆型气溶胶是一个比较符合实际的气溶胶类型。因此，以下反演实例中气溶胶类型均设定为大陆型。

　　除了气溶胶模式，查找表构建时的输入参数还包括观测时间、大气模式、观测几何、地面高度、传感器高度、传感器的光谱条件及地表特性等。观测时间和观测几何从影像头文件中读取，Landsat 头文件中给出的是太阳高度角，需要转换为太阳天顶角输入 6S 模型中。大气模式根据影像获取时间设置为中纬度夏季（5～9 月）或中纬度冬季（10～4 月）。地面高度以卷积窗口中心像元即 AERONET 站点的海拔为参考。传感器高度设置为–1000，表示星载传感器。传感器的光谱条件根据光谱响应函数（图 4-30）或者 6S 模型内置的波段代号输入。地表反射率设

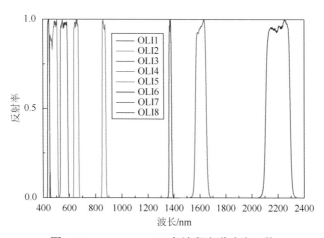

图 4-30　Landsat 8 OLI 各波段光谱响应函数

置为 0。所生成的查找表中，除了不同 AOD 水平下的蓝光、红光、短波红外波段大气程辐射率（包括气溶胶反射率与瑞利反射率）、大气透射率（包括气溶胶消光及瑞利散射）、吸收气体透过率、表观反射率（地表反射率为零时）之外，还耦合了模拟验证中设计的暗像元线截距的几种近似形式指标。

2）AERONET 数据处理

为统一比较，对于 AERONET 各有效观测记录数据，通过 1020nm、870nm、675nm、500nm、440nm 等波段处的 level2.0 AOD，利用 Angstrom 公式进行非线性拟合，计算得到 550nm 处的 AOD，然后统计卫星过境时刻 1h 时间窗口内所有观测结果的均值，作为 AOD 观测真值。

3）数据分类

根据影像特征将验证数据按天气状况和季节月份进行分类。首先对 Landsat 原始影像进行辐射定标，将图像亮度值转换为表观反射率。对于 TM 和 ETM + 数据，根据公式计算出大气层顶反射率 ρ_λ：

$$\rho_\lambda = (\pi L_\lambda d^2) / (\mathrm{ESUN}_\lambda \cos\theta_z) \tag{4-56}$$

式中，L_λ 为波段 λ 的大气顶部光谱辐射值；ESUN_λ 为大气顶部平均太阳辐照度；d 为日-地天文单位距离；θ_z 为影像中心的太阳天顶角；也可采用太阳高度角 θ_E，但要采用正弦函数 $\sin\theta_E$。

对于 OLI 数据，根据公式计算表观反射率：

$$\rho_\lambda = (M_\rho Q_{\mathrm{cal}} + A_\rho) / \cos\theta_z \tag{4-57}$$

式中，Q_{cal} 为影像以 16 位量化的亮度值（DN）；M_ρ 为波段 λ 的反射率调整因子，在 MTL 头文件中为语句 REFLECTANCE_MULT_BAND_x 后的数值；A_ρ 为波段 λ 的反射率调整参数，在 MTL 文件中为语句 REFLECTANCE_ADD_BAND_x 后的数值；x 为相应波段的代号。

然后，以 AERONET 站点坐标为中心，以 12km×12km 矩形框裁剪云识别区，针对 TM、ETM +、OLI 不同传感器采用相应规则进行云检测。图 4-31 和图 4-32 是本反演模型算法的云识别结果。图 4-31（a）为近红外、红、绿假彩色合成影像；图 4-31（b）为 ACCA "光谱云识别"结果，白色为云，绿色为疑似云；图 4-31（c）为 ACCA 算法结合 HSV 色彩空间变换方法的云检测结果；图 4-31（d）为最终图像分类结果，白色为云，绿色为暗像元，黑色为非暗像元。图 4-32（b）为 QA 波段云掩膜结果，图 4-32（c）为综合 QA 波段和 HSV 色彩空间的云检测效果，图 4-32（a）和图 4-32（d）所示颜色和图 4-31 一致。从目视效果上看，本反演模型中云检测算法能较好地检测出影像上的云覆盖。根据云检测结果，将验证数据分为晴天和多云天两类。按照影像采集时间，将验证数据分为"夏秋（5～9 月）"和"冬春（10～4 月）"两类。

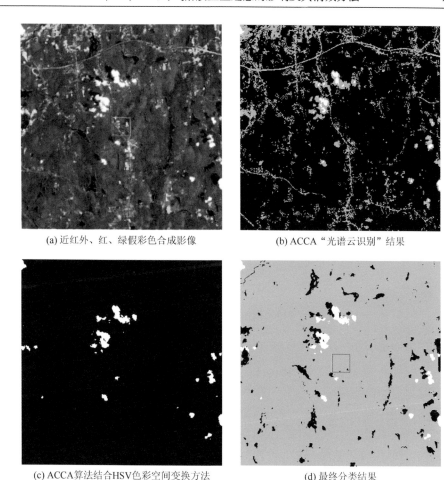

(a) 近红外、红、绿假彩色合成影像　　　　　　(b) ACCA "光谱云识别" 结果

(c) ACCA算法结合HSV色彩空间变换方法　　　　　(d) 最终分类结果
所得云检测结果

图 4-31　2008-05-27 Harvard_Forest TM 数据云检测结果

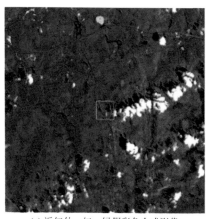

(a) 近红外、红、绿假彩色合成影像　　　　　　　(b) QA波段云掩膜结果

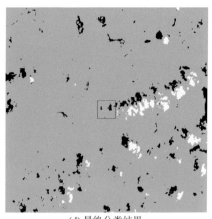

(c) 综合QA波段和HSV色彩空间的云检测效果　　　　　　(d) 最终分类结果

图 4-32　　2013-07-12 Harvard_Forest OLI 数据云检测结果

4）验证结果

获取的星地匹配的验证样本总数为：夏秋季节晴天 53 对，冬春季节晴天 56 对，夏秋季节多云天 25 对，冬春季节多云天 10 对。表 4-11 和表 4-12 分别为晴天夏秋季节和冬春季节 3km 卷积窗口验证结果。表中 $M1$、$M2$、$M3$ 分别代表初始暗像元集合、筛选暗像元集合和预测区间估计所得到的拟合线截距。从相关系数来看，利用二维光谱空间回归分析法从卫星影像数据中反演得到的大气 AOD 与地基观测结果具有很好的一致性，各近似形式各模型验证结果的相关系数都在 0.9 左右。从有效反演数量来看，各近似形式各模型蓝光波段的反演能力均优于相应的红光波段。由于本反演模型查找表中 AOD 范围设置为 0.0～2.0，因此，将反演值超出这个范围的情况视为无效反演结果。从平均相对误差来看，蓝光波段近似 I_B^1 即大气程辐射率的反演效果较好，晴天夏秋季节 $M2$ 模型即利用筛选暗像元集合拟合回归线截距反演精度较高，有效反演样本 50 对，平均相对误差 23.01%，平均绝对误差 0.12；晴天冬春季节 $M3$ 模型即利用预测区间估计所确定的截距反演精度较高，有效反演样本 54 对，平均相对误差 26.01%，平均绝对误差 0.10，而 $M2$ 模型平均相对误差 38.69%，平均绝对误差 0.12。$M2$ 模型冬春季节的反演精度较夏秋季节降低，产生这种情况的原因可能是，夏秋季节研究区植被长势良好，而冬春季节，由于大部分植被落叶，茂密程度大大降低，地面反射率的贡献以土壤为主，使得筛选得到的暗像元集合亮度仍然偏高。因此，预测区间估计方法同样适用于晴天冬春季节。预测区间估计所得到的截距是由影像自身暗像元集合的客观分布所确定的，具有一定的内在机理。

综合表 4-11 和表 4-12 各误差评价指标来看，利用蓝光波段筛选暗像元集合拟合回归线截距与查找表中大气程辐射率相匹配，适用于研究区晴天夏秋季节的 AOD

反演应用；利用蓝光波段预测区间估计截距与查找表中大气程辐射率相匹配，适用于研究区晴天冬春季节的 AOD 反演应用。为了检验以上反演模型算法在更高分辨率尺度上的反演效果，基于同样的星地匹配的验证样本数据，采用 35 像元×35 像元卷积窗口（约 1km×1km）构建蓝光-短波红外二维光谱空间，进行算法适用性验证对比，结果见表 4-13。晴天夏秋季节 M2 模型有效反演样本 53 对，平均相对误差 24.90%，平均绝对误差 0.12；晴天冬春季节 M3 模型有效反演样本 48 对，平均相对误差 28.85%，平均绝对误差 0.11。随着卷积窗口尺度的缩小，冬春季节暗像元分布大大减少，造成有效反演数量也有所降低。但整体来看，在 1km 分块尺度上，本书的研究算法反演得到的大气 AOD 与地基观测结果仍然具有很好的一致性。

表 4-11　晴天夏秋季节算法验证结果（3km 卷积窗口）

形式	模型	绝对误差			相对误差/%			均方根误差	相关系数	有效反演样本数量/对
		平均值	最小值	最大值	平均值	最小值	最大值			
I_B^1	M1	0.12	0.01	0.55	47.43	0.83	374.22	0.16	0.97	52
	M2	0.12	0.00	0.66	23.01	0.20	65.65	0.20	0.96	50
	M3	0.13	0.01	0.50	34.21	1.29	99.85	0.18	0.95	47
I_B^2	M1	0.13	0.00	0.59	49.66	1.04	380.70	0.18	0.97	52
	M2	0.11	0.00	0.68	23.59	0.02	69.72	0.19	0.96	48
	M3	0.13	0.01	0.52	33.82	0.63	99.36	0.18	0.95	47
I_B^3	M1	0.14	0.01	0.59	55.49	2.08	444.51	0.18	0.97	51
	M2	0.13	0.00	0.71	24.32	1.94	76.24	0.21	0.96	50
	M3	0.13	0.00	0.54	30.42	0.39	82.27	0.19	0.95	47
I_B^4	M1	0.15	0.01	0.62	57.68	0.16	450.77	0.20	0.97	51
	M2	0.14	0.00	0.73	25.17	0.36	79.97	0.22	0.96	50
	M3	0.13	0.00	0.56	30.16	0.51	81.73	0.19	0.95	47
I_B^5	M1	0.13	0.01	0.59	53.82	0.45	437.77	0.18	0.97	52
	M2	0.13	0.00	0.71	24.22	2.87	75.11	0.21	0.96	50
	M3	0.13	0.00	0.54	30.80	0.30	84.15	0.19	0.95	47
I_R^1	M1	0.14	0.00	0.45	65.19	0.62	779.94	0.18	0.97	50
	M2	0.18	0.01	0.68	44.35	2.06	204.11	0.25	0.94	45
	M3	0.16	0.00	0.50	28.25	0.35	94.84	0.20	0.93	36
I_R^2	M1	0.17	0.01	0.53	73.30	1.70	822.26	0.22	0.97	49
	M2	0.19	0.00	0.72	46.58	0.67	219.42	0.27	0.94	45
	M3	0.17	0.00	0.53	28.27	0.02	93.94	0.21	0.93	36
I_R^3	M1	0.19	0.00	0.61	86.29	2.94	967.95	0.24	0.97	49
	M2	0.22	0.00	0.85	56.83	1.85	353.48	0.31	0.94	43
	M3	0.17	0.00	0.65	29.80	0.20	78.56	0.24	0.94	37

形式	模型	绝对误差			相对误差/%			均方根误差	相关系数	有效反演样本数量/对
		平均值	最小值	最大值	平均值	最小值	最大值			
I_R^4	$M1$	0.21	0.00	0.70	96.99	1.06	1013.67	0.27	0.96	47
	$M2$	0.21	0.00	0.75	61.03	1.47	372.41	0.28	0.92	40
	$M3$	0.18	0.00	0.69	30.71	0.86	77.00	0.25	0.94	37
I_R^5	$M1$	0.20	0.01	0.61	83.44	4.63	943.60	0.25	0.97	50
	$M2$	0.21	0.00	0.69	54.84	0.74	327.76	0.28	0.94	42
	$M3$	0.18	0.00	0.65	31.26	0.43	84.07	0.24	0.94	36

表 4-12 晴天冬春季节算法验证结果（3km 卷积窗口）

形式	模型	绝对误差			相对误差/%			均方根误差	相关系数	有效反演样本数量/对
		平均值	最小值	最大值	平均值	最小值	最大值			
I_B^1	$M1$	0.14	0.00	0.40	55.00	0.10	267.82	0.17	0.96	56
	$M2$	0.12	0.00	0.61	38.69	0.75	142.84	0.17	0.91	56
	$M3$	0.10	0.00	0.67	26.01	0.19	74.52	0.15	0.92	54
I_B^2	$M1$	0.15	0.01	0.41	58.30	0.59	273.33	0.18	0.96	56
	$M2$	0.13	0.00	0.59	40.05	0.12	146.97	0.17	0.92	56
	$M3$	0.10	0.00	0.65	25.90	0.13	73.71	0.15	0.93	54
I_B^3	$M1$	0.16	0.00	0.44	66.60	0.09	304.74	0.19	0.96	56
	$M2$	0.14	0.00	0.54	47.27	0.79	167.39	0.18	0.92	56
	$M3$	0.09	0.00	0.60	27.32	1.01	97.25	0.14	0.93	56
I_B^4	$M1$	0.18	0.02	0.45	69.98	1.59	310.27	0.20	0.97	56
	$M2$	0.14	0.00	0.52	48.87	1.99	171.40	0.18	0.92	56
	$M3$	0.09	0.00	0.58	27.38	0.02	96.92	0.14	0.93	56
I_B^5	$M1$	0.16	0.00	0.44	65.68	0.48	302.35	0.19	0.96	56
	$M2$	0.14	0.00	0.54	46.47	0.42	165.03	0.18	0.92	56
	$M3$	0.09	0.00	0.60	27.46	0.76	99.13	0.14	0.93	56
I_R^1	$M1$	0.22	0.00	0.67	76.90	2.23	317.44	0.29	0.93	55
	$M2$	0.24	0.00	0.84	75.40	0.94	223.34	0.31	0.90	53
	$M3$	0.18	0.01	0.56	48.36	5.57	143.00	0.22	0.92	47
I_R^2	$M1$	0.25	0.01	0.74	88.49	3.05	339.94	0.32	0.92	54
	$M2$	0.25	0.00	0.69	81.29	1.40	234.55	0.31	0.89	52
	$M3$	0.19	0.02	0.59	50.39	4.25	150.42	0.23	0.92	47
I_R^3	$M1$	0.30	0.01	0.81	107.20	8.55	402.17	0.36	0.91	53
	$M2$	0.30	0.02	0.81	100.75	4.94	273.40	0.36	0.88	51
	$M3$	0.21	0.01	0.79	54.90	2.16	179.57	0.28	0.91	46

续表

形式	模型	绝对误差			相对误差/%			均方根误差	相关系数	有效反演样本数量/对
		平均值	最小值	最大值	平均值	最小值	最大值			
I_R^4	M1	0.33	0.02	0.86	121.12	14.97	429.20	0.39	0.90	52
	M2	0.32	0.01	0.86	107.66	9.28	284.84	0.39	0.88	51
	M3	0.21	0.00	0.83	58.53	0.18	187.94	0.28	0.90	46
I_R^5	M1	0.29	0.01	0.81	106.29	8.24	400.39	0.35	0.91	53
	M2	0.30	0.02	0.81	100.02	4.75	272.32	0.36	0.88	51
	M3	0.21	0.01	0.79	54.93	1.90	178.54	0.28	0.91	46

表 4-13　晴天 1km 卷积窗口蓝光波段大气程辐射率算法验证结果

季节	模型	绝对误差			相对误差/%			均方根误差	相关系数	有效反演样本数量/对
		平均值	最小值	最大值	平均值	最小值	最大值			
夏秋	M1	0.14	0.01	0.67	44.97	1.38	343.11	0.20	0.97	51
	M2	0.12	0.00	0.67	24.90	0.36	72.74	0.19	0.97	53
	M3	0.11	0.00	0.57	25.30	0.05	72.40	0.16	0.97	46
冬春	M1	0.14	0.00	0.54	46.23	4.17	280.40	0.17	0.97	56
	M2	0.14	0.01	0.46	42.49	0.76	130.12	0.19	0.90	54
	M3	0.11	0.00	0.58	28.85	0.60	89.15	0.16	0.91	48

表 4-14 和表 4-15 分别为利用 3km 和 1km 卷积窗口蓝光波段大气程辐射率对多云天影像数据的反演验证结果。相比其他模型，无论是夏秋季节还是冬春季节，利用蓝光波段预测区间估计截距与查找表中大气程辐射率相匹配的反演模型 M3，均大大提高了反演精度，起到了消减云影响的作用效果。

表 4-14　多云天 3km 卷积窗口蓝光波段大气程辐射率算法验证结果

季节	模型	绝对误差			相对误差/%			均方根误差	相关系数	有效反演样本数量/对
		平均值	最小值	最大值	平均值	最小值	最大值			
夏秋	M1	0.17	0.03	0.40	94.28	3.11	589.59	0.20	0.97	20
	M2	0.15	0.01	0.42	85.78	3.92	399.50	0.19	0.98	22
	M3	0.09	0.01	0.36	49.22	2.76	270.30	0.12	0.98	20
冬春	M1	0.22	0.03	0.39	128.44	19.93	493.16	0.25	0.98	9
	M2	0.14	0.05	0.36	73.30	13.79	164.42	0.17	0.99	9
	M3	0.07	0.03	0.16	39.59	5.02	90.35	0.08	0.99	9

表 4-15 多云天 1km 卷积窗口蓝光波段大气程辐射率算法验证结果

季节	模型	绝对误差			相对误差/%			均方根误差	相关系数	有效反演样本数量/对
		平均值	最小值	最大值	平均值	最小值	最大值			
夏秋	M1	0.23	0.00	0.64	146.90	0.70	737.18	0.30	0.93	20
	M2	0.19	0.02	0.85	96.52	8.48	382.24	0.27	0.94	22
	M3	0.10	0.00	0.58	42.65	1.28	204.39	0.17	0.96	22
冬春	M1	0.21	0.01	0.43	135.48	19.53	447.04	0.24	0.95	8
	M2	0.13	0.07	0.33	90.40	12.94	229.32	0.15	0.98	8
	M3	0.07	0.00	0.24	26.68	2.80	46.01	0.10	0.98	7

　　为更加直观描述验证数据准确性的总体变化情况，有必要制作准确性验证散点图即模型反演结果与 AERONET 监测大气 AOD 散点图。以 AERONET 提供大气 AOD 为横轴，反演得到的大气 AOD 为纵轴，分别制作了不同类别数据的准确性验证散点图，如图 4-33～图 4-36 所示。

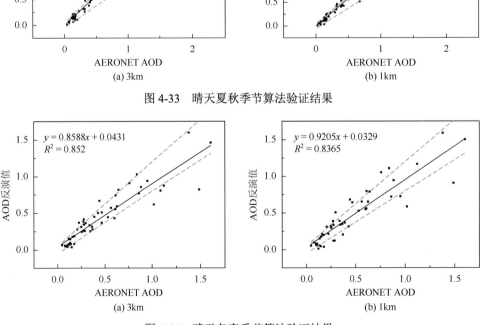

图 4-33 晴天夏秋季节算法验证结果

图 4-34 晴天冬春季节算法验证结果

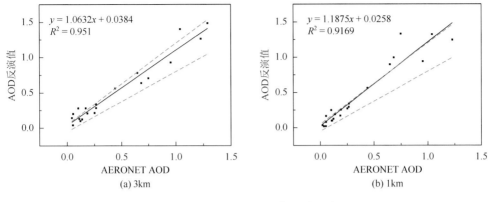

图 4-35　多云天夏秋季节算法验证结果

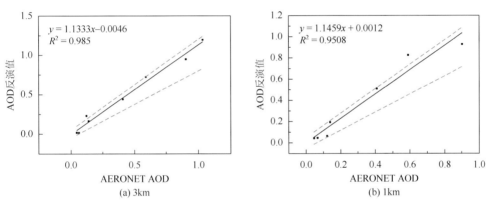

图 4-36　多云天冬春季节算法验证结果

图中虚线是 MODIS 的标准误差线，为 $\pm 0.05 \pm 0.15 \tau_a$，其中 τ_a 为 AERONET AOD。可以看出，对于晴天在 AOD 较大时（AOD＞1.0），本算法符合标准误差的点数较少。出现这种情况的原因可能是，本算法基于地表反射率线性相关则表观反射率同样呈线性比例关系的假定，随着大气 AOD 的增加，表观反射率的线性关系可能会受到影响，从而导致反演误差较大。

图中黑色实线为由散点图拟合得到反演结果与 AERONET 站点提供的大气 AOD 之间的回归线，此关系式为一次线性关系。检验结果表明，二者相关性十分显著且数值接近，其斜率系数接近 1，且截距最大仅为 0.04，说明反演结果的准确性、可靠性较强。

不同类型的气溶胶对辐射的吸收和散射作用是不相同的。假设研究区气溶胶类型为大陆型气溶胶，此假设会给 AOD 的反演带来一定的误差。由于缺少气溶胶粒子微物理属性、化学构成、几何形状等详细的观测数据，很难检验由气溶胶类型假定所产生的不确定性。为进一步验证反演模型的应用效果，下面按照本书提出的大气程辐射确定方法，选择典型真实影像进行提取试验，分析云影响下大气程辐射的分布特征，而不再反演光学厚度值。实验影像为 2001 年 9 月 13 日美国马萨诸塞州哈佛森林地区（AERONET Harvard_Forest 站点周围地区）一景 TM 影像（LT50130302001256LGS01）的中间部分。该地区植被类型以红橡树和红枫树为优势种的落叶阔叶林为主，树龄为 80～110 年，1 月平均温度 –12℃，7 月平均温度 19℃，年均降水量 1120mm，属温带大陆性气候（Urbanski et al.，2007）。由于受人为影响较小，晴朗无云天气下该地区大气程辐射在整景影像上分布应较为均匀、稳定。图 4-37（a）是该地区近红外、绿、红假彩色合成影

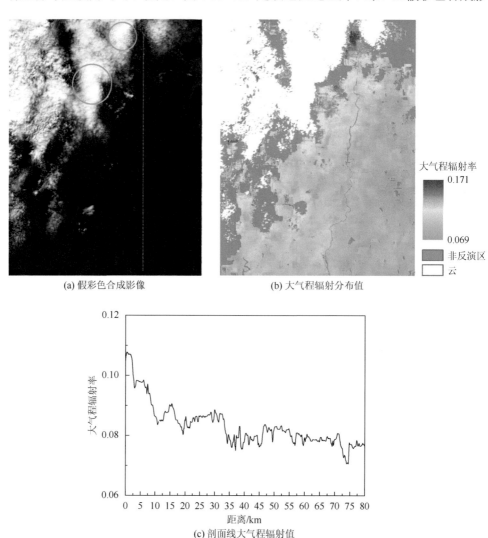

图 4-37　哈佛森林地区大气程辐射分布

像，可见大片云体清晰分布在影像左上部，云量大约为 30%，影像右下部分区域为晴空。图 4-37（b）为利用蓝光波段筛选暗像元集合拟合回归线截距确定的大气程辐射分布。由于全图像采用了统一阈值提取云像元和暗像元，并且 TM 影像没有卷云波段，造成影像右上角和左下角区域一些半透明的薄云、碎云和云阴影分布并未全部识别。这里参考所建查找表，将大气程辐射结果中低于理论最低值的噪声点剔除，作为非反演区。此外，非反演区内还包括水域和部分建筑用地等非暗像元。经统计，提取区域内平均大气程辐射为 0.082，标准偏差为 0.007，造成区域 AOD 最大相差高达 1.48。空间分布上，多云区域大气程辐射明显高于晴空区域，特别是中上部云反照率较大区域 ［图 4-37（a）绿色圆圈］。以图 4-37（a）中绿色虚线从上至下绘制大气程辐射剖面线，该剖面线 30km 距离上大气程辐射仍在区域均值以上 ［图 4-37（c）］，也很好地体现了云影响下大气程辐射的分布特征。

3. 误差源分析

以上反演模型算法引起误差的来源主要包括以下几个方面。

（1）浓密植被在 2.13μm 波长处的反射率和在 0.47μm、0.66μm 波长处的反射率之间的关系，不仅与散射角相关，而且与植被的茂密程度有关。其中散射角可以由观测几何参数计算获得，而植被的茂密程度通常采用归一化植被指数来表示。MODIS 第二代暗像元算法中利用受大气气溶胶影响较小的红外波段计算归一化植被指数 $\text{NDVI}_{\text{SWIR}}$。

$$\text{NDVI}_{\text{SWIR}} = \frac{\rho_{1.24}^m - \rho_{2.13}^m}{\rho_{1.24}^m + \rho_{2.13}^m} \tag{4-58}$$

式中，$\rho_{1.24}^m$、$\rho_{2.13}^m$ 分别为 1.24μm 和 2.1μm 的表观反射率。而 TM、ETM + 和 OLI 均缺少 1.24μm 波段，这就限制了 MODIS 第二代暗像元算法在 Landsat 影像上的应用。相对于传统的 MODIS 第一代暗像元算法，本书构建的模型算法不再假定短波红外和蓝红可见光通道之间比例关系为固定系数，而是考虑了其比例关系随植被茂密程度、植被类型差异等的时空变化，一定程度上实现了对暗像元算法的改进。但对于城市、冬季无植被、沙漠及冰雪覆盖地区，由于短波红外和可见光波段地表反射率的比率比较混乱，不再满足线性经验关系，故基于暗像元机理的本反演模型算法不再适用，反演误差较大。

（2）AOD 的反演中气溶胶模式是未知的，因为陆地气溶胶模式随着地区和季节有很大的变化，所以需要在反演时事先根据经验假设被反演地区的气溶胶模式。如何选取气溶胶模式一直是卫星遥感气溶胶的困难问题之一。本书所进行的反演实例中，将真实气溶胶辐射表示为沙尘性、可溶性和煤烟性三种气溶胶粒子按 70%、29% 和 1% 体积百分比的加权平均形式，6S 模型缺省大陆型气溶胶模式对气溶胶粒子群的组成成分、等效半径、粒子谱分布及散射相函数等气溶胶特性的描述误差都是气溶胶反演的误差来源。另外，大气当中的水汽、臭氧等在可见光波段范围内都有吸收带的存在，该反演实例中没有考虑水汽和臭氧含量的时空变化，而是采用了反映季节、纬度对大气性质影响的标准大气模式中水汽和臭氧的总量，这造成气体吸收影响的校正对于某些波段存在一定的偏差。在模拟验证中，近似 I_B^4、I_B^3、I_B^5 的反演精度较高，而在真实影像的验证中，I_B^1 即大气程辐射率的反演效果较好，I_B^4、I_B^3、I_B^5 反演误差增大的原因，有可能是受到吸收气体校正参数即大气透过率和拟合回归线斜率的综合影响。

（3）TM、ETM+和 OLI 传感器的星下点分辨率为 30m，对于反演大气气溶胶来说分辨率过大。地表物理性质的不均一性、地形的复杂性引起的地表的二向反射特性，使得传感器所接收到的辐射并非全部来源于观测角范围内。卫星所接收到的辐射不仅包括了由大气散射的太阳辐射，观测角范围内地表反射的太阳辐射，同时还包括了观测角范围外地物所反射的太阳辐射经过多次散射而最终被观测到的辐射。对地表邻近像元影响的物理过程描述及校正是非常复杂的，这也是一个典型的三维辐射传输问题。本反演模型算法采用 3km×3km 卷积窗口进行分块反演，筛选暗像元后一定程度上可以降低邻近效应影响，同时可以平滑较大的噪声。另外，参考典型地物标准波谱数据，在蓝光波段，植被、土壤等地物的地表反射率较其他波段明显偏低，并且研究表明，在蓝光波段因观测角度引起的 BRDF 效应也较小（Hsu et al.，2004）。本反演模型算法采用蓝光波段反演 AOD，反演误差也能够得到一定控制。

（4）一维辐射传输模型假设大气水平分层，而大气层在自然界真实的分布状况是非常复杂、多变的，特别是多云天气下，大气层在水平空间的展布上是不均一的，在垂直厚度上也不尽相同，假设大气水平分层必然会带来一定的反演误差。一维辐射传输模型对于散射次数的考虑也影响到最终反演的精度。除了大气辐射传输模型的固有误差之外，传感器定标误差，地物类型误判尤其是阴影和薄云的漏检都可能带来一定的反演误差。为了得到更高精度的反演结果，可以利用反演得到的初始 AOD 值对影像进行大气校正，得到地表反射率，然后根据地表反射率进一步剔除阴影和薄云等地物类型的影响。

第5章 大气污染气溶胶颗粒物浓度估算

5.1 概 述

利用遥感反演的 AOD 可以对地面测量的大气颗粒物浓度进行估算，即通过建立 AOD 与大气颗粒物浓度之间的关系，来反映大气污染状况。

AOD 并不等同于大气颗粒物浓度，二者各自具有比较明确的物理意义：AOD 代表垂直方向上消光系数的积分，与对流层垂直方向气溶胶总浓度相关；地面颗粒物的质量浓度代表地面污染物浓度，它受到混合层发展、大气稳定度等大气扩散条件的影响较大。因此，两者之间的相关性有限，一般可通过一定的校正来获取近地表消光系数，再与颗粒物浓度或湿度修正的颗粒物浓度进行分析以提高估算精度。

利用激光雷达数据可直接获得近地表及不同高度的气溶胶消光系数，不仅可建立基于近地表消光系数的大气颗粒物估算模型，还可以探讨不同高度消光系数对大气颗粒物估算的影响（详见 5.2 节）。

AOD 和大气颗粒物浓度受季节或天气条件影响比较大，因此最好分季节或不同气象条件，分别建立大气颗粒物浓度与 AOD 之间的相关模型，以提高两者之间的相关性。5.3 节按季节和聚类分别建立基于 AOD 的大气颗粒物浓度估算模型，并探讨气象条件对估算的影响。

尽管通过建立卫星反演的 AOD 与颗粒物浓度的关系来估算大气颗粒物状况是较为常用的方法，但 AOD 遥感反演过程复杂，而已有的 AOD 产品如 MODIS 的 AOD 产品空间分辨率较低，有时难以满足应用需求。因此，可选择与一些气溶胶颗粒物污染相关的遥感指标如 HOT、NDHI 等进行颗粒物的估算。5.4 节、5.5 节分别利用 HOT 和构建的 NDHI 对大气颗粒物进行估算。

5.2 利用地基激光雷达估算 PM$_{2.5}$

以南京市仙林地区为例，利用 532nm 的 Mie 散射激光雷达观测数据反演得到不同高度的消光系数，并结合天气预报模式（weather research and forecasting model，WRF）模拟的气象因子，分析各因子对 PM$_{2.5}$ 质量浓度的影响程度，并通过多元回归分析模型和随机森林模型建立了 PM$_{2.5}$ 质量浓度估算模型（刘松，2018）。

5.2.1 PM$_{2.5}$质量浓度相关因子分析

1. PM$_{2.5}$与消光系数关系分析

利用研究区 2013～2016 年每小时的消光系数与对应的 PM$_{2.5}$ 质量浓度数据进行 Pearson 相关性分析和线性拟合，分析不同高度消光系数对 PM$_{2.5}$ 的影响。结果表明（表 5-1），不同高度的消光系数与 PM$_{2.5}$ 质量浓度在各个季节的相关性不同，近地表消光系数的相关性最大，呈明显的正相关关系。

表 5-1 PM$_{2.5}$与各高度消光系数间的相关系数

高度	春季	夏季	秋季	冬季
近地表	0.509**	0.469**	0.622**	0.657**
1500m	0.05	0.286**	−0.05	−0.002
3000m	−0.119**	−0.112*	0.008	−0.055
5500m	−0.073*	0.194**	0.079**	0.049

*在 0.05 水平（双侧）上显著相关；**在 0.01 水平（双侧）上显著相关。

2. PM$_{2.5}$与相对湿度关系分析

从 WRF 模式模拟的气象数据中提取 1000hPa、850hPa、700hPa 和 500hPa 四个气压面上与激光雷达数据获取时刻对应的相对湿度数据，并求出了研究区内不同高度上的季节平均相对湿度数据。从图 5-1 中可知，仙林地区不同气压面的季节平均相对湿度呈现一定的变化规律。总体上看，距离地面越近相对湿度越高，

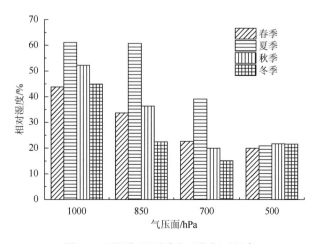

图 5-1 不同气压面季节平均相对湿度

夏季的相对湿度最高，其他季节在不同气压面上变化有所不同，在 1000hPa 的气压面上，秋季的相对湿度仅次于夏季，然后是冬季和春季。在 850hPa 和 700hPa 气压面上，夏季的相对湿度远高于其他几个季节，冬季的相对湿度最低。在 500hPa 气压面上，各季节的相对湿度大小比较接近。

　　将相对湿度与 $PM_{2.5}$ 质量浓度进行相关性分析，结果表明，不同季节不同高度的相对湿度对 $PM_{2.5}$ 质量浓度都会产生一定的影响，大部分都通过了显著性检验（表 5-2）。1000hPa 气压面的相对湿度值对 $PM_{2.5}$ 的影响较大。除了夏季以外，春季和冬季的相对湿度与 $PM_{2.5}$ 呈正相关关系，秋季则存在负相关关系。在 850hPa 气压面上，春季和夏季的相对湿度与 $PM_{2.5}$ 呈正相关关系，秋季呈负相关关系。在 700hPa 气压面上，相对湿度与 $PM_{2.5}$ 在各个季节都存在正相关（除春季）。在 500hPa 气压面上，除了春季以外，其他季节的相对湿度与 $PM_{2.5}$ 呈现正相关。因此，不同气压面和不同季节相对湿度对 $PM_{2.5}$ 的影响有所区别。当相对湿度较小时，水汽含量不足以使粒径增大到大量沉降，并且随着湿度增加，雾天更容易形成，大气层结构更加稳定，并容易出现逆温现象，这样 $PM_{2.5}$ 不但不容易去除反而会更容易积聚飘浮在空气中。当相对湿度较大时，随着其增加，水汽含量迅速增加，更容易发生降水，此时 $PM_{2.5}$ 大量沉降到地面，使其浓度降低。

表 5-2　$PM_{2.5}$ 与不同气压面相对湿度间的相关系数

气压面/hPa	春季	夏季	秋季	冬季
1000	0.302[**]	−0.012	−0.153[**]	0.253[**]
850	0.077[*]	0.164[**]	−0.085[**]	0.001
700	−0.115[**]	0.147[**]	0.150[**]	0.107[**]
500	−0.138[**]	0.031	0.116[**]	0.060[*]

*在 0.05 水平（双侧）上显著相关；**在 0.01 水平（双侧）上显著相关。

3. $PM_{2.5}$ 与平均风速关系分析

　　利用 WRF 大气模式模拟的 1000hPa、850hPa、700hPa 和 500hPa 四个气压面的风速数据计算了研究区不同高度上的季节平均风速（图 5-2）。在 1000hPa 气压面上，各季节的风速相差不大，其中春季的风速最大。850hPa 气压面的风速大小与 1000hPa 气压面接近，冬季的风速最大，其次是春季。700hPa 和 500hPa 气压面的风速大小明显增大，尤其是春季和冬季。

　　将平均风速数据与对应时刻的 $PM_{2.5}$ 质量浓度大小进行相关性分析，如表 5-3 所示。在 1000hPa 和 850hPa 气压面上，夏季和秋季风速大小与 $PM_{2.5}$ 呈负相关。在 700hPa 气压面上，除了春季风速的影响不显著外，其他季节均为负相关。

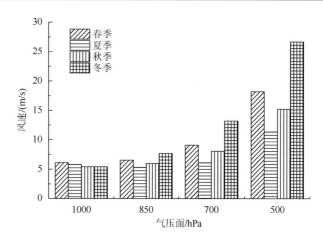

图 5-2 不同气压面季节平均风速

500hPa 气压面上的风速与 $PM_{2.5}$ 浓度在各个季节均有较好的相关性，秋季呈现正相关，其他季节为负相关。风速大小对 $PM_{2.5}$ 浓度的影响主要是稀释作用，当风速较大时，$PM_{2.5}$ 快速稀释扩散，导致其浓度降低，整体上呈现一个负相关的关系。

表 5-3 $PM_{2.5}$ 与不同气压面平均风速间的相关系数

气压面/hPa	春季	夏季	秋季	冬季
1000	0.03	−0.296**	−0.084**	−0.027
850	0.006	−0.237**	−0.088**	−0.055
700	−0.046	−0.241**	−0.280**	−0.171**
500	−0.086**	−0.150**	0.398**	−0.194**

**在 0.01 水平（双侧）上显著相关。

4. $PM_{2.5}$ 与温度关系分析

利用 WRF 大气模式模拟的近地表 2m 温度数据计算出研究区季节平均温度数据（图 5-3）。研究区气温夏季最高，其次是秋季和春季，冬季气温最低。

将温度数据与对应时刻的 $PM_{2.5}$ 质量浓度数据进行相关性分析，结果表明，不同季节温度的影响程度不同（表 5-4）。春季和夏季温度对 $PM_{2.5}$ 影响不显著，秋季两者呈负相关关系，而冬季则呈现正相关关系。冬季气温较低，近地面湍流强度较小，$PM_{2.5}$ 扩散速率较低，使其浓度上升。而秋季温度较高，地面湍流增强，使得 $PM_{2.5}$ 扩散速率增大，浓度降低。

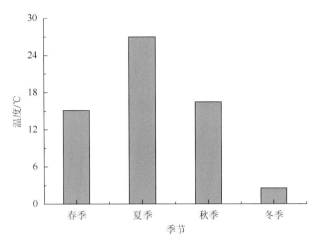

图 5-3 各季节平均温度

表 5-4 PM$_{2.5}$ 与温度间的相关系数

春季	夏季	秋季	冬季
−0.057	0.003	−0.394**	0.145**

**在 0.01 水平（双侧）上显著相关。

5. PM$_{2.5}$ 与边界层高度关系分析

利用 WRF 大气模式模拟的边界层高度数据计算出研究区季节平均边界层高度（图 5-4）。研究区的边界层高度夏季最高，其次是春季、秋季和冬季。

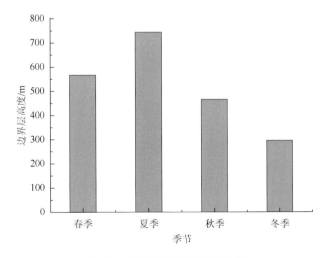

图 5-4 各季节平均边界层高度

边界层高度对气溶胶的垂直扩散有着密切的关系，当出现晴朗天气时地表空气上下对流运动强烈，边界层高度上升，有利于颗粒物的扩散，因此研究边界层对 $PM_{2.5}$ 的影响也是至关重要的。将各季节边界层数据与 $PM_{2.5}$ 浓度数据进行相关性分析，如表 5-5 所示。除了夏季影响不显著外，边界层高度和 $PM_{2.5}$ 质量浓度在其他季节均呈现负相关关系。

表 5-5　$PM_{2.5}$ 与边界层高度间的相关系数

春季	夏季	秋季	冬季
-0.225^{**}	0.094	-0.394^{**}	-0.249^{**}

**在 0.01 水平（双侧）上显著相关。

从以上分析中可以发现，不同高度的消光系数与 $PM_{2.5}$ 质量浓度之间存在较好的相关性，但气象因子对其也有一定的影响，而且不同季节的影响程度不同。为了更好地建立 $PM_{2.5}$ 质量浓度的估算模型，除了利用消光系数外，还要考虑各季节气象因子的综合影响。

5.2.2　基于多元回归分析模型估算 $PM_{2.5}$

1. 模型构建

本书采用逐步回归法在 SPSS 软件中建立了 $PM_{2.5}$ 质量浓度与消光系数和各气象因子之间的多元回归模型。逐步回归法的基本思想就是在引入的全部自变量中按照它们对因变量的显著作用或贡献作用大小，按从大到小的顺序逐个引进回归方程，对因变量作用不明显的变量就不被引入方程里。此外，当新变量被引入时，那些已经被引入方程里的变量也会因显著性降低而被排除。该方法的具体步骤如下。

1）确定 F 检验值

在进行逐步回归计算前要确定检验每个变量是否显著的 F 检验水平，以作为引入或剔除变量的标准。F 检验水平要根据具体问题的实际情况来定。一般来说，为了使最终的回归方程中包含较多的变量，F 水平不宜取得过高，即显著水平 ∂ 不宜太小。F 水平还与自由度有关，在逐步回归过程中，回归方程中所含变量的个数在不断变化，因此方差分析中的剩余自由度也总在变化，一般常按 $n-k-1$ 计算自由度，其中 n 为原始数据观测组数，k 为估计可能选入回归方程的变量个数。在变量被引入时，自由度取 $f_1=1$，$f_2=n-k-2$，F 检验的临界值记为 F_1。当变量被剔除时自由度取 $f_1=1$，$f_2=n-k-1$，F 检验的临界值记为 F_2，并要求 $F_1 \geqslant F_2$，实际应用中常取 $F_1=F_2$。

2）逐步计算

如果已计算 t 步（包括 $t=0$），且回归方程中已引入 m 个变量，则第 $t+1$ 步的计算如下：

（1）计算全部自变量的贡献 V'（偏回归平方和）；

（2）在已引入的自变量中，检查是否有需要剔除的不显著变量。在已引入的变量中选取具有最小 V' 值的变量并计算其 F 值，如果 $F \leqslant F_2$ 则该变量不显著，应将其从回归方程中剔除，计算转至（3）。若 $F > F_2$ 则该变量显著，应将其引入回归方程，计算转至（3）。若 $F \leqslant F_1$ 则表示已无变量可选入方程，逐步计算阶段结束，转入步骤 3）；

（3）剔除或引入一个变量后，相关系数矩阵进行消去变换，第 $t+1$ 步计算结束。其后重复（1）～（3）再进行下一步计算。

由上所述，逐步计算的每一步总是先考虑剔除变量，当无剔除时才考虑引入变量。当方程中已无变量可剔除，且又无变量可引入方程式，逐步计算结束，转入步骤 3）。

3）其他计算

主要是计算回归方程入选变量的系数、复相关系数及残差等统计量。逐步回归选取变量是逐渐增加的。选取第 m 个变量时求与前面已选的 $m-1$ 个变量组合后有最小的残差平方和，因此最终选出的 m 个重要变量可能不是使残差平方和最小的组合，但大量实际计算结果表明，这 m 个变量通常就是所有组合中具有最小残差平方和的一个，这也表明了逐步回归法能够有效地确定出影响因变量的显著变量。

本书将实测的 $PM_{2.5}$ 质量浓度数据分为两部分，随机选取三分之二的数据作为因变量进行回归分析，剩下的数据作为验证数据。另外，选取了不同高度的消光系数和相应气压面的气象因子作为自变量逐个代入模型中，最终得到各个季节研究区内 $PM_{2.5}$ 浓度的多元回归估算模型，并进行了对比验证。

2. 消光系数与 $PM_{2.5}$ 的关系模型

将近地表的消光系数作为自变量来构建回归模型（表 5-6），结果表明，利用单变量来构建估算模型的效果较差，其中冬季的效果最好，R^2 达到了 0.451，春季和夏季的效果最差。

表 5-6　不同季节的回归模型（仅含消光系数）

季节	估算模型	R^2	F	P
春季	$y=60.709x+25.768$	0.29	300.54	0.000
夏季	$y=46.432x+21.770$	0.232	88.154	0.000
秋季	$y=79.665x+22.839$	0.395	615.945	0.000
冬季	$y=97.647x+21.775$	0.451	652.238	0.000

注：x 为近地面的消光系数。

将验证数据代入得到的模型中，结果如图 5-5 所示。秋季和冬季的估算结果较好，与测量值相比，R^2 分别达到了 0.3729 和 0.3894，而春季和夏季的 R^2 仅有 0.19 左右，估算值比实测值总体上偏小。因此，只使用消光系数来建立模型是不合适的，还应考虑多个气象因子对 $PM_{2.5}$ 质量浓度的影响。

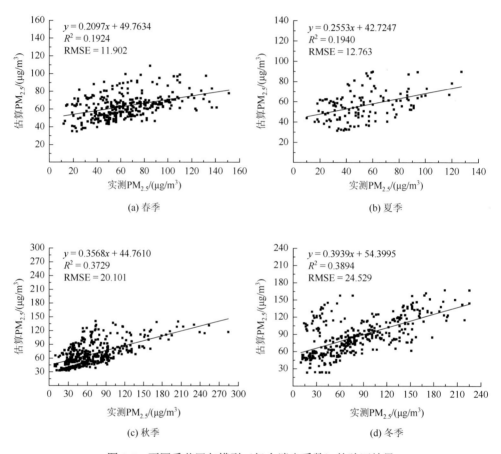

图 5-5　不同季节回归模型（仅含消光系数）的验证结果

3. 含近地面影响因子的估算模型

将 1000hPa 气压面的风速、相对湿度和地面 2m 的温度作为近地面的气象因子，并和近地面的消光系数一起作为自变量来构建包含近地面气象因子的回归模型。在剔除了影响不显著的变量后，选择各个季节中复拟合优度 R^2 最大的模型作为最优模型，结果如表 5-7 所示。各个季节模型的精度都有了一定的提高，尤其是秋季的 R^2 达到了 0.553，夏季的 R^2 仍然较低，可能与夏季的样本数量较少有关。

表 5-7   不同季节的回归模型（含消光系数和近地面气象因子）

季节	估算模型	R^2	F	P
春季	$y = 60.064x - 0.545t + 0.179r + 26.794$	0.321	117.351	0.000
夏季	$y = 41.114x - 2.386w - 0.339r - t + 86.342$	0.261	26.978	0.000
秋季	$y = 80.480x - 2.085t - 0.263r + 70.394$	0.553	409.978	0.000
冬季	$y = 90.245x + 1.607t - 0.307r + 8.658$	0.43	203.012	0.000

注：x 为近地面的消光系数；w 为 1000hPa 气压面的平均风速；r 为 1000hPa 气压面的相对湿度；t 为地面 2m 的温度。

利用验证数据对各个季节的模型进行进一步的精度验证，如图 5-6 所示。各个季节的估算精度都有所提高，秋季的估算结果最好，R^2 为 0.4927，春季的结果最差，R^2 仅为 0.2473，表明引入近地面的气象因子是有效的，但估算值相对于实测值仍偏小。

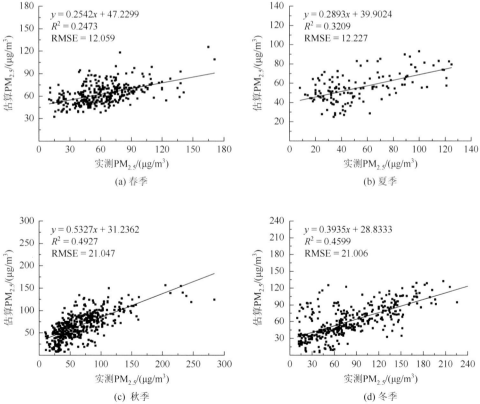

图 5-6   不同季节回归模型（含消光系数和近地面气象因子）的验证结果

4. 含不同高度影响因子的估算模型

从 5.2.1 节的分析中可以看出，不同高度的消光系数和气象因子对 $PM_{2.5}$ 的质量浓度也有一定影响，为了进一步提高估算模型的精度，将不同高度的消光系数、不同气压面的气象因子及边界层高度也作为自变量输入来构建模型，各季节的最优模型如表 5-8 所示。春季模型的拟合度最差，秋季和冬季的较好，夏季估算模型的 R^2 有了明显提高。

表 5-8　不同季节的回归模型（含不同高度的消光系数和气象因子）

季节	估算模型	R^2	F	P
春季	$y = 63.813x_1 + 23.109x_2 - 93.704x_4 + 0.233r_1 - 0.105r_2 - 0.145r_4 - 0.5t + 27.4$	0.386	65.511	0.000
夏季	$y = 48.734x_1 + 22.269x_2 - 91.254x_3 + 40.525x_4 - 2.160w_4 - 0.965r_1 + 0.146r_2 + 0.306r_3 - 4.546t + 0.012h + 193.821$	0.47	25.071	0.000
秋季	$y = 78.398x_1 + 122.505x_3 + 1.744w_1 + 2.441w_3 - 0.217r_1 - 0.178r_2 + 0.123r_3 + 0.256r_4 - 0.791t - 0.008h + 29.455$	0.626	141.703	0.000
冬季	$y = 90.199x_1 + 91.492x_2 + 0.411r_1 - 0.294r_2 + 2.416t - 0.038h + 16.338$	0.527	146.054	0.000

注：$x_i(i = 1, 2, 3, 4)$ 分别为近地表、1500m、3000m 和5500m 高度的消光系数；w_i 和 $r_i(i = 1, 2, 3, 4)$ 分别为1000hPa、850hPa、700hPa 和 500hPa 气压层的平均风速和相对湿度；t 为地面 2m 的温度；h 为边界层高度。

将验证数据代入模型中，结果如图 5-7 所示。春季的验证结果最差，且估算值比实测值要偏小很多。秋季模型的 R^2 最高，达到了 0.5649。与 5.2.2 节第二部分和第三部分中构建的模型相比，引入各个高度上的影响因子，有效地提高了模型的精度，是最优的多元回归分析估算模型，同时也表明了 $PM_{2.5}$ 质量浓度是受多个气象因子的综合影响。

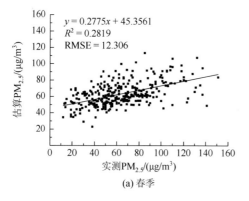

(a) 春季

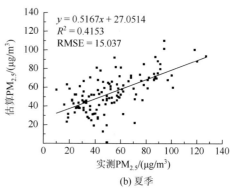

(b) 夏季

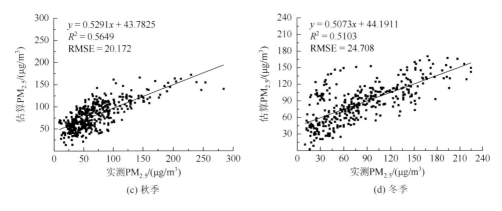

图 5-7　不同季节回归模型（含不同高度的消光系数和气象因子）验证结果

5.2.3　基于随机森林模型估算 PM$_{2.5}$

1. 模型构建

本书通过 Python 语言中的 random forest 数据包来实现基于随机森林模型的 PM$_{2.5}$ 估算模型的构建。将 PM$_{2.5}$ 质量浓度作为因变量，消光系数和气象因子作为自变量。模型构建过程中涉及两个参数：一是决策树的数量 n_{tree}，即使用 bootstrap 重采样的次数，当决策树即 n_{tree} 的数量足够多时，可以保证每个样本分别作为训练样本和测试样本，有效避免过拟合的效果。二是随机特征的数量 m_{try}，即每个树节点随机采样的数据。为了进一步验证随机森林模型估算模型的精度，本书随机抽取各季节 2/3 的实测 PM$_{2.5}$ 质量浓度数据作为训练数据集，剩下的 1/3 作为随机特征的数量即验证数据（该数据与 5.2.2 节中的验证数据保持一致）。模型构建的具体步骤如下。

（1）利用 bootstrap 方法重采样，随机产生 K 个训练集，并利用每个训练集生成对应的决策树；

（2）假设特征有 M 维，从中随机抽取 m 个特征作为当前节点的分裂特征集，并以这 m 个特征中最好的分裂方式对该节点进行分裂，同时每个决策树得到最大限度的增长且不进行剪枝；

（3）对于新的数据，单棵决策树的预测则通过节点的观测值取其平均值获得，最终便可获取随机森林模型回归的预测值。

2. 含近地面影响因子的估算模型

本部分只选取近地面的影响因子作为自变量输入随机森林模型，包括近地面的消光系数、地面 2m 的温度、1000hPa 气压面的相对湿度和风速，得到了各个季节验证数据的估算结果（图 5-8）。春季和夏季的效果较差，估算值与实际值相比偏小。秋季和冬季的估算效果较好，其中秋季的 R^2 达到了 0.6915。

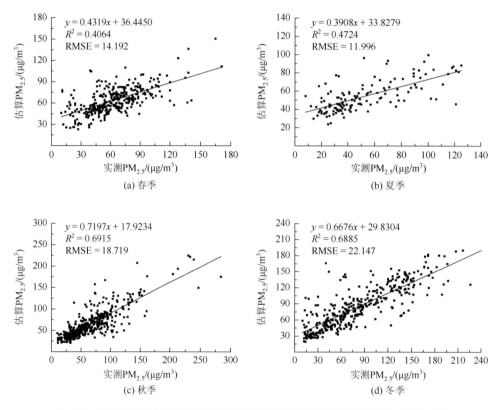

图 5-8　不同季节随机森林模型（含近地面的消光系数和气象因子）验证结果

3. 含不同高度影响因子的估算模型

以下将 4 个高度的消光系数、地面 2m 温度、边界层高度、4 个气压面的相对湿度和风速共 14 个相关因子作为自变量输入随机森林模型，验证数据的估算值与实际值的比较如图 5-9 所示。春季和夏季的估算效果一般，R^2 在 0.6 左右。秋季效果仍然是最好的，R^2 达到 0.8629。与含近地面影响因子的估算模型的估算结果相比，各个季节的模型精度都有了显著提高，RMSE 值也均有所减小，表明引入高空的影响因子来建立随机森林模型是较为可靠的。

5.2.4　模型对比分析

本书分别使用多元回归分析模型和随机森林模型建立了各个季节 PM$_{2.5}$ 质量

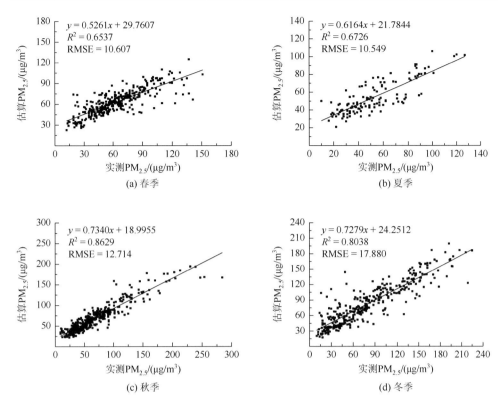

图 5-9　不同季节随机森林模型（含不同高度的消光系数和气象因子）验证结果

浓度的估算模型。结果表明，随着各高度影响因子的逐步引入，两种模型都达到了较好的估算结果。为了筛选出更合适的估算模型，本节将其进行进一步的对比分析，如表 5-9 所示。基于随机森林模型的 $PM_{2.5}$ 质量浓度估算模型的 R^2、均方根误差（RMSE）、平均绝对百分比误差（MAPE）等参数均优于多元回归分析模型。从季节上来看，春季模型的精度较低，秋季模型最好。

表 5-9　模型对比分析

季节	多元回归分析			随机森林		
	R^2	RMSE	MAPE	R^2	RMSE	MAPE
春季	0.2819	12.306	0.382	0.6537	10.607	0.242
夏季	0.4153	15.037	0.401	0.6726	10.549	0.291
秋季	0.5649	20.172	0.543	0.8629	12.714	0.235
冬季	0.5103	24.708	0.539	0.8038	17.88	0.317

另外，对各季节验证数据估算值和实测值的变化趋势进行分析（图 5-10），表

明两个模型的估算结果与实测值的变化趋势都较为相近，除了一些极值点。但基于多元回归分析的估算模型估算结果与实测值相比偏差更大，结合表 5-9 可以发现其对应的 MAPE 值也较大。尤其是在秋冬季节，R^2 比春夏季高，MAPE 值也随之增大，表明该模型虽然能够在一定程度上估算 PM$_{2.5}$ 在各个季节的变化趋势，但估算值与实测值仍有差距。相比之下，随机森林模型的估算结果与实测值更为接近，各个季节的 MAPE 值普遍较低。此外，随机森林模型对噪声的容忍性也较高，个别参数的异常不会影响整体的估算性能（图 5-10 中的区域 A），当消光系数出现异常值时，多元回归模型的估算值出现了较大偏差，而随机森林模型仍然能够取得较为合理的估算结果。因此，基于随机森林模型估算 PM$_{2.5}$ 的非线性模型要优于基于多元回归分析模型估算 PM$_{2.5}$ 的线性模型。

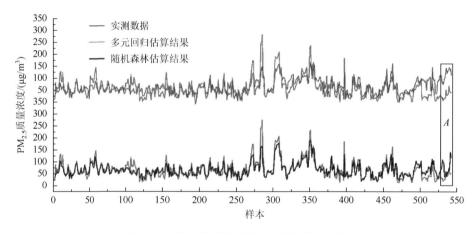

图 5-10　验证数据估算值与实测值趋势对比

5.3　利用 MODIS AOD 产品估算 PM$_{10}$

以南京市为例，利用 2004～2006 年的 MODIS AOD 产品对大气颗粒物浓度进行估算，并分析气压、气温、相对湿度和风速这 4 个气象因素对估算结果的影响，通过气象因子的聚类分析探究利用 AOD 估算大气颗粒物浓度的最佳气象条件，有效提高两者之间的相关性（Zha et al.，2010）。

5.3.1　按季节建立 PM$_{10}$ 估算模型

为了研究 AOD 与 PM$_{10}$ 质量浓度在不同季节的相关关系，通常将所有观测值按时间划分成 4 个季节，然后计算不同季节两者间的相关性。

　　对所有数据进行筛选，去除阴雨天气下的观测数据，最终保留 157 组数据，并将其按季节进行划分：春季（3～5 月），夏季（6～8 月），秋季（9～11 月），冬季（12～2 月）。其中，春季的观测数据最多，有 62 组，夏季的观测数据最少，只有 24 组。不同季节 PM_{10} 质量浓度与 AOD 之间的线性相关关系如图 5-11 所示。可以看出，利用 AOD 来估算 PM_{10} 质量浓度的精度随季节的变化而变化。夏季的相关关系最好 ［图 5-11（b）］，而冬季的相关关系最差 ［图 5-11（d）］。因此，利用 AOD 对 PM_{10} 质量浓度进行估算时，夏季和秋季的精度较高（$R^2>0.6$），春季和冬季的精度则较差（$R^2<0.3$）。

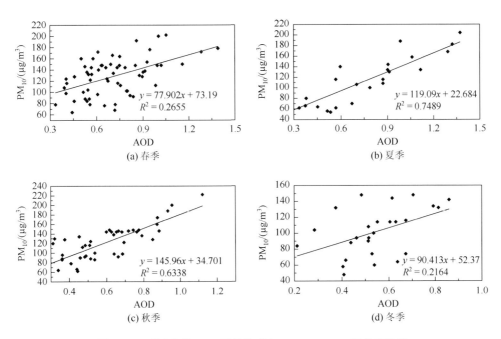

图 5-11　不同季节 PM_{10} 质量浓度与 MODIS AOD 间的相关性

　　为了进一步探究 PM_{10} 质量浓度与 MODIS AOD 之间的相关关系在不同季节的差异较大的原因，可以对各个季节的气象条件进行分析，如表 5-10 所示。在春季和冬季，PM_{10} 质量浓度与 AOD 间的相关系数较小，为 0.5 左右，而秋季和夏季的相关系数则较高，可达到 0.8 以上。但进一步对比秋季和夏季的各个气象因子，并没有发现明显的规律。冬季的气压最高，秋季其次。而对于气温来说，春季和秋季的气温值较为接近，平均值都在 16℃ 左右。秋季相对湿度最高，春季和冬季比较接近。相比之下，秋季的风速较小，天气较为静稳，而夏季的风速较大，对流作用比较明显。综上所述，单个气象因子对于 AOD 和 PM_{10} 质量浓度之间的相关系数影响较小。

表 5-10　各个季节 PM_{10} 质量浓度与 AOD 间的相关系数及气象因子统计

季节（相关系数）	统计参数	气压 P/hPa	气温 T/℃	相对湿度 RH/%	风速 WV/(m/s)
春季（0.52）	最小值	997.50	3.40	34.00	0.50
	最大值	1031.60	25.70	80.00	4.00
	极差	34.10	22.30	46.00	3.50
	平均值	1015.47	16.27	53.24	2.23
	标准差	7.41	6.18	9.78	0.77
夏季（0.87）	最小值	996.40	22.20	40.00	10
	最大值	1014.20	32.30	73.00	4.30
	极差	17.80	10.10	33.00	3.30
	平均值	1004.81	29.49	59.17	2.55
	标准差	3.74	2.36	9.09	1.04
秋季（0.80）	最小值	1008.90	4.50	51.00	0
	最大值	1029.90	28.20	81.00	4.30
	极差	21.00	23.70	30.00	4.30
	平均值	1020.24	16.76	67.49	1.43
	标准差	4.58	5.23	6.84	0.76
冬季（0.47）	最小值	1017.70	−3.00	21.00	0.50
	最大值	1036.50	12.80	70.00	4.70
	极差	18.80	15.80	49.00	4.20
	平均值	1027.15	3.03	52.31	2.07
	标准差	5.46	4.01	14.53	1.07

　　总之，不同季节相关系数的高低与气象因子之间并没有很强的规律性，这主要是因为观测数据是按时间顺序进行划分的，但季节性与温度有很大的关系而与其他气象参数无关，导致在不同的季节里有相同的影响结果。不同的季节之间并没有明显的界限，这个问题可以通过聚类分析来克服。

5.3.2　按聚类建立 PM_{10} 估算模型

1. 单一气象因子聚类

　　为了更好地探究气象因子对 AOD 和 PM_{10} 质量浓度之间的相关性的影响，将157 组观测数据分成 4 组，与 4 个季节相对应。使用 K 均值聚类算法对数据进行分类，迭代次数设置为20。聚类算法重复五次，前四次分别针对4个气象因子中的一个进行聚类，最后一次同时使用4个气象因子作为分类变量。

分组后，各个气象因子都有其特定的数值范围（表5-11），与表5-10中各参数值形成鲜明的对比。从第1组到第4组，各因子的值都在逐渐增大。相关分析表明，将观测数据分为四组可有效地提高 AOD 和 PM$_{10}$ 质量浓度之间的相关性（表5-12）。除了相对湿度和风速以外，气温和气压作为分类变量时也分别只有第1组和第2组的相关系数小于表5-10中的最小值，即 $R<0.47$，其他3组的相关系数都比较高（$R>0.55$）。另外，只有将相对湿度和气温作为分类变量时，从第1组到第4组，相关系数有规律变化。与其他组相比，第1组的气温非常低。此外，相关系数的最大值出现在以气压或风速作为分类变量的第1组和以气温或相对湿度作为分类变量的第4组。

表 5-11 单一因子聚类后四个气象参数的统计特性

组别	统计参数	气压 P/hPa	气温 T/℃	相对湿度 RH/%	风速 WV/(m/s)
1	最小值	996.40	−3.00	21.00	0.00
	最大值	1009.00	7.70	47.00	1.30
	极差	12.60	10.70	26.00	1.30
	平均值	1004.87	3.06	39.00	0.97
	标准差	2.88	2.99	7.00	0.32
2	最小值	1010.00	8.40	48.00	1.40
	最大值	1017.30	16.20	59.00	2.00
	极差	7.30	7.80	11.00	0.60
	平均值	1013.79	12.61	53.58	1.76
	标准差	2.17	2.15	3.11	0.18
3	最小值	1017.50	16.50	60.00	2.10
	最大值	1024.80	24.00	68.00	2.90
	极差	7.30	7.50	8.00	0.80
	平均值	1020.95	20.57	64.15	2.44
	标准差	2.12	2.22	2.36	0.26
4	最小值	1025.00	24.90	69.00	3.00
	最大值	1036.50	32.30	81.00	4.70
	极差	11.50	7.40	12.00	1.70
	平均值	1029.33	29.14	73.10	3.63
	标准差	3.13	2.26	3.53	0.53

表 5-12　单一因子聚类后 PM_{10} 质量浓度与 AOD 间的相关系数

分类变量	第 1 组	第 2 组	第 3 组	第 4 组
气压 P/hPa	0.83	0.44	0.74	0.55
气温 T/℃	0.42	0.64	0.67	0.85
相对湿度 RH/%	0.55	0.63	0.70	0.80
风速 WV/(m/s)	0.80	0.48	0.72	0.72

综上所述，当气温和相对湿度较高而气压和风速较低时，利用遥感获取的 AOD 对 PM_{10} 质量浓度进行监测的准确度较高。相反，当温度和相对湿度较低而气压和风速较高时，两者之间的相关性减小。

2. 多个气象因子聚类

为了探究 4 个气象因子的联合效应，将 4 个因子都作为分类变量将观测数据集，通过聚类分析分成 4 组。结果表明，除了第 1 组的相关系数只有 0.45 以外，其他三组的相关系数都大于 0.6（表 5-13）。除了第 3 组外，其他三组的相关系数都随着气压的增大而增大。相关系数的大小与气温和相对湿度大小成正比，而与风速大小成反比。因此，当综合考虑 4 个气象因子的影响时，得到的结果与单一因子聚类分析的结果相同：在气温和相对湿度较高、气压和风速较低时，AOD 和 PM_{10} 质量浓度之间有较高的相关性。

表 5-13　多因子聚类后 PM_{10} 质量浓度与 AOD 间的相关系数及气象因子统计结果

组别（相关系数）	统计参数	气压 P/hPa	气温 T/℃	相对湿度 RH/%	风速 WV/(m/s)
1（0.45）	最小值	1016.00	−3.00	21.00	1.30
	最大值	1036.50	12.50	56.00	4.70
	极差	20.50	15.50	35.00	3.40
	平均值	1027.45	5.24	41.35	2.40
	标准差	5.23	4.68	9.06	0.86
2（0.62）	最小值	996.40	10.50	40.00	1.00
	最大值	1020.30	32.30	62.00	4.30
	极差	23.90	21.80	22.00	3.30
	平均值	1010.64	21.30	52.35	2.43
	标准差	5.95	5.58	5.18	0.87
3（0.77）	最小值	1017.30	−1.80	53.00	0.00
	最大值	1034.20	21.40	79.00	4.30
	极差	16.90	23.20	26.00	4.30
	平均值	1022.84	11.43	65.45	1.46
	标准差	3.85	6.16	5.91	0.84

续表

组别（相关系数）	统计参数	气压 P/hPa	气温 T/℃	相对湿度 RH/%	风速 WV/(m/s)
4（0.73）	最小值	1000.50	18.00	61.00	0.50
	最大值	1017.60	31.90	81.00	4.30
	极差	17.10	13.90	20.00	3.80
	平均值	1009.40	25.38	69.03	1.99
	标准差	4.93	4.90	5.57	0.86

显然，当 AOD 主要反映来自局地的 PM_{10} 时，两者是密切相关的。为了使 AOD 主要反映局部的 PM_{10}，不应该有明显的水平运动，而垂直方向的混合运动应相对较强。在气温和相对湿度较高而气压和风速较低时，能够出现这样的大气条件，使得 AOD 和 PM_{10} 质量浓度间的相关性较高。

如图 5-12 所示，第 1 组的 R^2 最低，仅有 0.1983，低于按四季分类时冬季的最小值。但其他 3 组的 R^2 都较高，表明根据气象因子进行分组可以有效改善 AOD 和 PM_{10} 质量浓度之间的相关性。

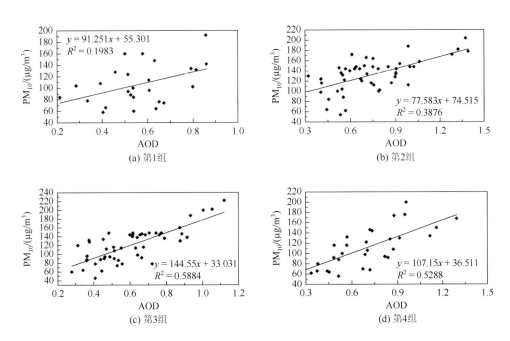

图 5-12 聚类分析后 PM_{10} 质量浓度与 AOD 间的相关性

通过聚类进行分组后，可以发现每组 4 个气象因子的分布更为均匀，组内的差异比按季节划分时要小。对不同组别各气象因子的标准差进行对比，可以验证气象因子控制的有效性，如图 5-13 所示。在通过聚类分析得到的 4 个组中，除了气温以外，其他三个因子的标准差之和都不到总标准差和的一半。其中，相对湿度的标准差和所占百分比最小。标准差的百分比分布再次表明，气象因子的分组能够有效地识别 AOD 与 PM_{10} 质量浓度相关性较高的情况。这是由于季节的划分主要是由气温高低来决定，但不同季节之间并没有很明显的界限。实际上，在两个季节临近的日子里，气温波动较大。相比之下，气象因子的聚类能够产生气象条件比较稳定的组别，有利于揭示利用 AOD 来监测 PM_{10} 质量浓度的最佳气象条件。

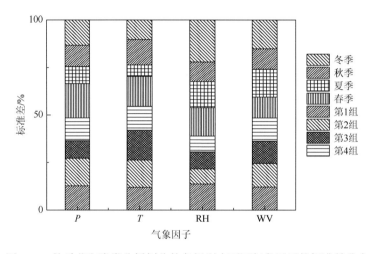

图 5-13　按季节和聚类分析划分的各组别中不同气象因子的标准差分布

5.4　利用霾优化变换估算 PM_{10}

以南京市区为研究区，利用 6S 模型，模拟分析霾优化变换 HOT（haze optimized transformation）（Zhang et al.，2002）与 AOD 之间的关系，以及典型地表覆被对其的影响，并进一步分析 MODIS 卫星遥感数据提取的 HOT 与地面监测的大气污染颗粒物之间的关系，构建基于 HOT 的大气污染物的遥感估算模型，为颗粒物大气污染遥感监测提供一种新的技术方法（Wang et al.，2013；沈丹，2011）。

5.4.1　霾优化变换原理

Zhang 等（2002）基于加拿大不同地表覆被的地表反射率数据，利用 MODTRAN 大气辐射传输模型模拟了不同地表条件下随着 AOD 的增加，表观反射率在 TM1

（蓝光波段）为横轴和 TM3（红光波段）为纵轴组成的二维光谱空间中的变化情况。研究结果表明：在这个光谱空间中，在晴空条件下，不同地表类型的反射率高度相关，相关系数为 0.993，将这条相关线称为"晴空线"（clear line）；而随着 AOD 的增加，TM1 和 TM3 波段的像元值都升高，但蓝光波段的表观反射率增加的速度大于红光波段表观反射率增加速度，在二维空间中表现出表观反射率向右上方逐渐偏离的"晴空线"，AOD 越大，像元向右上方的偏移量越大。因此，表观反射率点到晴空线的距离能够表征 AOD，这个距离即 HOT 被定义为

$$\text{HOT} = B_1 \cdot \sin \theta_c - B_3 \cdot \cos \theta_c \qquad (5\text{-}1)$$

式中，B_1 和 B_3 分别为 TM1 和 TM3 的像元值；θ_c 为晴空线的倾角，即晴空线与横轴的夹角。

如果要将 HOT 用于大气污染监测，最好采用比 TM 时间分辨率更高的数据如 MODIS 数据。基于 MODIS 数据，利用 6S 模型对研究区的模拟，可以获得类似结果（图 5-14）。MODIS 的蓝光、红光波段在晴空条件下的地面反射率之间也存在线性关系，而随着 AOD 的增大，表观反射率逐渐偏离"晴空线"，即 HOT 值不断增加，因此可以通过 MODIS HOT 来反映大气气溶胶颗粒物的变化。

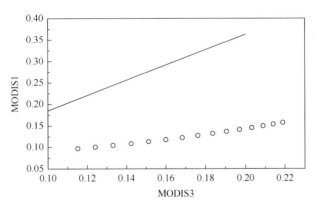

图 5-14 不同光学厚度（从左往右，从 0.1～1.5 间隔 0.1 依次增加）下 MODIS1（红光）、3（蓝光）波段的表观反射率值变化（直线为晴空线）

5.4.2 晴空线及 θ_c 的确定

用于 HOT 计算的 θ_c 是通过获得研究区红光、蓝光波段的反射系数之间线性关系即晴空线确定的，其斜率的反正切就是 θ_c。在研究区域空间范围小，空间分

辨率较 TM 低的情况下，有时很难像 Zhang 等（2002）所使用的在同一幅图像中选取清洁区提取晴空线的方法。因此，可利用 MODIS MCD43A4 的地表反射率数据，经过统计分别获得研究区冬季和春季红光、蓝光波段的平均地表反射率，获得研究区的红光、蓝光波段的线性关系即晴空线。

对获得的研究区冬季和春季红光、蓝光波段的平均地表反射率，以蓝光波段为 x 轴，红光波段为 y 轴，建立冬季和春季红光、蓝光波段的二维散点图（图 5-15），经过统计回归分析，冬季和春季红光、蓝光波段的地表反射率之间的相关系数分别为 0.96、0.90，斜率 $\tan\theta_c$ 分别为 1.78、1.58，由此推求的 θ_c 分别为 60.63°、57.61°，以实现 HOT 计算。

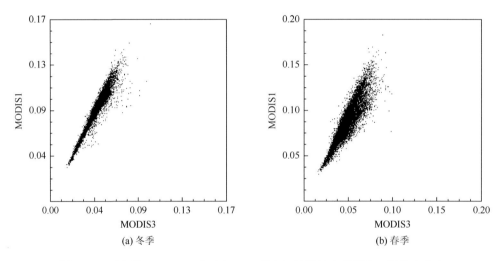

(a) 冬季　　　　　　　　　　　　　(b) 春季

图 5-15　研究区 MODIS1（红光）、3（蓝光）波段地表反射率二维散点分布

5.4.3　AOD 及典型地表覆被对 HOT 影响的模拟分析

利用 6S 模型，通过分别输入太阳和卫星几何条件、大气模式、气溶胶类型、AOD、地表反射率等参数，获得红光、蓝光通道的表观反射率，再由上面确定的 θ_c 得到 HOT。以冬季为例，在模拟中，太阳和卫星天顶角分别取 45° 和 30°，方位角差为 120°，大气模式取中纬度冬季模式，气溶胶类型为大陆型，AOD 从 0.1～1.5 间隔 0.1 依次增加，红光、蓝光通道地表反射率分别取为 0.088、0.045（为研究区的平均值）。

图 5-16 显示的是 HOT 随 AOD 的变化。可以发现 HOT 随着 AOD 的增加而增加，两者之间存在正相关关系。分别选择线性、对数、一元二次多项式、乘幂、指数五种模型进行回归分析，可以发现一元二次方程的 R^2 最大，达 0.9999。

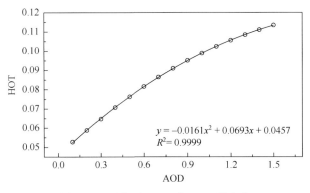

$$y = -0.0161x^2 + 0.0693x + 0.0457$$
$$R^2 = 0.9999$$

图 5-16　研究区 HOT 随 AOD 的变化

为了探讨地表类型对 HOT 与 AOD 的关系的可能影响，选择研究区主城区内 3 种典型的地表即建筑、水体、植被（图 5-17）开展了模拟，它们在红光通道的地表反射率分别为 0.085、0.067、0.055，在蓝光通道的地表反射率分别为 0.042、0.042、0.028，在模拟中输入的其他相关参数同上。

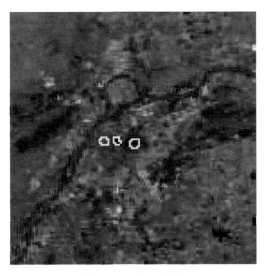

图 5-17　研究区位置

图中央多边形从左至右分别为建筑、水和植被地表覆被

从图 5-18 可以看出在相同 AOD 条件下，3 种典型地表类型的 HOT 存在差异，水体上空的 HOT 最大、其次是植被，最小的是建筑。随着 AOD 的不断增加，三种地表类型的 HOT 之间的差异不断减小。但通过构建 3 种典型地表类型的 AOD 与 HOT 的线性、对数、一元二次多项式、乘幂、指数 5 种模型，发现一元二次方程的拟合效果最好，3 种地表类型的 R^2 都达到 1，说明 AOD 与 HOT 之间的相关

性与地表类型无关，或说对地表类型较不敏感。即在不同地表类型下，通过 HOT 估算 AOD 可以获得相同精度。

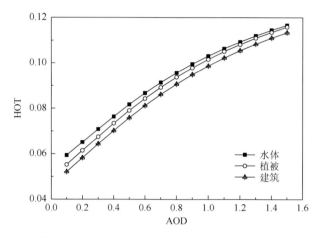

图 5-18　不同地表下研究区 HOT 随 AOD 的变化

5.4.4　HOT 估算 PM_{10} 模型建立

利用处理后得到的 2007 年 12 月～2009 年 5 月冬季和春季的研究区的 MODIS 红光、蓝光波段的表观反射率图像及已确定的冬季和春季的 θ_c，通过 HOT 变换公式，生成 HOT 图像，统计建筑、水体、植被三类典型地表的 HOT 均值。

以 PM_{10} 浓度作为因变量，分别以建筑地表、水体、植被三类典型地表及混合地表的 HOT（混合地表的 HOT 取建筑、水体、植被三种地类 HOT 的平均值）作为自变量，选择线性、对数、一元二次多项式、乘幂、指数 5 种模型进行回归分析，构建 HOT 与 PM_{10} 质量浓度之间的回归模型（图 5-19）。研究发现，在不同地表下，HOT 与地面测量 PM_{10} 之间具有正相关性，一元二次模型的拟合效果最好，R^2 都大于其他 4 种模型，建筑、水体、植被 3 种典型地表和混合地表的 HOT 与 PM_{10} 的 R^2 分别为 0.3753、0.3438、0.3621 和 0.3618，RMSE 分别为 0.026、0.026、0.026 和 0.026，不同地表下的 R^2 和 RMSE 相差不大。

MODIS HOT 与 PM_{10} 的相关性并不是很高，一元二次方程的 R^2 约为 0.36，远低于模拟 HOT 与 AOD 的 R^2 的 0.99，可能有以下原因，其一，HOT 主要反映的是 AOD 的变化，所以模拟 HOT 与 AOD 的 R^2 达 0.99。而用于估算 PM_{10} 时，由于 AOD 与 PM_{10} 的差异，所以必然影响 MODIS HOT 与 PM_{10} 的相关性，正如 AOD 与 PM_{10} 的相关性有时并不高一样；其二，在获取 MODIS HOT 时，同一个季节采用的 θ_c 是相同的；其三，时空的不匹配。PM_{10} 是日均值且是点上观测数据，而 MODIS HOT 是卫星过境时刻且是一定区域范围的计算结果。

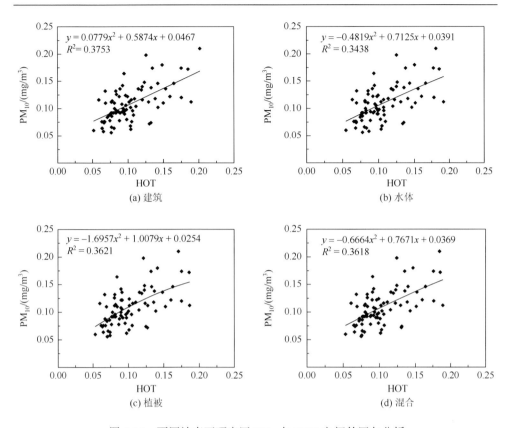

图 5-19　不同地表下研究区 PM_{10} 与 HOT 之间的回归分析

5.5　利用归一化灰霾指数估算 PM_{10}

以经常受灰霾影响的南京市为例，利用 MODIS 卫星遥感数据，通过对灰霾日与非灰霾日的地表覆被光谱变化分析，发现灰霾影响下的土地覆被光谱的变化规律。在此基础上，构建一种新的光谱指数——归一化灰霾指数（normalized difference haze index，NDHI），并将其与 PM_{10} 进行相关分析，构建基于 NDHI 的大气颗粒物遥感估算模型，从而为遥感监测大气污染提供一种新的简单、有效途径（Zha et al.，2012）。

5.5.1　灰霾日与非灰霾日土地覆被光谱变化

对空间分辨率为 500m MODIS-TERRA 数据进行几何校正后，在 2009 年 1 月 10 日非灰霾日和 1 月 18 日灰霾日的假彩色合成影像上（图 5-20），分别作跨越不同土地覆被类型的水平剖面线，通过对灰霾日与非灰霾日不同地表覆被光谱变化分析，以发现灰霾影响下的土地覆被光谱的变化规律。

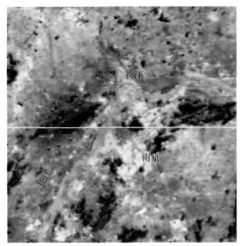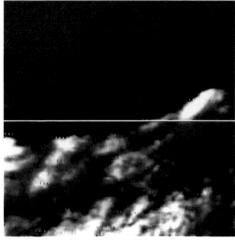

(a) 2009年1月10日非灰霾日   (b) 2009年1月18日灰霾日

图 5-20   研究区 MODIS 波段 2（红光）、1（绿光）、4（蓝光）假彩色合成影像

在 2009 年 1 月 10 日的水平剖面图上［图 5-21（a）］，由于不同土地覆被光谱的差异，造成 MODIS2、1、4 三个波段上光谱曲线的抖动较大特别是 MODIS2（近红外）波段，最大大于 0.14，最小 0.02，即不同土地覆被光谱值在近红外变化大。红光波段 MODIS1、绿光波段 MODIS4 两个波段上光谱曲线接近，MODIS4 比 MODIS1 稍大。只有在水体部分，近红外波段 MODIS2 反射低并且低于红光波段 MODIS1、绿光波段 MODIS4。而在其他土地覆被部分，近红外波段 MODIS2 都高于红光波段 MODIS1、绿光波段 MODIS4，特别在植被部分，近红外波段 MODIS2 明显高于红光波段 MODIS1、绿光波段 MODIS4。在城市部分，近红外波段 MODIS2 更接近红光波段 MODIS1、绿光波段 MODIS4，而且红光、绿光波段比较接近。

在 2009 年 1 月 18 日发生灰霾日［图 5-21（b）］，由于灰霾的影响，MODIS2、1、4 三个波段上光谱值已明显大于非灰霾日且曲线的抖动变小（两个明显峰是云的影响）。绿光波段 MODIS4 光谱值仍大于红光波段 MODIS1，但两个波段之间光谱差异明显变大。在水体部分，近红外波段 MODIS2 反射仍然较低并且低于红光波段 MODIS1、绿光波段 MODIS4。在植被部分，近红外波段 MODIS2 还是高于红光波段 MODIS1、绿光波段 MODIS4，但已接近红光波段 MODIS1、绿光波段 MODIS4。在城市部分，MODIS2、1、4 三个波段上光谱值已不接近，绿光波段 MODIS4 光谱值明显变高。

5.5.2 NDHI 的构建

通常认为，在某个光谱指数图像上，要提取的地类的值应大于其他地类的值，

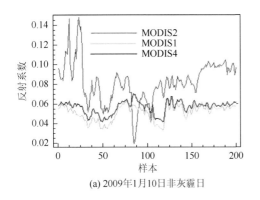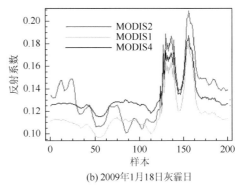

(a) 2009年1月10日非灰霾日　　　　　　　(b) 2009年1月18日灰霾日

图 5-21　研究区水平剖面上 MODIS 波段 2、1、4 光谱变化

如 NDVI 上，植被的值应大于水体和建筑物等，这是光谱指数的基本要求。因此，构建的 NDHI 图像上灰霾应大于其他地类，但 NDHI 不同于 NDVI、NDWI、NDBI 等，后者分别反映的是地球表面上的物体如植被、水体、建筑物等，而灰霾是覆盖在其上的，其他地物的光谱受灰霾影响后普遍升高（图 5-21），而灰霾的光谱也不可避免受到下垫面物体的影响。图像上光谱值是下垫面物体和灰霾共同作用的结果，很难区分两者的贡献大小，从而增加了 NDHI 的构建难度。但如果灰霾强度很大，灰霾的光谱就可能不受下垫面的影响。本书以完全覆盖下垫面的云及其灰霾强度较大的周边作为参考来构建 NDHI。

从图 5-21（b）看出，如果选取 MODIS1、4 构建 NDHI 即

$$NDHI = (MODIS1 - MODIS4) / (MODIS1 + MODIS4) \qquad (5-2)$$

则对于云和云周围的强灰霾区，分母值（MODIS1 + MODIS4）显然大于其他地区，而分子值（MODIS1−MODIS4）（为负值）显然也大于其他地区，所以，在 (MODIS1−MODIS4)/(MODIS1 + MODIS4) 的图像上，显然云和云周围的强灰霾区的光谱值要大于其他地类的值，由此构建的 NDHI 显然可以达到灰霾光谱值应大于其他地类值的要求 [图 5-22（a）]。

进一步，从 MODIS1、2、4 三个波段中，每次选择两个，构建共计 6 种归一化指数：

$$NDI1 = (MODIS1 - MODIS4)/(MODIS1 + MODIS4)$$
$$NDI2 = (MODIS4 - MODIS1)/(MODIS4 + MODIS1)$$
$$NDI3 = (MODIS1 - MODIS2)/(MODIS2 + MODIS1)$$
$$NDI4 = (MODIS2 - MODIS1)/(MODIS1 + MODIS1)$$
$$NDI5 = (MODIS2 - MODIS4)/(MODIS4 + MODIS1)$$
$$NDI6 = (MODIS4 - MODIS2)/(MODIS2 + MODIS1)$$

其中，只有 NDI1 即 NDHI 符合灰霾应大于其他地类的要求（图 5-22）。

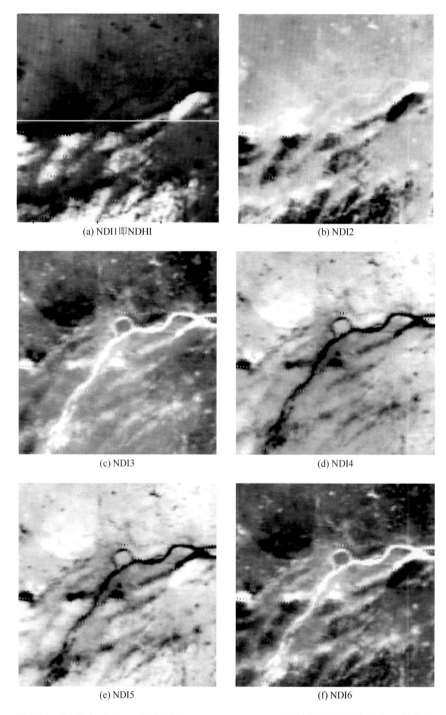

(a) NDI1即NDHI

(b) NDI2

(c) NDI3

(d) NDI4

(e) NDI5

(f) NDI6

图 5-22　2009 年 1 月 18 日灰霾日 MODIS1、2、4 三个波段两两构建的归一化指数

图 5-23 是按式（5-2）计算得到的 2009 年 1 月 10 日和 18 日的 NDHI 图像上研究区水平剖面上 NDHI 的变化图。2009 年 1 月 10 日，NDHI 值变化剧烈，各土地覆被有不同的值，其中建筑区域大于植被和水体，三者值相差大。受灰霾影响后的 1 月 18 日，植被和水体区 NDHI 值增大，而建筑区值变小，三者值相差小趋向一致，到有云的地区或灰霾很重的情况下，由于不受下垫面的影响，NDHI 明显变大。

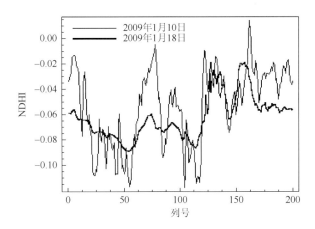

图 5-23　研究区水平剖面上 NDHI 的变化

5.5.3　NDHI 估算 PM_{10} 模型建立

灰霾发生时，大气受到污染，颗粒物增加，能见度下降。灰霾强度越大，则颗粒物越多，那么上述构建的 NDHI 能否指示近地面的大气污染即 NDHI 越大，大气中颗粒物越多呢？

从图 5-20 和图 5-23 可看出，在 NDHI 图像上，城市建筑地区 NDHI 值随灰霾发生反而减少，不符合光谱指数的要求即灰霾发生时 NDHI 应增加，故不宜取城市建筑区域的 NDHI 来获取其与 PM_{10} 的相关关系。而植被和水体区域的 NDHI 值却随灰霾发生而增加，故宜取城市地区植被和水体区域的 NDHI 来求其与 PM_{10} 的关系。

图 5-24 显示的分别是水体和植被上的 NDHI 值随 PM_{10} 增加而变化的趋势，可以看出，水体上 NDHI 的斜率更大，并且更接近 PM_{10} 的趋势线。但是，植被上 NDHI 的斜率小，并且更偏离 PM_{10} 的趋势线。这表明水体上 NDHI 对 PM_{10} 的变化比植被上 NDHI 对 PM_{10} 的变化更加敏感，而且水体上 NDHI 对 PM_{10} 的相关性应该比植被上 NDHI 对 PM_{10} 的相关性更强。

经过 NDHI 与 PM_{10} 相关分析，表明水体上 NDHI 与 PM_{10} 的相关系数高达 0.74，其线性相关模型为

$$PM_{10} = 1568.9 \cdot NDHI + 262.93 \qquad (5\text{-}3)$$

而植被上 NDHI 对 PM_{10} 的相关系数仅为 0.27。因此，NDHI（尤其水体上的 NDHI）可用于反映颗粒物大气污染。

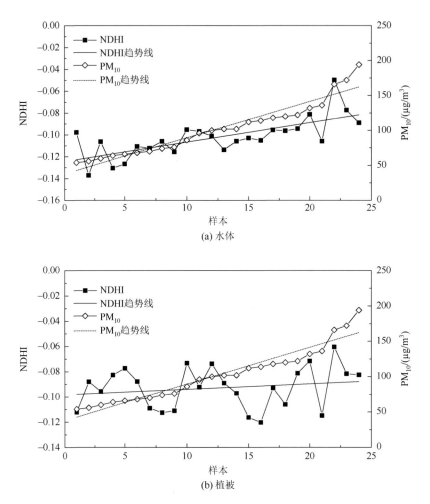

图 5-24　NDHI 值随 PM_{10} 增加而变化的趋势

第6章　基于MODIS数据的霾及其等级检测

6.1　概　　述

霾是一种严重影响大气质量的污染性天气，其形成与气象条件及大气污染密切相关。当在一定气象条件下，大气中气溶胶粒子急剧增加，能见度下降，便形成霾。

霾对人类的日常生产和生活具有重要的影响。构成霾的粒子尺度比较小，平均直径为 1～2μm，这些粒子可以通过呼吸道进入人体并在体内沉积，其上携带的有害物质会对人体健康产生严重危害。霾天气的增多会使哮喘、肺气肿、支气管炎等的暴发率上升，甚至导致一些敏感体质的死亡（白志鹏等，2006），并且随着人们在霾天气下暴露时间的延长而使人群总死亡率上升。而长时间暴露在霾天气下，还会影响到人们的心理健康。除了直接对人体健康产生影响外，霾出现时最直接的表现就是能见度的降低，影响城市景观和正常的交通秩序，导致事故频发；同时，它还会吸收太阳能，减少到达地面的太阳辐射量，影响地面辐射的收支平衡，进而对全球和区域气候变化产生影响，包括气温、干湿季、农耕期变化等，直接影响到农业生产力，甚至会造成粮食的安全问题。

随着中国经济的发展和城市化进程的加快，国民经济规模逐渐扩大，机动车保有量逐渐增多，向大气排放的污染物日益增多，空气质量严重恶化，大气污染形势严峻，霾天气频频发生。在中国经济发达、人口密集的许多城市地区，霾已经成为大气污染的重要形式，成为中国许多城市面临的主要问题。

长江三角洲地区经济和社会快速发展，大气污染严重，是中国四大霾严重地区之一。南京市作为长江三角洲城市群的重要成员，随着工业发展、城市建设的逐渐加快，向大气中排放的废气、颗粒物不断增加，空气污染形势严峻，霾时有发生。

本章以我国南京市为研究区，利用 MODIS 数据反演的 AOD、地表温度、大气可降水量及地面实测数据，分别构建霾检测指标能见度和相对湿度的遥感估算模型，估算研究区的能见度与相对湿度，按霾检测的标准实现研究区霾及其等级的遥感检测（Liu et al.，2017；张倩倩，2012）。

6.2　霾检测指标与标准

根据我国地面气象观测规范，霾、雾、轻雾都是造成能见度下降的天气现象。霾是指大量极细微的干尘粒等均匀地浮游在空中，使水平能见度小于 10km 的空气普遍混浊现象，可以使远处光亮物体微带黄、红色，而使黑暗物微带蓝色。雾是由大量微小水滴、冰晶或已湿的吸湿性质粒子悬浮在近地面空气中造成能见度降低的视程障碍现象，是水汽凝结的产物，当能见度小于 1km 时为雾，能见度在 1~10km 时为轻雾。霾和雾的组成和形成过程不同。霾是非水成物组成的气溶胶系统造成的，一般为干粒子造成的能见度降低，主要原因是空气污染，而雾发生时相对湿度是饱和的。两者在自然条件中可以相互转化，当相对湿度增加时，霾粒子吸湿成为雾滴，而相对湿度降低时，雾滴脱水后聚集则又形成霾。

目前我国对雾与霾的区分主要是根据能见度与相对湿度指标来进行划分。根据中国气象局（2010）发布的《霾的观测与预报等级》（QX/T 113—2010），在能见度小于 10km，排除降水、沙尘暴、扬尘、浮尘、烟幕、吹雪、雪暴等天气现象造成的视程障碍，相对湿度小于 80%，判识为霾，大于 95% 认为是雾，相对湿度 80%~95% 时，有可能是雾也有可能是霾，需要根据大气成分指标进一步判识。霾的等级主要分为轻微、轻度、中度和重度四级，检测依据是能见度值的大小，将能见度值大于等于 5km 小于 10km 的霾天确定为轻微霾天，能见度值大于等于 3km 小于 5km 的霾天确定为轻度霾天，能见度值大于等于 2km 小于 3km 的霾天为中度霾天，能见度值小于 2km 的霾天为重度霾天。

在本书中，将相对湿度小于 80%，能见度小于 10km 的霾以外的天气现象都归类为非霾，包括能见度大于等于 10km 的清洁天，相对湿度为 80%~95%，能见度小于 10km 的雾霾，以及相对湿度大于等于 95%，能见度小于 10km 的雾或轻雾（表 6-1）。因此，只要能遥感估算能见度与相对湿度，便可实现对霾及其等级的遥感检测。

表 6-1　霾及其等级检测标准

项目		代码	能见度 V/km	相对湿度 RH/%
非霾	清洁天	0	≥10	
	雾或轻雾		<10	RH≥95
	雾霾		<10	80≤RH<95
霾	轻微霾天	1	5≤V<10	RH<80
	轻度霾天	2	3≤V<5	
	中度霾天	3	2≤V<3	
	重度霾天	4	<2	

6.3　霾检测指标的遥感估算

6.3.1　数据与处理

1. MODIS 数据

本书使用的 MODIS 数据产品包括 MODIS 标准数据产品中的 MOD04 气溶胶产品和 MOD07 大气廓线产品。MOD04 气溶胶产品属于大气 2 级标准数据产品，可以提供地面和海洋的 AOD，其地面分辨率为 10km×10km。MOD07 大气廓线产品同样类属于 MODIS 大气 2 级标准数据产品，提供地表温度及大气可降水量等反演参数，地面分辨率为 5km×5km。所用数据时间范围从 2008 年 5 月到 2009 年 12 月共 20 个月，但受到阴雨天气及云雾等的影响，实际可用的天数为 108 天。其中 36 天用于能见度和相对湿度的遥感估算模型建立，其余的 72 天用于检测霾及其等级。

利用 MODIS 数据产品自带的经纬度地理坐标数据，对 AOD、地表温度及大气可降水量数据分别进行几何校正(地图投影为 UTM，条带号为 50N，使用 WGS-84 坐标系统)。然后获取以本书使用的地面能见度仪器为中心的 50km×50km 范围内的 AOD、地表温度、大气可降水量数据的平均值，以用于能见度和相对湿度的遥感估算。

2. 地面能见度数据

能见度即目标物的能见距离，是指观测目标物时，能从背景上分辨出目标物轮廓的最大距离。能见度是气象观测项目之一，是表征空气质量的重要参数，与气溶胶消光系数密切相关，其观测方法可以分为目测法和利用能见度仪观测法。利用目测法来进行能见度观测已具有较长的历史，但是由于其主观性和精度的原因，一般只作为参考性指标。

本书使用的能见度数据来自于架设在南京师范大学仙林校区行远楼的 CY-1C 前向散射能见度仪，它主要是利用光的前向散射原理，采用微处理器控制的大气能见度测量仪器。测量时，发出红外光脉冲，测量大气中悬浮粒子的前向散射光强度，采用适当的算法将测量值转换为气象能见度值。它可以对大气能见度进行连续监测（每隔 15s 观测一次），观测范围为 10～70000m，分辨率为 1m，精度在小于 10000m 时为±10%，大于 10000m 时为±20%，提供 15s、1min 及 10min 能见度测量值。本书使用 MODIS 过境时刻的 10min 能见度值作为 MODIS 过境时刻对应的地面气象能见度。

3. 地面气象数据

本书中使用的地面气象数据来自计算和信息系统实验室（computational and information system laboratory，CISL）科研数据库中的小时气象数据。CISL RDA（research data archive）是由美国国家大气研究中心（The National Center for Atmospheric Research，NCAR）的计算和信息系统实验室搭建的一个关于大气和地学的研究数据平台。其中的 DS463.3 数据集（http://rda.ucar.edu/datasets/ds463.3/）是由 NCAR 收集的美国国家气候数据中心（National Climatic Data Center，NCDC）地表机场小时观测数据（TD3280）、美国空军 DATSAV3 的地面小时观测数据（TD9956）及与 NCDC 合作的小时降雨数据（TD32400）合并组成的世界范围的地面气象观测数据，数据开始时间为 1901 年，每一年更新一次。该数据集包括了本书需要的南京站（582380）的气温、露点温度数据等。

由于该数据集中缺少相对湿度和实际水气压数据，因此根据气温 T、露点温度 T_d，按式（6-1）计算得到相对湿度 RH：

$$RH = \exp\{[17.67 T_d / (T_d + 243.5)] - [17.67 T / (T + 243.5)]\} \tag{6-1}$$

实际水气压 e 则由露点温度 T_d，按式（6-2）计算：

$$e = 6.112 \exp[17.67 T_d / (T_d + 243.5)] \tag{6-2}$$

6.3.2 能见度遥感估算

影响能见度的因素包括目标物及背景的物理特性、照明情况、大气特性及观测器械特性等，其中最复杂多变且影响最大的是大气特性，气溶胶污染是近年来造成能见度下降的主要原因。AOD 是气溶胶光学特性之一，表示的是气溶胶消光系数从地面到大气层顶的积分，反映无云大气垂直气柱中气溶胶造成的消光程度。能见度则与地表水平方向的大气消光系数有关。因此，利用表征垂直气溶胶消光程度的 AOD 估算出能见度是可行的。

1. 能见度遥感估算模型 1

根据柯西密什（Koschmieder）理论，能见度 V（km）计算公式为（盛裴轩等，2003）

$$V = 3.912 / \beta_0 \tag{6-3}$$

式中，β_0 为地面消光系数（km^{-1}）。因此，如果能遥感估算 β_0，则可以得到 V。

β_0 与 AOD 存在如下关系：

$$\tau_a = \int_0^\infty \beta_z dz = \int_0^\infty \beta_0 e^{\frac{z}{H}} dz = H \beta_0 \tag{6-4}$$

式中，τ_a 为 AOD；β_z 为高度 z 的气溶胶消光系数；H 为气溶胶标高（km）。

对 MODIS 提取的 AOD 与由地面能见度按式（6-3）计算的地面消光系数 β_0 进行线性拟合（图 6-1），得

$$\tau_a = 0.9221\beta_0 + 0.0838 \tag{6-5}$$

则由式（6-3）和式（6-5）获得能见度遥感估算模型 1：

$$V = 3.912 \cdot 0.9221/(\tau_a - 0.0838) \tag{6-6}$$

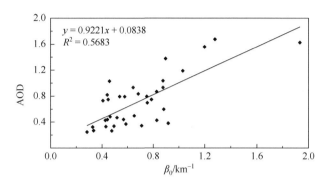

图 6-1 MODIS AOD 与地面消光系数 β_0 之间的关系

2. 能见度遥感估算模型 2

能见度 V 与 AOD 之间具有乘幂公式形式（Sheng et al.，2009）：

$$V = \alpha\tau^{-\beta} \tag{6-7}$$

式中，α、β 可以根据能见度值和 AOD 值进行拟合确定。

对 MODIS AOD 与地面能见度按式（6-7）进行拟合（图 6-2），得能见度遥感估算模型 2：

$$V = 5.1332\tau^{-0.498} \tag{6-8}$$

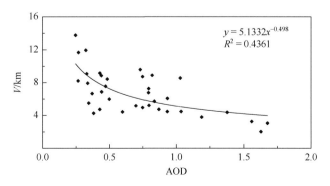

图 6-2 能见度 V 与 MODIS AOD 之间的关系

6.3.3　相对湿度遥感估算

相对湿度 RH 是指空气中的实际水汽压与同温度下的饱和水汽压的比值，一般用百分数表示即

$$\text{RH} = e/E \times 100 \tag{6-9}$$

式中，e 为实际水汽压，即大气中水汽产生的那部分压力；E 为饱和水汽压，即在温度一定的情况下，单位体积空气中的水汽达到饱和时的水汽压，它与温度有关，不同的温度条件下，饱和水汽压的数值是不同的。

从遥感数据一般不能直接得到相对湿度，因此，本书通过遥感数据分别对实际水汽压和饱和水汽压进行估算后，借助式（6-9）间接得到相对湿度。

实际水汽压由 MODIS 反演的大气可降水量（W）估算，两者具有较好的相关性。杨景梅和邱金桓（1996）利用中国 20 个气象台站的气象数据拟合了大气可降水量与地面实际水汽压之间的经验性关系，发现两者之间有较好的对应关系。Peng 等（2007）对马来半岛 2002~2003 年的可降水量和水汽压进行了拟合，均方根误差平均小于 0.04%。本书中，大气可降水量与实际水汽压存在较好的线性关系（图 6-3）：

$$e = 4.4133W + 2.6301 \tag{6-10}$$

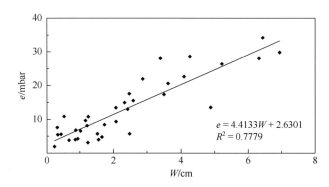

图 6-3　实际水汽压与大气可降水量之间的关系

饱和水汽压 E 与气温 T（℃）之间有下列关系：

$$E = 6.112\exp[17.67T/(T + 243.5)] \tag{6-11}$$

而气温 T 与 MODIS 地表温度 T_s 有较好的相关（图 6-4）：

$$T = 1.0838T_s - 3.606 \tag{6-12}$$

因此，利用 MODIS 地表温度数据按式（6-12）获得气温 T 后，代入式（6-11）即可实现对饱和水汽压进行遥感估算。

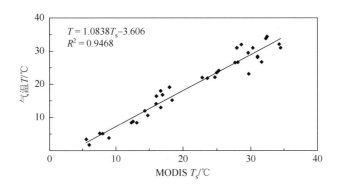

图 6-4　气温 T 与 MODIS 地表温度 T_s 之间的关系

利用 MODIS 大气可降水量 W、地表温度 T_s 分别估算出实际水汽压 e 与饱和水汽压 E 后，利用式（6-9）即可得到相对湿度 RH。

6.4　霾及其等级遥感检测分析

按照霾及其等级检测标准（表 6-1），在检测的 72 天中，地面实测能见度≥10km，受气溶胶污染较少的清洁天共有 11 天，能见度<10km，相对湿度≥80%而<95%的雾霾有 1 天，能见度<10km，相对湿度≥95%的雾或轻雾没有出现，以上 12 天统称为非霾。能见度<10km 且相对湿度<80%的霾为 60 天，占 83.3%。基于模型 1 估算能见度和相对湿度检测错误 22 天［图 6-5（a），表 6-2］，正确 38 天，基于模型 2 估算能见度和相对湿度检测错误 11 天［图 6-5（b），表 6-3］，正确 49 天，精度分别为 63.3%和 81.7%。

在检测的 60 天霾中，轻微、轻度、中度、重度霾天分别为 38 天、18 天、3 天、1 天，基于模型 1 估算能见度和相对湿度检测（表 6-2），轻微、轻度、中度、重度霾天检测正确分别为 12 天、8 天、0 天、1 天，精度分别为 31.6%、44.4%、0%、100%。总的检测正确天数为 21 天，精度为 35.0%。基于模型 2 估算能见度和相对湿度检测（表 6-3），轻微、轻度、中度、重度霾天检测正确分别为 27 天、9 天、0 天、0 天，精度分别为 71.1%、50.0%、0%、0%。总的检测正确天数为 36 天，精度为 60.0%。总体来说，基于模型 2 估算能见度和相对湿度检测的效果较好，特别对于轻微、轻度霾天检测效果更是如此。

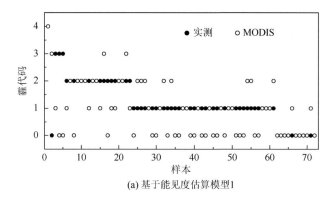

(a) 基于能见度估算模型1

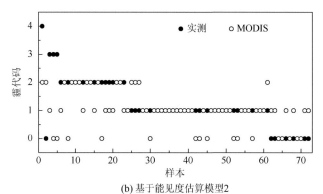

(b) 基于能见度估算模型2

图 6-5　由实测和 MODIS 分别检测的霾

横坐标表示按能见度从低到高排序的样点

表 6-2　基于模型 1 估算的能见度和相对湿度的霾检测混合矩阵

霾等级	非霾	轻微霾	轻度霾	中度霾	重度霾
非霾	9	18	2	2	0
轻微霾	2	12	6	1	0
轻度霾	0	8	8	0	0
中度霾	1	0	2	0	0
重度霾	0	0	0	0	1
精度/%	75	31.6	44.4	0	100

表 6-3　基于模型 2 估算的能见度和相对湿度的霾检测混合矩阵

霾等级	非霾	轻微霾天	轻度霾天	中度霾天	重度霾天
非霾	5	7	2	2	0
轻微霾天	6	27	7	1	0
轻度霾天	1	4	9	0	1

续表

霾等级	非霾	轻微霾天	轻度霾天	中度霾天	重度霾天
中度霾天	0	0	0	0	0
重度霾天	0	0	0	0	0
精度/%	41.7	71.1	50	0	0

由于轻微、轻度霾天发生频率较高，因此其检测结果更可信。在 38 天轻微霾天检测中，基于模型 1 能见度和相对湿度检测，有 18 天被错误检测为非霾，8 天被错误检测为轻度霾，计 26 天（表 6-2）。其中，20 天由能见度估算错误引起，1 天由相对湿度估算错误引起，5 天由两者共同引起（图 6-6）；基于模型 2 能见度和相对湿度检测，有 7 天被错误检测为非霾，4 天被错误检测为轻度霾，计 11 天（表 6-3），5 天由能见度估算错误引起，5 天由相对湿度估算错误引起，1 天由两者共同引起（图 6-6）。

在 18 天轻度霾天检测中（图 6-7），基于模型 1 能见度和相对湿度检测，有 2 天被错误检测为非霾，6 天被错误检测为轻微霾，2 天被错误检测为中度霾，计 10 天（表 6-2），其中 8 天由能见度估算错误引起，1 天由相对湿度估算错误引起，1 天由两者引起（图 6-7）；基于模型 2 能见度和相对湿度检测，有 2 天被错误检测为非霾，7 天被错误检测为轻微霾，计 9 天（表 6-3），7 天由能见度估算错误引起，1 天由相对湿度估算错误引起，1 天由两者引起（图 6-7）。

无论是轻微霾天还是轻度霾天检测，能见度比相对湿度更加影响霾检测的效果。对能见度估算导致的检测错误，基于模型 1 能见度检测明显高于基于模型 2 能见度检测，即基于模型 2 能见度估算相对准确，导致基于模型 2 能见度和相对湿度检测霾的精度较高。

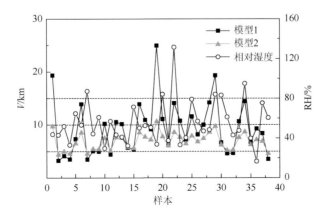

图 6-6　轻微霾天（5km≤V<10km，RH<80%）检测中遥感估算的能见度和相对湿度

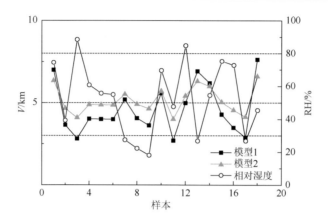

图 6-7　轻度霾天（3km≤V<5km，RH<80%）检测中遥感估算的能见度和相对湿度

在轻微霾的检测中，由模型 2 确定的能见度所检测的霾的精度明显高于模型 1，这是因为由模型 1 估算的能见度比由模型 2 估算的能见度更偏离实际值。表 6-4 和表 6-5 显示由模型 1 估算的能见度的绝对和相对误差分别为 3.35 和 49.59%，明显大于由模型 2 估算的能见度的绝对误差 1.85 和相对误差 30.49%，特别是能见度在 5～10km 时，由模型 2 估算的能见度比由模型 1 估算的能见度更接近实际值，因此在轻微霾检测中，模型 2 比模型 1 更好。对中度霾和轻度霾，模型 2 和模型 1 估算的能见度误差接近，但对重度霾，由模型 2 估算的能见度比由模型 1 估算的能见度误差更大，导致模型 2 不能有效地检测重度霾。

表 6-4　基于能见度估算模型 1 的误差

误差		<2km	2km≤V≤3km	3km≤V<5km	5km≤V<10km	≥10km
绝对误差	3.35	0.01	2.66	1.25	3.76	5.93
相对误差/%	49.59	0.68	109.21	31.43	53.75	47.74

表 6-5　基于能见度估算模型 2 的误差

误差		<2km	2km≤V≤3km	3km≤V<5km	5km≤V<10km	≥10km
绝对误差	1.85	1.45	2.55	1.25	1.48	3.91
相对误差/%	30.49	80.17	105.55	33.15	20.19	29.91

本书建立的估算能见度和相对湿度的遥感模型都是统计模型，例如，图 6-2 显示在 AOD 取相同值时，能见度 V 可以有不同的值。虽然可以拟合能见度和 AOD 得到估算能见度的模型，但根据 MODIS AOD 估算能见度时，必然造成能见度的高估或低估（图 6-6 和图 6-7）。由于本书估算能见度和相对湿度使用的 AOD，地

表温度及大气可降水量都是来自 MODIS 产品数据，因此基于 MODIS 的霾及其等级遥感检测与 MODIS 产品数据密切相关，高质量的 MODIS 产品数据将会有更高的检测效果。

　　同时，本书建立的估算能见度和相对湿度的遥感模型都是统计模型，因此它们应用于其他地区精度必然受到影响。在一地建立的模型通常只能用于该地区，但幸运的是，中国几乎所有城市地区都有能见度、气温和露点温度地面测量数据。因此只要按本书建议的方法建立能见度和相对湿度遥感估算模型，就可以进行不同城市地区霾检测。

第7章 区域气溶胶污染变化监测及其影响分析

7.1 概　　述

中国东部作为中国经济最发达的地区之一，气溶胶浓度也较高，位于中国东部的长三角地区更是如此。

长三角地区主要包括江苏省、安徽省、浙江省和上海市，区域面积约为 35.9 万 km^2，占国土面积的 3.69%，是中国经济发达、城镇化程度较高的地区之一。该地区是典型的亚热带季风气候，属东亚季风区，四季分明，冬季气温较低，夏季高温多雨。

长三角地区作为中国最发达的经济区之一，人口基数大，社会经济发达，城市化程度较高，同时也是中国工业最为发达的地区之一。经济高速发展的同时，也带来相应的问题，其中污染问题尤为严重。由于缺乏整体规划，长江沿岸各省市纷纷将高耗能、高污染和高水耗的重型化工企业布局在长江两岸，长江中下游地区环境污染严重，环境安全问题突出。近年来全国范围的雾霾天气越来越受民众关注，长三角地区是其中典型的区域之一，大气气溶胶颗粒物浓度高，如何解决空气污染问题，已成为环境保护工作的首要任务。

与京津冀和珠三角相比，长三角地区产业结构、气象条件、地理环境的特殊性，使得该地区气溶胶呈现出外来沙尘、生物质燃烧产生的烟尘及局地人为气溶胶并存的复合型气溶胶特征。研究长三角地区大气气溶胶的时空变化特征及相关影响机制，对明确气溶胶污染形成原因有着重要的实际指导意义，可为区域气溶胶污染治理提供科学参考和有效支持。

针对长三角地区的气溶胶变化特征，已经有学者开展了相关研究，主要包括 AOD 获取及时空变化规律分析（Luo et al.，2014）、秸秆燃烧产生的烟尘气溶胶对长三角地区气溶胶的影响（Wang et al.，2014）、霾天气中细颗粒物的特征（Cheng et al.，2013；Wang et al.，2015）、沙尘输入（Fu et al.，2014）、气溶胶理化特性分析（耿彦红等，2010）及气溶胶来源（李成才等，2003）等方面。

目前对长三角地区气溶胶时空变化研究，大部分是基于传统光学遥感数据基础上，对整层大气的 AOD 进行研究。随着激光雷达卫星 CALIPSO 的应用，对气溶胶的研究扩展到了大气的垂直方向上。在长三角地区，激光雷达更多地被应用于分析区域内城市雾霾天气爆发时气溶胶各光学参数的变化特征（沈仙霞等，2014），研究整个长三角地区气溶胶在垂直方向上变化的较少，因此利用激光雷达结合光学遥感数据，联合分析长三角地区气溶胶时空变化特征具有重要的研究意义，将原有的分析空间从二维拓展到了三维，有助于更加深入地掌握气溶胶变化的特征（Hoff and Christopher，2009）。

气溶胶时空变化受诸多因素影响，气象因子是其中影响较为显著的因素之一。气象因子中风速、相对湿度等对 AOD 均有一定影响。研究表明风速能加速气溶胶扩散，当风速较小时不利于气溶胶扩散；相对湿度也是影响气溶胶变化的因素之一，气溶胶颗粒物能够吸收大气中的水分膨胀，进而改变颗粒物的光学特性和尺度，影响气溶胶浓度和大气能见度。目前多采用地面气象站实测的气象数据来分析气象因子对气溶胶浓度的影响，然而气象站实测数据为近地面气象数据，而气溶胶则分布于整层大气中，仅利用地面监测数据很难全面分析气象因子对气溶胶变化的影响。除气象因子外，外来输入也是区域气溶胶变化的一个影响因素，一些学者利用 WRF-CMAQ 等大气模式来模拟外来输入对气溶胶的变化影响，但大气模式操作难度较大且高精度的排放源清单不易获取，直接利用大气模式研究外来输入对气溶胶变化的影响存在一定的不确定性，而后向轨迹分析法则是研究气溶胶输送的便捷手段，也是研究区域性粒子传输问题中常用的方法（Davidson et al.，1993；Abdalmogith and Harrison，2005），并取得了较好的效果。

本章利用 PARASOL 偏振卫星遥感数据反演的 AOD 及组分数据（详见 3.6 节），以及从 CALIPSO 激光雷达数据中提取的垂直方向上的气溶胶参数信息，分析长三角地区在三维空间上气溶胶的变化特征。在反演的 AOD 数据基础上结合 WRF 大气模式模拟的不同高度的气象数据，通过随机森林模型分析不同高度气象因子对气溶胶的影响机制。最后，利用 HYSPLIT 后向轨迹模式，分析长三角地区气溶胶输入轨迹、潜在源分布及外源所占份额（程峰，2017）。

7.2　气溶胶时空变化特征分析

利用 PARASOL 偏振卫星遥感数据反演的研究区 AOD 及组分数据，同时结合 CALIPSO 激光雷达遥感数据提取的气溶胶光学参数和气溶胶类型数据，综合分析研究区气溶胶污染的时空变化特征。

7.2.1　AOD 的变化

利用 PARASOL 偏振卫星遥感数据反演获取的 2008～2013 年 AOD 数据求出

长三角地区气溶胶 6 年 AOD 均值数据（图 7-1），AOD 平均为 0.53。从图 7-1 可以看出，研究区北部的气溶胶浓度较高，南部的气溶胶较低。江苏省和上海市全境 AOD 偏高，安徽省中北部地区 AOD 较高，西部和南部气溶胶较低。浙江省气溶胶与其他区域相比浓度较低，其中东北部 AOD 最高，西北与安徽省相邻区域及南部地区 AOD 较低。由此可见，AOD 较高地区主要分布在平原地区、城市及城市周边的工业密集区；而 AOD 较低区域主要分布在山区及植被密集区。

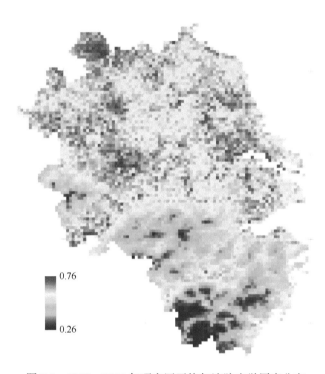

图 7-1 2008～2013 年研究区平均气溶胶光学厚度分布

1. AOD 的年际变化

利用 PARASOL 偏振卫星遥感反演求出长三角地区各省市 AOD 年均值（图 7-2 和表 7-1）。可以看出，研究区内不同年份的 AOD 总体变化较小，但其中也存在一些变化。

研究区内江苏省气溶胶浓度最大，AOD 的 6 年均值达到了 0.57，其次为上海市，AOD 的 6 年均值为 0.56。安徽省气溶胶浓度低于江苏省和上海市，浙江省气溶胶浓度最低，AOD 的 6 年均值仅为 0.47。研究区在 2008～2013 年中 AOD 总体呈现增加—降低—增加的变化过程。2008～2009 年研究区 AOD 年均值从 0.54 增加至 0.56，2009～2012 年 AOD 年均值呈现降低趋势，2012 降低至 0.49，

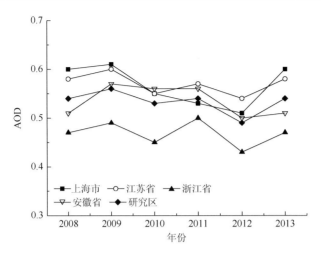

图 7-2　2008～2013 年研究区 AOD 年均变化

为 6 年中最低值，2013 年 AOD 年均值开始增加。其中江苏省 AOD 年均值变化趋势与研究区总体变化趋势较为接近，但每年的 AOD 均值均高于研究区年均值。上海市 AOD 年均值变化趋势也呈现了相同的变化趋势，上海市除 2011 年 AOD 低于研究区 AOD 年均值外，其余年份均高于研究区 AOD 年均值。另外，上海市 2012～2013 年 AOD 增加较快，从 2012 年的 0.51 增加至 2013 年的 0.60，为同年所有地区中的最高值。安徽省 AOD 年均值变化同样呈现增加—降低—增加的变化趋势，但不同年份有一定的变化。2008 年 AOD 年均值低于研究区 AOD 年均值，2009 年增加后高于研究区 AOD 年均值，2009～2011 年 AOD 降低较为缓慢，2012 年快速下降至 0.50，2013 年有所增加但增加较少，且再一次低于研究区 AOD 年均值。浙江省 AOD 年均值均明显低于研究区及其他省市 AOD 年均值，年际间的变化趋势与研究区总体变化趋势并不一致，2009～2012 年 AOD 年均值下降趋势不明显，其中 2011 年 AOD 年均值增加较大。总体上，2008～2013 年长三角地区 AOD 变化不大。

表 7-1　2008～2013 年研究区年均 AOD

省（市）	2008 年	2009 年	2010 年	2011 年	2012 年	2013 年	平均
上海市	0.60	0.61	0.55	0.53	0.51	0.60	0.56
江苏省	0.58	0.60	0.55	0.57	0.54	0.58	0.57
浙江省	0.47	0.49	0.45	0.50	0.43	0.47	0.47
安徽省	0.51	0.57	0.56	0.56	0.50	0.51	0.54
研究区	0.54	0.56	0.53	0.54	0.49	0.54	0.53

2. AOD 的季节变化

利用反演的 AOD 数据计算出长三角地区 2008～2013 年四季平均 AOD（春季 3～5 月，夏季 6～8 月，秋季 9～11 月，冬季 12 月和 1～2 月），进一步分析长三角地区 AOD 季节变化特征。从图 7-3 中可以看出研究区 AOD 随季节变化明显，其中春季最高，其次为夏秋两季，最低为冬季，变化趋势与相关研究成果一致（施成艳，2011）。

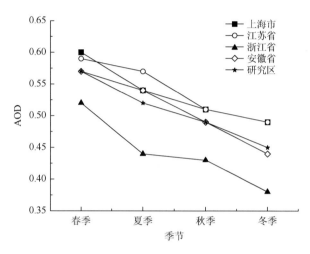

图 7-3　2008～2013 年研究区季节平均 AOD

研究区春季平均 AOD 为 0.57，夏季和秋季分别 0.52 和 0.49，冬季最低为 0.45。其中上海市和江苏省四季平均 AOD 均高于研究区平均 AOD，安徽省春季和秋季平均 AOD 与研究区平均值相同，夏季平均 AOD 高于研究区平均 AOD，仅有冬季低于研究区平均 AOD。浙江省四季平均 AOD 均低于研究区及上海市、江苏省和安徽省的 AOD 均值。其中，春季平均 AOD 为 0.52，为四季中最大值，冬季最小仅为 0.38（表 7-2）。

表 7-2　研究区 2008～2013 年季节平均 AOD

省（市）	春季	夏季	秋季	冬季
上海市	0.60	0.54	0.51	0.49
江苏省	0.59	0.57	0.51	0.49
浙江省	0.52	0.44	0.43	0.38
安徽省	0.57	0.54	0.49	0.44
研究区	0.57	0.52	0.49	0.45

为进一步分析长三角地区气溶胶时空变化特征,本书计算出 2008~2013 每年江苏省、上海市、安徽省、浙江省及研究区整体不同季节的 AOD 均值,分析不同区域范围内四季 AOD 均值变化（图 7-4、表 7-3）。

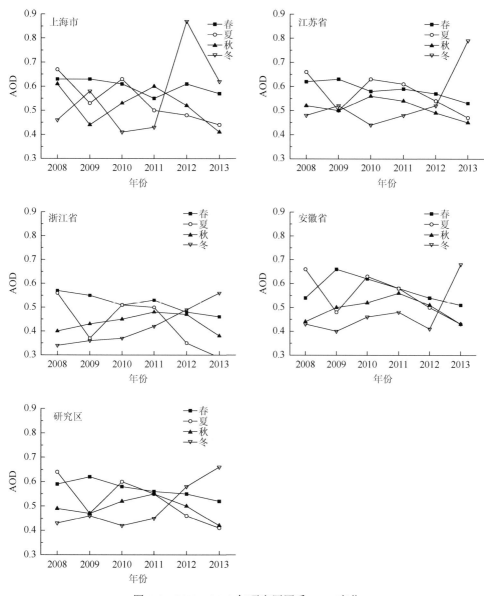

图 7-4 2008~2013 年研究区四季 AOD 变化

长三角地区春季 AOD 值虽然在 2009 年有一个较小的增长,但 AOD 总体在不断降低;夏季 AOD 在 2009 年有一个较大的降低,但随后开始增加,并在 2010 年快速增加至 0.6 后持续减小,总体上夏季 AOD 也呈现降低的变化趋势;秋季 AOD 降低趋势开始较晚,在 2009~2011 年的秋季 AOD 呈现上升趋势,自 2011 年起 AOD 不断降低;2008~2010 年的冬季变化幅度较小,但 2010 年后 AOD 持续快速增大,自 2012 年起 AOD 开始高于其他季节。研究区中江苏省、上海市、安徽省及浙江省等地四季 AOD 变化与研究区总体变化趋势一致,因此,长三角地区气溶胶在春夏秋三季呈现出减少趋势,而在冬季呈现出较快的增长趋势。

表 7-3 2008~2013 年研究区四季 AOD 均值变化

省（市）	季节	2008 年	2009 年	2010 年	2011 年	2012 年	2013 年
上海市	春季	0.63	0.63	0.61	0.55	0.61	0.57
	夏季	0.67	0.53	0.63	0.50	0.48	0.44
	秋季	0.61	0.44	0.53	0.60	0.52	0.41
	冬季	0.46	0.58	0.41	0.43	0.87	0.62
江苏省	春季	0.62	0.63	0.58	0.59	0.57	0.53
	夏季	0.66	0.50	0.63	0.61	0.54	0.47
	秋季	0.52	0.50	0.56	0.54	0.49	0.45
	冬季	0.48	0.52	0.44	0.48	0.52	0.79
浙江省	春季	0.57	0.55	0.51	0.53	0.48	0.46
	夏季	0.56	0.37	0.51	0.50	0.35	0.29
	秋季	0.40	0.43	0.45	0.48	0.47	0.38
	冬季	0.34	0.36	0.37	0.42	0.49	0.56
安徽省	春季	0.54	0.66	0.62	0.58	0.54	0.51
	夏季	0.66	0.48	0.63	0.58	0.50	0.43
	秋季	0.44	0.50	0.52	0.56	0.51	0.43
	冬季	0.43	0.40	0.46	0.48	0.41	0.68
研究区	春季	0.59	0.62	0.58	0.56	0.55	0.52
	夏季	0.64	0.47	0.60	0.55	0.46	0.41
	秋季	0.49	0.47	0.52	0.55	0.50	0.42
	冬季	0.43	0.46	0.42	0.45	0.58	0.66

7.2.2 气溶胶组分的变化

1. 气溶胶组分的年际变化

对长三角地区气溶胶组分数据进行统计,获得 2008~2013 年气溶胶组分年平均数据。气溶胶组分中沙尘性、水溶性、海洋性及煤烟性气溶胶分别为 0.482、0.323、0.006 和 0.189（表 7-4）。

　　2008～2013 年，沙尘性和煤烟性气溶胶比例呈现增长趋势。其中，沙尘性气溶胶从 2008 年的 0.48 增加到 2013 年的 0.486；煤烟性则从 0.177 增加到 0.201。水溶性气溶胶呈现相反的变化趋势，从 2008 年的 0.336 减小至 0.307。海洋性气溶胶 6 年间未发生变化。

表 7-4　研究区年均气溶胶组分比

年份	沙尘性	水溶性	海洋性	煤烟性
2008	0.480	0.336	0.006	0.177
2009	0.480	0.335	0.006	0.179
2010	0.480	0.327	0.006	0.186
2011	0.482	0.319	0.006	0.193
2012	0.486	0.310	0.006	0.197
2013	0.486	0.307	0.006	0.201
平均	0.482	0.323	0.006	0.189

2. 气溶胶组分的季节变化

　　对不同季节的组分进行统计分析得知（表 7-5），2008～2013 年长三角地区海洋性气溶胶的比例未发生改变而且在气溶胶组分中占的比例很低，表明其对该地区气溶胶组成影响不大，因此在本部分中将不予具体分析。沙尘性、水溶性及煤烟性气溶胶在不同季节均呈现一定的变化，下面重点讨论沙尘性、水溶性及煤烟性气溶胶四季的变化。

表 7-5　2008～2013 年逐年气溶胶组分季节平均结果

年份	季节	沙尘性	水溶性	海洋性	煤烟性
2008	春季	0.480	0.337	0.006	0.177
	夏季	0.484	0.333	0.006	0.177
	秋季	0.477	0.339	0.006	0.177
	冬季	0.480	0.336	0.006	0.178
2009	春季	0.472	0.347	0.007	0.174
	夏季	0.486	0.333	0.006	0.175
	秋季	0.482	0.332	0.006	0.180
	冬季	0.481	0.327	0.006	0.187
2010	春季	0.481	0.326	0.006	0.187
	夏季	0.481	0.326	0.006	0.187
	秋季	0.480	0.328	0.006	0.186
	冬季	0.480	0.328	0.006	0.185

续表

年份	季节	沙尘性	水溶性	海洋性	煤烟性
2011	春季	0.480	0.324	0.006	0.190
	夏季	0.481	0.319	0.006	0.193
	秋季	0.486	0.309	0.006	0.199
	冬季	0.480	0.326	0.006	0.188
2012	春季	0.487	0.311	0.006	0.196
	夏季	0.485	0.315	0.006	0.194
	秋季	0.488	0.302	0.006	0.204
	冬季	0.486	0.314	0.006	0.194
2013	春季	0.489	0.297	0.006	0.208
	夏季	0.481	0.321	0.005	0.193
	秋季	0.494	0.293	0.005	0.207
	冬季	0.479	0.319	0.007	0.195

在春季，沙尘性气溶胶除 2009 年有一定下降外基本呈现增长趋势。夏季沙尘性气溶胶在 2008～2009 年中所占比例高于其他气溶胶组分，并在 2008～2009 年及 2011～2012 年有一定增长，但总体保持下降趋势，在 2013 年低于秋季和冬季沙尘性气溶胶所占比例。秋季沙尘性气溶胶呈现明显的增长趋势，2011 年起高于其他气溶胶组分所占比例。冬季沙尘性气溶胶在 2008～2012 年中呈现一定增长趋势，2013 年沙尘性气溶胶所占比例降低（图 7-5）。

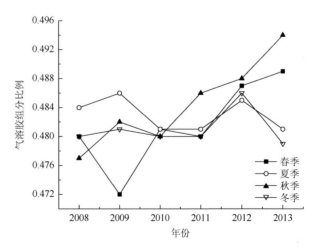

图 7-5　2008～2013 年四季沙尘性气溶胶比例变化

水溶性气溶胶在四季中总体表现出较为明显的下降趋势。其中秋季下降趋势较为明显，在 2008～2013 年中持续下降。春季经历了 2008～2009 年的小幅度增长后持续下降，而夏冬两季变化趋势较为类似，总体保持下降趋势，2008～2012年下降趋势较大，2012年后停止下降后有小幅增长（图7-6）。

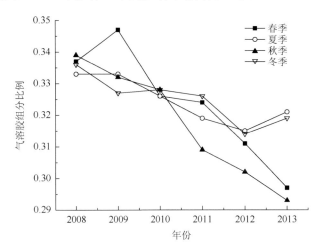

图 7-6　2008～2013 年四季水溶性气溶胶比例变化

煤烟性气溶胶的变化趋势与水溶性气溶胶相反，呈现持续增长趋势（图7-7）。2008年煤烟性气溶胶在四季中所占比例非常接近，在2009年有较大差别，2010年之后差别持续增加。其中冬季煤烟性增长趋势最为缓慢，秋季持续增长，6年中波动最小，而春夏季煤烟性气溶胶在2009年有一定降低后持续增长。至2013年，春秋季煤烟性气溶胶所占比例较大，冬夏季比例较小，并且二者之间的比例差距有进一步增大趋势。

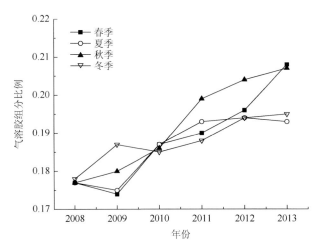

图 7-7　2008～2013 年四季煤烟性气溶胶比例变化

虽然气溶胶组分中的沙尘性、水溶性及煤烟性气溶胶在不同年份间存在一定季节变化，但多年平均值变化不大（表 7-6），表明长三角地区四季气溶胶组分相对较稳定。

表 7-6　气溶胶组分季节平均比例

季节	沙尘性	水溶性	海洋性	煤烟性
春季	0.482	0.324	0.006	0.189
夏季	0.483	0.325	0.006	0.187
秋季	0.485	0.317	0.006	0.192
冬季	0.481	0.325	0.006	0.188

7.2.3　气溶胶的垂直变化

本书利用 CALIPSO 星载激光雷达数据提取和估算出的气溶胶总后向散射系数、退偏比及色比等参数，分别统计出垂直方向上不同高度的气溶胶频率分布、散射强度分布、偏振比和色比大小。另外，从激光雷达数据中提取气溶胶类型数据，分析不同类型气溶胶在长三角地区三维空间上的分布规律。

1. 气溶胶四季垂直频率分布

从 CALIPSO 星载激光雷达数据中估算出的气溶胶信号数据，将数据按垂直高度重新分成 0～300m，300～600m，……，9600～9900m 等 33 层，计算每层气溶胶数据出现的频率，分别统计春夏秋冬四季不同高度气溶胶出现的频率，获得不同高度气溶胶频率分布曲线（图 7-8）。

春夏秋冬四季气溶胶在不同高度上的分布呈现明显的变化规律，总体上气溶胶大部分分布在 4km 以下，随着高度的增加，气溶胶出现的频率不断降低。在近地表，春季气溶胶的频率最小，约为 6%，随着高度的增加气溶胶所占的比例逐渐减少至 1% 以下。春季气溶胶随着高度的增加，气溶胶的频率下降最为缓慢，高空气溶胶频率高于其他季节。夏季气溶胶主要分布 4km 以下高度，随着高度增高下降速率较慢，2km 以上气溶胶频率下降加快，4km 以上气溶胶频率已降至 1.5% 以下。秋季近地表气溶胶频率有所增加，气溶胶主要分布在 4km 以下，4km 以上气溶胶含量较小，与夏季相比，随着高度增加气溶胶频率下降加快。冬季底层气溶胶有一定增加，2km 以下气溶胶继续减少，但 2km 以上气溶胶有明显增加趋势，5km 以上高空气溶胶明显高于夏秋两季，但仍低于春季。

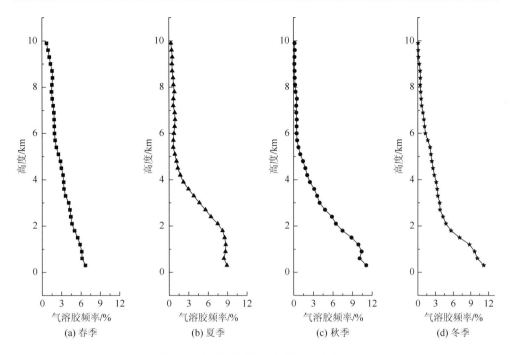

图 7-8　四季不同高度气溶胶频率分布

在对整个研究区不同高度气溶胶频率分布进行探讨后，进一步分析四季不同经度带（116°E、118°E 和 120°E）气溶胶垂直频率分布，从中获取研究区东西部气溶胶变化特征（图 7-9）。春季，近地表 120°E 气溶胶频率最高，其次为 118°E 和 116°E，随着高度上升，120°E 气溶胶频率下降最快，116°E 下降最慢，2~4km 为气溶胶频率最高的经度带。在 4~6km，118°E 气溶胶频率增加，成为频率最高的经度带，而 120°E 气溶胶频率最低。由此可以看出：春季近地表东部气溶胶频率高于西部，而高空西部则高于东部。夏季同样近地表 120°E 气溶胶频率最高，其次为 118°E 和 116°E，但气溶胶频率有所增加。在 2km 以下，随着高度增加，气溶胶频率减少不明显，甚至有一定增加，2~4km 气溶胶频率降低明显，120°E 和 118°E 频率逐渐趋于一致，116°E 气溶胶频率明显高于其他经度带。4km 以上高空气溶胶快速降低至 1% 以下。由此可以看出夏季主要分布在 4km 以下，2km 以下气溶胶频率东部大于西部，而 2~4km 则为西部气溶胶频率大于东部。秋季和冬季各经度带在不同高度的频率分布差异较小，由此可以看出，在秋冬季，研究区各高度东西部气溶胶变化较小。

研究区不同经度带垂直高度上的气溶胶频率分布存在一定季节变化规律，而对不同纬度带（28°N、30°N、32°N 和 34°N）上气溶胶垂直分布频率进行分析，同样存在一定的变化规律（图 7-10）。春季，2km 以下 28°N 和 30°N 纬度带气溶

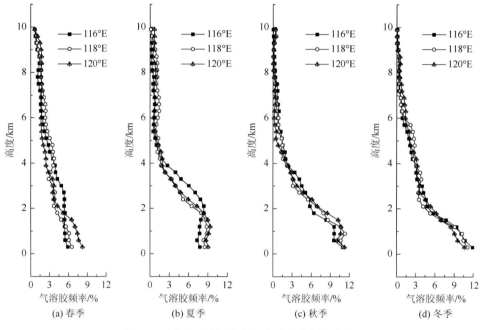

图 7-9　四季不同经度带气溶胶垂直频率分布

胶频率低于 32°N 和 34°N,而 2～6km 32°N 和 34°N 气溶胶频率低于 28°N 和 30°N,6km 以上各纬度带气溶胶频率减小并逐渐趋于一致。在夏季,相对于春季,2km 以下除 32°N 外,其他纬度带随着高度增加,气溶胶频率有先增加后减小的趋势,其中 28°N 增加最快同时也是频率最高的纬度带,其次由南向北为 30°N、32°N 和 34°N。在 2～4km 34°N 为频率最高的纬度带,而 28°N 所占频率最低,所占频率也最低。4km 以上高空各纬度带气溶胶频率降至较低水平。秋季 1km 以下近地面 32°N 和 34°N 气溶胶频率增加较大,且所占的频率大于 28°N 和 30°N。1～4km 相对于夏季,28°N 和 30°N 气溶胶频率增加较大,所占的频率高于 32°N 和 34°N。冬季 1km 以下 28°N 和 30°N 继续增大,其频率开始接近 32°N 和 34°N,但 2km 以下气溶胶总体在下降。2～4km 28°N 和 30°N 气溶胶频率高于 32°N 和 34°N,并且频率下降趋势变慢。4km 以上高空频率有所增加,32°N 和 34°N 开始高于 28°N 和 30°N。由此可以看出,研究区 2km 以下,夏季研究区南部气溶胶高于北部,而其他季节北部气溶胶高于南部,其中冬季虽然南部气溶胶低于北部,但处于较高水平,2～4km 仅有夏季北部气溶胶频率高于南部。4km 以上春季南北方,所占频率均高于其他季节,夏季 4km 以上气溶胶比例快速降低,尤其研究区南部。秋季北部 2km 以下低空气溶胶增加明显,2～4km 北部气溶胶增加明显。5km 以上高空气溶胶继续减少。冬季 1km 以下气溶胶有增加趋势,南部增加明显。2km 以下低空气溶胶有减少趋势,减小趋势趋缓,4km 以上高空气溶胶有增加趋势,北部增加明显。

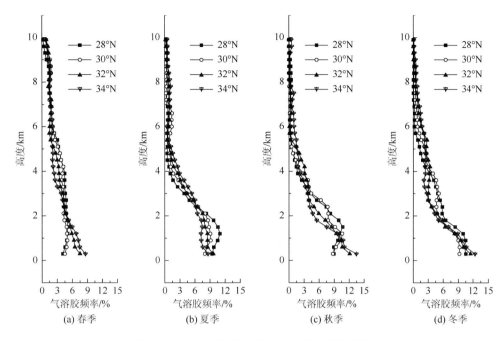

(a) 春季　　　　(b) 夏季　　　　(c) 秋季　　　　(d) 冬季

图 7-10　四季不同纬度带气溶胶垂直频率分布

2. 气溶胶总后向散射系数垂直分布特征

气溶胶总后向散射系数反映气溶胶散射的强度，一般认为沙尘气溶胶的总后向散射系数在 $0.0008 \sim 0.0045 km^{-1} \cdot sr^{-1}$（陈勇航等，2009；申莉莉等，2010）。总后向散射强度越大表明气溶胶的散射能力越强。为了深入了解气溶胶分布及散射强度在垂直方向上的变化规律，将高度分为 $0 \sim 2km$、$2 \sim 4km$、$4 \sim 6km$、$6 \sim 8km$ 及 $8 \sim 10km$ 5 个高度等级，同时将总后向散射强度分为 $0.0008 \sim 0.0015 km^{-1} \cdot sr^{-1}$、$0.0015 \sim 0.0025 km^{-1} \cdot sr^{-1}$、$0.0025 \sim 0.0035 km^{-1} \cdot sr^{-1}$ 及 $0.0035 \sim 0.0045 km^{-1} \cdot sr^{-1}$ 4 个散射强度级，分析不同高度气溶胶散射占总散射强度的比例，以及不同高度气溶胶散射能力。为了后文描述方便，根据散射强度的大小，将 $0.0035 \sim 0.0045 km^{-1} \cdot sr^{-1}$、$0.0025 \sim 0.0035 km^{-1} \cdot sr^{-1}$、$0.0015 \sim 0.0025 km^{-1} \cdot sr^{-1}$ 和 $0.0008 \sim 0.0015 km^{-1} \cdot sr^{-1}$ 分别命名为 S1、S2、S3 和 S4。

在统计气溶胶不同高度散射系数出现的频率后发现（图 7-11），气溶胶主要分布在 4km 以下，随着高度的增加气溶胶逐渐减少，至 8km 以上，气溶胶降至 0.5% 以下。在 $0 \sim 2km$，不同年份气溶胶所占的比例的变化较小，但仍呈现一定的变化规律。$2008 \sim 2011$ 年（除 2009 年外）所占的比例低于 2012 年和 2013 年，可能与这期间雾霾的爆发有关，尤其 2013 年中国爆发全国性雾霾，很有可能是底层气溶胶散射频率增强的原因（Cheng et al.，2017）。2014 年开

始 0~2km 所占的比例降低,2015~2016 又开始有所回升。2~4km 与 4~6km
气溶胶频率呈现先增加后减少趋势,可能与北方沙尘输入近年来减少有关(陈
亿,2013)。6km 以上高空气溶胶频率变化趋于稳定,高空气溶胶含量较少,
年际间变化也较小。

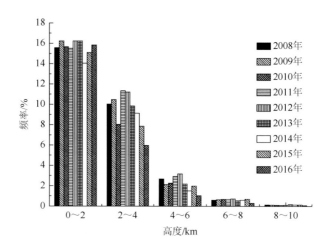

图 7-11 不同高度气溶胶总后向散射系数分布频率

为了深入分析不同高度气溶胶散射强度变化,统计不同高度气溶胶散射强度
在春夏秋冬四季不同高度所占比例的变化(图 7-12)。四季气溶胶总后向散射系数
频率变化趋势相似,高度越低所占的比例越高,另外随着高度的增加,总后向散
射系数所占的比例逐渐降低(其中 S4 除外,其在春季和冬季 0~2km 至 2~4km
过程中有上升趋势)。

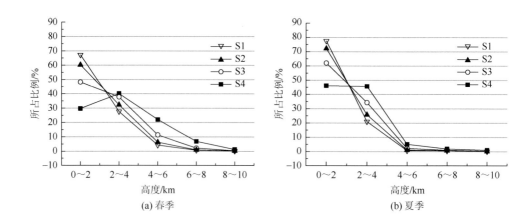

(a) 春季   (b) 夏季

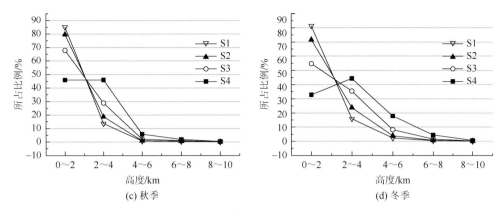

图 7-12　各季节不同高度气溶胶后向散射强度比例

春季 0～2km，S1 所占比例最高，达到 67.20%，随着散射强度降低，所占比例也随之降低，S4 所占比例仅为 29.71%。2～4km 高度，S4 升高至 40.14%，S1、S2 和 S3 分别下降至 27.62%、32.30% 和 37.80%，4～6km S1～S4 分别降低至 4.28%、6.29%、11.37% 和 22.04%。6～8km S4 降低至 6.87%，而 S1～S3 所占比例接近 0。相对于春季，夏季 0～2km 和 2～4km 总后向散射所占比例更高，一方面，夏季气溶胶主要分布在低空，另一方面，夏季相对湿度较大，气溶胶粒子吸湿后增强了散射。与之相反，在 4～6km 和 6～8km 春季所占的比例高于夏季，主要因为春季高空气溶胶比例高。秋季 0～2km 不同散射强度气溶胶所占比例进一步增高，而 2～4km 所占比例有一定程度降低，4～6km 所占比例与夏季相比有所增加。冬季与秋季相比，0～2km 所占比例有所降低，2km 以上所占比例均呈现明显增加趋势，然而相对春季所占的比例仍然较低。

3. 气溶胶退偏比垂直分布特征

退偏比能反映气溶胶的规则程度，退偏比越大气溶胶越不规则，称为非球形气溶胶，反之则为球形气溶胶。另外退偏比的大小与气溶胶的含水量及光学厚度有关，水分子具有的球形特征使得退偏比减小，因此气溶胶含水量越高，气溶胶的退偏比也越小，以此可以判定气溶胶含水量的高低，另外球形粒子散射率比非球形要高（赵一鸣等，2009）。

对 2008～2016 年气溶胶退偏比进行统计，求得每年春夏秋冬四季气溶胶退偏比（图 7-13），从中可以发现，夏季气溶胶退偏比最低，因此夏季气溶胶粒子呈现球形粒子散射率高的特性，与夏季相对湿度高有关。其他季节退偏比较高，非球形粒子特性明显。

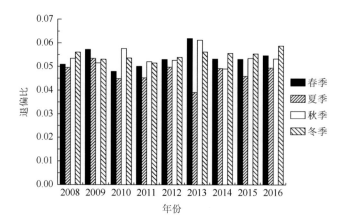

图 7-13　2008～2016 年四季气溶胶退偏比均值

　　对 2008～2016 年四季气溶胶退偏比进行统计分析发现, 春季和冬季气溶胶退偏比在变化中有增大趋势, 夏季有一定的减少趋势, 秋季变化不明显（图 7-14）。从 7.2.1 节第二部分中分析得到, 春季、夏季和秋季 AOD 有下降趋势, 而冬季有

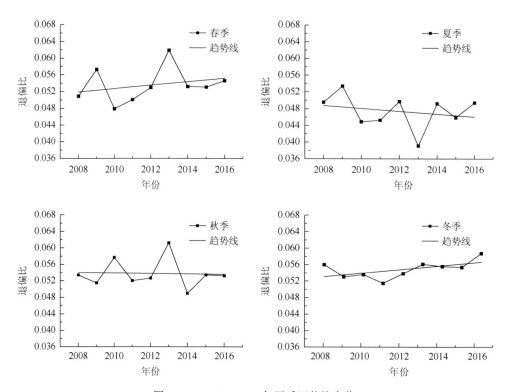

图 7-14　2008～2016 年四季退偏比变化

上升趋势，春季退偏比增加，表明春季气溶胶散射性减弱，是造成春季 AOD 降低的可能原因之一。而夏季退偏比减小，散射性增强，AOD 反而降低，秋季退偏比未明显变化，AOD 也降低，可能因为夏秋两季气溶胶浓度有下降趋势。冬季退偏比增大，气溶胶散射性减弱，而光学厚度却逐年增加，冬季的气溶胶浓度有增加趋势可能抵消了气溶胶散射性减弱的趋势。近年来，冬季雾霾天气频发，则可能是引起这一变化的重要原因。

4. 气溶胶色比垂直分布特征

气溶胶色比为 1064nm 和 532nm 波段总后向散射系数的比值，能够反映气溶胶粒子的大小，色比越大则表明气溶胶的粒径越大，反之则越小。对 2008～2016 年春夏秋冬四季气溶胶色比的平均值进行统计（图 7-15）。总体为春季色比最高，其次为冬季和秋季，夏季色比最低。表明春季气溶胶粒径最大，气溶胶以粗颗粒粒子为主。在中国春季是沙尘天气最为活跃的季节，沙尘随气流扩散至长三角地区，对该区产生重要影响，而冬季和秋季受沙尘影响较小。

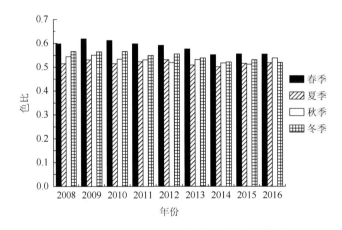

图 7-15　2008～2016 年四季气溶胶色比均值

另外，春季、秋季和冬季气溶胶色比年际间均呈现下降趋势（图 7-16），表明近年来沙尘对长三角的输入有所减少。夏季色比大小变化较为稳定，夏季气溶胶主要受细粒子影响，沙尘在夏季对气溶胶的影响有限，其变化对夏季的气溶胶基本无影响。结合 7.2.3 节第三部分中分析结果，春季和冬季退偏比增大，而色比却逐年降低，表明大气中粗颗粒气溶胶粒子（如沙尘）有可能在减少，但细粒子有可能在增加。秋季因为秸秆燃烧，长三角地区气溶胶易受生物质燃烧后的烟尘颗粒影响，色比减少可能是因为近年来秸秆燃烧得到一定的控制，烟尘颗粒减少。

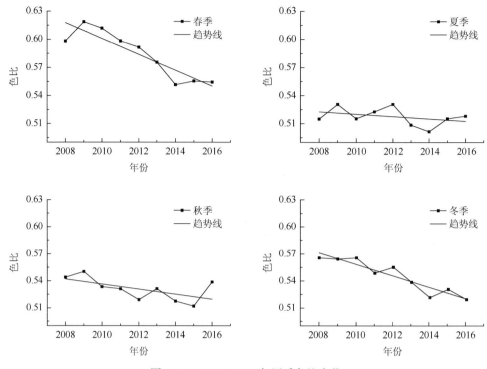

图 7-16　2008～2016 年四季色比变化

5. 不同类型气溶胶垂直分布特征

利用 CALIPSO 星载激光雷达数据提取了 6 种类型的气溶胶数据，分别为清洁海洋型（CM）、污染沙尘型（PD）、沙尘型（DU）、大陆清洁型（CC）、大陆污染型（PC）及烟尘型气溶胶（SM）。其中沙尘型、大陆污染型、烟尘型及污染沙尘型气溶胶对长三角地区气溶胶有较大影响（马骁骏等，2015），因此本书将重点分析这 4 种类型气溶胶在长三角地区的垂直分布特征。

1）沙尘型气溶胶垂直分布特征

利用激光雷达数据计算沙尘型气溶胶在不同高度所占比例，并统计不同季节激光雷达在不同条带上的平均值，分析表明沙尘传输呈现明显的季节性和空间性。春季沙尘型气溶胶在不同高度所占比例均明显高于其他季节，进入夏季沙尘型气溶胶所占比例迅速降低，秋季开始沙尘型气溶胶所占比例开始增加，冬季沙尘型气溶胶增加明显，但相对于春季，所占比例及影响范围较小（图 7-17）。

春季沙尘型气溶胶在不同高度均有较高的频率，远高于其他季节（图 7-18）。在 2～4km 高度频率最高，为 13%左右。6～8km 高空沙尘型气溶胶频率比例低于其他高度，且北方沙尘比例高于南方，自北向南沙尘型气溶胶不同高度所占比例逐渐降低，分布高度也随之降低。春季沙尘型气溶胶自西北向东南方向存在明显

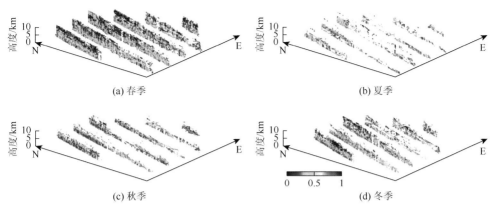

图 7-17　沙尘型气溶胶四季不同高度所占相对频率

的传输带,由此可判断长三角地区沙尘型气溶胶主要由西北向东南通过高空输入。夏季沙尘型气溶胶在 6km 以下高度频率低于其他季节。长三角地区沙尘型气溶胶仅剩北部高空含量较高,南方气溶胶明显减少。秋季长三角地区西北部沙尘型气溶胶开始增加,南方沙尘增加较少。冬季西北部高空沙尘型气溶胶增加明显,开始向东南方向传输,将沙尘输送至长江中下游地区,因此江苏省南部及上海市等周边地区高空均有较高的沙尘出现。

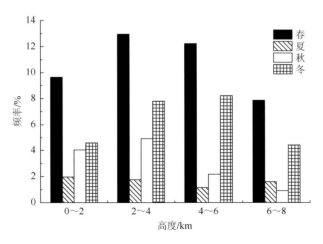

图 7-18　沙尘型气溶胶四季不同高度平均频率

2）烟尘型气溶胶垂直分布特征

利用烟尘型气溶胶数据计算不同高度烟尘型气溶胶频率,烟尘分布的高度相对沙尘要低,春季烟尘含量较低,主要集中在南方,夏季整个区域烟尘频率增加,而南方烟尘含量相对北方仍然较高。北方秋季烟尘含量开始降低较为明显，冬季烟尘含量高空减少较为明显，南方有所降低，但仍有较高的频率（图7-19）。

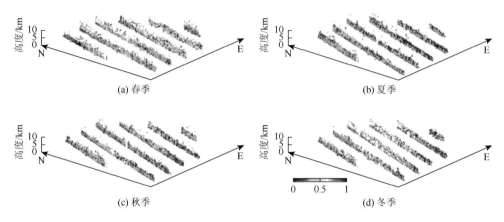

图 7-19　烟尘型气溶胶四季不同高度所占相对频率

烟尘型气溶胶主要分布在 0～2km 高度，不同季节随着高度的增加气溶胶频率均开始降低（图7-20）。0～2km 冬季烟尘型气溶胶频率最高，其次为秋季和春季，最低为夏季。2～4km 春季烟尘型气溶胶频率最高，其次为冬季和秋季，夏季仍为最低。4～6km 烟尘型气溶胶频率降低后，秋季频率为最低。6～8km 高空不同季节烟尘型气溶胶频率均降至5%以下，并趋于一致。

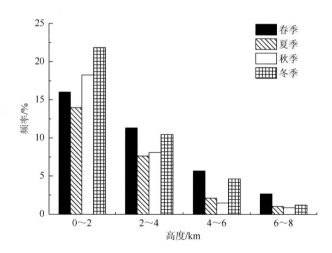

图 7-20　烟尘型气溶胶四季不同高度平均频率

　　3）大陆污染型气溶胶垂直分布特征

　　大陆污染型气溶胶为所有类型气溶胶中分布高度最低的气溶胶类型，南方出现频率要高于北方。夏秋两季低空大陆污染型气溶胶出现频率较高，分布的高度也较高；冬季和春季出现频率较低，同时分布的高度也较低（图 7-21）。

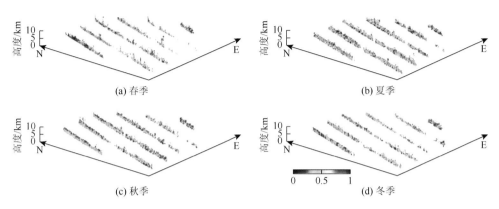

图 7-21　大陆污染型气溶胶四季不同高度所占相对频率

　　大陆污染型气溶胶主要分布在 0～2km，随着季节的变化气溶胶频率先增加后降低（图 7-22）。春季气溶胶频率最低，夏季增加至 17%左右，秋季继续增加接近 20%，冬季开始下降至 12%左右。

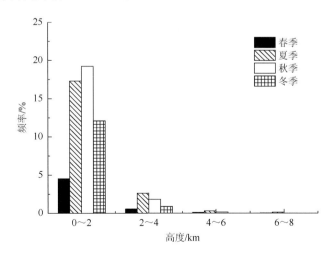

图 7-22　大陆污染型气溶胶四季不同高度平均频率

　　4）污染沙尘型气溶胶垂直分布特征

　　污染沙尘型气溶胶主要为沙尘型气溶胶和烟尘型气溶胶的混合型，其在不同的季节的分布规律与沙尘型较为类似。春季，整个长三角地区不同高度污染沙尘型气溶胶均有较高的频率，而夏季频率有所降低，且分布高度也有所降低，主要分布在低空。秋季污染沙尘型气溶胶在北方出现频率开始增加，南方变化较小。冬季由北至南污染沙尘型气溶胶在不同高度出现频率开始增加，分布高度也有所增加，北方仍高于南方（图 7-23）。

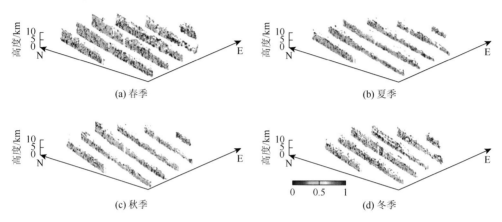

(a) 春季　　　　　　　　　　　　　　(b) 夏季

(c) 秋季　　　　　　　　　　　　　　(d) 冬季

图 7-23　污染沙尘型气溶胶四季不同高度所占相对频率

污染沙尘型气溶胶主要分布在 4km 以下，在 0～2km 及 2～4km 均为夏季最高，春季最低，秋季高于冬季（图 7-24）。4km 以上污染沙尘型气溶胶频率急剧降低，不同季节气溶胶频率较为近似。

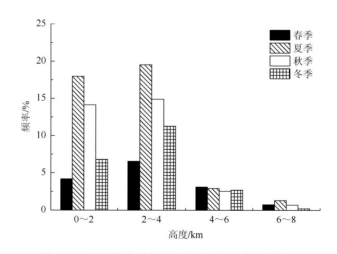

图 7-24　污染沙尘型气溶胶四季不同高度平均频率

5）不同高度各类型气溶胶频率分布

不同类型气溶胶在长三角地区主要集中在 4km 以下（图 7-25）。0～2km 污染沙尘型气溶胶在四季所占频率最高，其次为大陆污染型及烟尘型气溶胶，沙尘型气溶胶所占比例最低。4～6km 污染沙尘型气溶胶和大陆污染型气溶胶迅速减少，而沙尘型气溶胶和烟尘型气溶胶四季所占比例均有增加。其中沙尘型气溶胶春季最高，夏季最低，而烟尘型气溶胶则相反，夏季出现频率最高，春季出现频率最低。4～6km 沙尘型气溶胶未有明显变化，而其他 3 种类型气溶胶下降趋势明显，大陆污染型气溶胶频率四季均接近 0，而烟尘型气溶胶及污染沙尘型气溶胶下降后频率开始低于沙尘型气溶胶。6～8km 高空不同类型气溶胶持续下降，而沙尘型气溶胶成为出现频率最高的气溶胶类型。

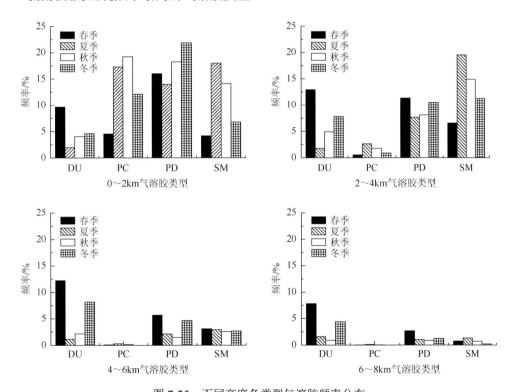

图 7-25　不同高度各类型气溶胶频率分布

7.3　气溶胶变化的气象因子影响分析

利用 WRF 大气模式模拟的研究区气象数据，分析不同气象因子对气溶胶变化的影响。然后将气象因子与 AOD 代入随机森林模型进行综合影响评价，分析不同季节各气象因子对气溶胶变化的影响大小。

7.3.1 数据与方法

1. 气溶胶数据

气溶胶数据采用 3.6 节反演得到的 AOD 数据。利用 PARASOL 偏振遥感数据反演获取了长三角地区 2008～2013 年每日的 AOD 数据。

2. 气象数据

本书使用的气象数据为 WRF 大气区域模式结合 FNL 全球分析资料数据模拟的气象数据。从模拟的气象数据中提取了不同气压面的相对湿度、风速及地面 2m 温度数据。

1）试验设计

（1）降尺度方法的高分辨率区域气象场模拟。

NCEP/NCAR 全球分析资料数据格点较粗（1°×1°或 2.5°×2.5°），无法满足其他学科对输入数据精度的要求，因此气候学界发展了降尺度方法，将全球气候模式的输出数据转化为所需要的高分辨率数据。经研究发现降尺度方法不仅能提高全球气候模式输出结果的分辨率，而且能有效地降低模式输出结果的误差和不确定性（王树舟和于恩涛，2013）。国际上很多学者都将降尺度方法应用于全球不同区域的极端气候事件的模拟和预测，并进行了系统的评估，均一致认为全球气候模式降尺度后的输出结果均比全球气候模式的直接输出结果在各个方面都有很大的改善，适合于对未来区域极端气候事件的预测并应用于相关的学科研究（Haylock et al.，2006；Ahmed et al.，2013）。

本书采用的 FNL 全球分析资料数据空间分辨率为 1°×1°，分辨率较低。另外，FNL 资料数据仅有 4 个时间段 [00 时、06 时、12 时、18 时，协调世界时（UTC 时间）]，很难与遥感数据反演的气溶胶数据进行时间与空间上的匹配。如果对数据进行简单的重采样，将造成数据精度的降低。因此本书基于 WRF 大气模式，利用降尺度方法模拟区域高分辨率气象场，对原有的每天 1°×1° 的 6h 间隔的 FNL 资料进行降尺度处理，模拟输出 10km×10km 分辨率的每小时气象场数据。然后根据卫星过境时间选取对应时间的气象场数据，从中提取出所需要的气象因子数据。经过上述处理，能保证遥感反演的气溶胶数据与对应时间的气象因子进行像元上的匹配。

（2）WRF 参数设置。

模式中各物理过程的描述都有多种方案可选，而模式参数设计是否合理将直接影响模式模拟结果的精度，因此本书使用以下参数方案。

①地图投影：采用兰勃特（Lambert）投影坐标系。

②网格设置：区域网格中心位于 30.85°N，118.637°E，网格距为 10km，网格数为 119×115。

③垂直分层：层顶高度设置为 15km，垂直方向分成 14 层。

④边界条件和大尺度气象背景场：1°×1°的 FNL 全球分析资料数据；边界层参数化选取 Mellor-Yamada-Janjic 湍流动能方案；积云参数化选取 Kain-Fritsch 方案。

⑤大气辐射方案：Dudhia 短波和 RRTM 长波辐射方案。

2）气象因子选取

气象因子在气溶胶形成、聚集及消散的整个过程都起到一定作用（林俊等，2009）。研究发现诸多气象因子如气压、相对湿度、风速、温度和降水等对气溶胶影响较为明显（Zha et al.，2010）。由于降水不是每日都发生，而且在降水时厚云阻碍了卫星获取数据，在分析时不能与卫星反演的 AOD 日数据进行有效匹配，因此本书未考虑降水对气溶胶的影响。其他气象因子如相对湿度、风速等在以往的研究中，更多的是利用地面气象站的监测数据与 AOD 数据进行分析，探讨气象因子与气溶胶变化之间的关系。由于气溶胶在不同高度的大气中均有分布，光学遥感卫星观测的气溶胶正是整层大气的气溶胶，只利用近地面气象监测数据来分析气象因子与气溶胶变化之间的关系，很难获取全面、准确的结果，因此本书采用不同高度的相对湿度、风速来分析其与气溶胶变化之间的关系。另外温度也会对气溶胶变化产生影响，主要是近地表温度的变化改变了大气在垂直方向上的对流强度，进而改变气溶胶在不同高度的分布（林俊等，2009）。近地面温度越高，空气对流和气溶胶粒子的运动越剧烈（韩道文等，2007）。根据上述分析，最终选取了 2008～2013 年 950hPa、850hPa、700hPa、500hPa 4 个气压面的相对湿度、风速数据及近地面 2m 的温度数据。

7.3.2 气象数据分析

1. WRF 输出气象数据评估

为了对 WRF 大气模式模拟气象数据的精度进行评估，本书利用 2013 年南京地面气象站实测的温度、气压数据分别与 WRF 模式模拟的地面 2m 温度、地面气压数据进行对比分析。拟合的结果均通过了显著性检验，其中 WRF 输出的地面 2m 的温度数据与实测数据拟合的 R^2 达到了 0.9459（图 7-26），而 WRF 输出的地面气压数据与实测气压数据拟合后的 R^2 达到了 0.9889（图 7-27），均达到了较高的精度，证明了 WRF 模拟的气象数据具有较高的精度，能满足研究的需要。

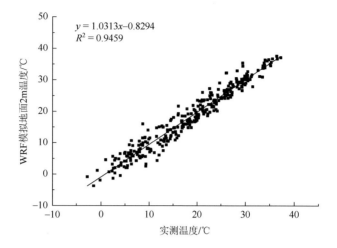

图 7-26　实测温度与 WRF 输出地面 2m 温度拟合结果

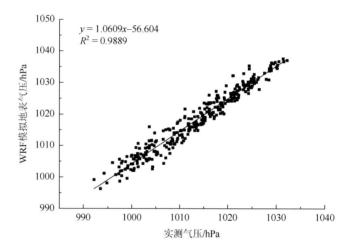

图 7-27　实测气压与 WRF 输出地面气压拟合结果

2. 相对湿度数据分析

从 WRF 模式模拟的气象数据中提取 500hPa、700hPa、850hPa 和 950hPa 4 个气压面与卫星过境时刻对应的相对湿度数据，并利用该数据求出研究区不同气压面月平均和季节平均相对湿度数据（图 7-28 和图 7-29）。长三角地区不同气压面的月平均和季节平均相对湿度呈现一定的变化规律。

月平均相对湿度数据中，500hPa 相对湿度数据从 1 月开始，随着月份的增加相对湿度数据开始增大，7 月相对湿度达到最大，之后开始不断减小，12 月相对湿度最小。700hPa 气压面上仍是 7 月相对湿度较大，12 月相对湿度最小，其他月份发生了一些变化。其中 2 月和 11 月的相对湿度开始增大。850hPa 气压面中 8月相对湿度开始大于 7 月，2 月和 11 月的相对湿度开始有了明显增大。950hPa气压面变化最大，1 月和 2 月相对湿度增加明显，其中 2 月相对湿度变化最为明显，成为 12 月中最大值。6～9 月相对湿度明显小于 850hPa 气压面相同月份相对湿度。10～12 月相对湿度较大，成为 4 个气压面中同月份中最高值。

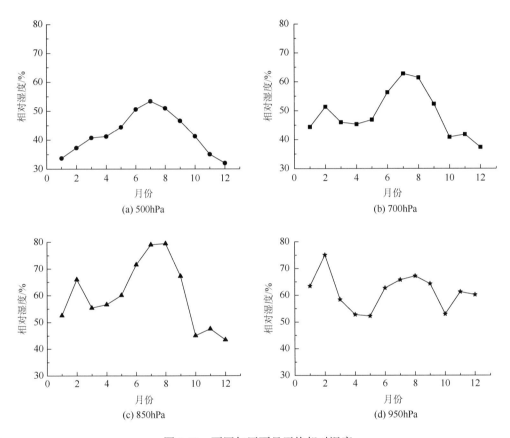

图 7-28　不同气压面月平均相对湿度

从季节上来看，秋季和冬季距离地面越近相对湿度越高，春季和夏季从高空到近地表相对湿度有一个增加过程，但是在近地表有一定降低。在不同气压面中夏季相对湿度最高，其他季节在不同气压面变化有所不同。在 500hPa 气压面，春季相对湿度仅次于夏季，其次为秋季和冬季。700hPa 气压面上秋季和冬季相对湿度开始增加接近春季，而到了 850hPa 气压面秋季和冬季相对湿度接近，但又开始小于春季。500hPa 气压面上夏季相对湿度降低，冬季相对湿度开始增大并与其接近。秋季相对湿度小于冬季和夏季，但大于春季。

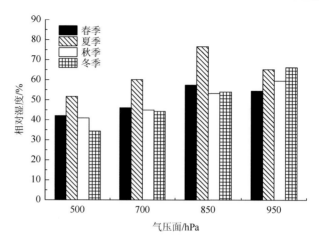

图 7-29　不同气压面季节平均相对湿度

3. 温度数据分析

利用 WRF 大气模式模拟的近地面 2m 温度数据计算，获取了研究区月平均和季节平均温度数据（图 7-30 和图 7-31）。长三角地区夏季平均温度最高，春季和秋季平均温度接近但低于夏季平均温度，而冬季平均温度最低。夏季中 7 月平均温度最高，8 月平均低于 7 月但高于 6 月。冬季中 1 月平均温度全年最低，其次为 12 月和 2 月。春季中的 3～5 月平均温度与秋季中对应的 9～11 月平均温度非常接近。

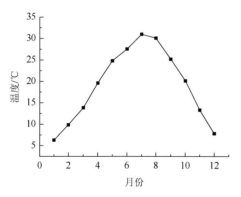

图 7-30　近地面 2m 月平均温度

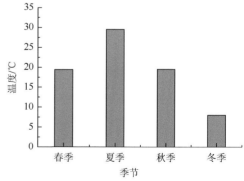

图 7-31　近地面 2m 季节平均温度

4. 风速数据分析

利用 WRF 大气模式模拟的 500hPa、700hPa、850hPa 和 950hPa 4 个气压面的风速数据，计算出研究区不同高度的月平均和季节平均风速数据（图 7-32 和图 7-33）。

从月平均和季节平均风速数据中均可以看出，高度越高风速越大。在 500hPa 气压面，冬季风速最大（26.14m/s），冬季中以 1 月风速最大，其次为 12 月和 2 月。春季风速（19.27m/s）高于秋季（15.98m/s），夏季风速最低（9.41m/s）。夏季中 8 月风速为全年最低，其次为 7 月，夏季中的 6 月风速高于秋季的 9 月。秋季中的 10 月和 11 月风速略高于对应的 5 月和 4 月。700hPa 气压面上，除夏季外，其他季节风速明显减小。冬季风速降低至 12.57m/s，春季和秋季分别降低至 10.29m/s 和 7.88m/s，夏季风速 7.23m/s，减小不明显。其中，冬季中的 12 月风速全年最大，其次为 1 月。秋季中的 9 月风速全年最小，其次为 8 月和 10 月。850hPa 气压面

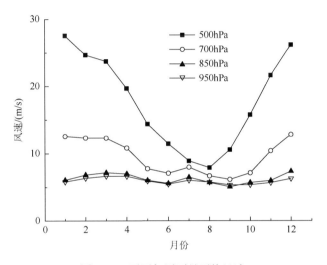

图 7-32　不同气压面月平均风速

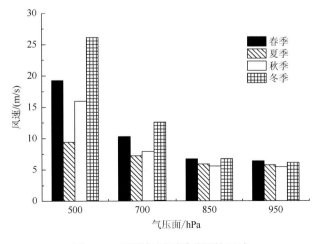

图 7-33　不同气压面季节平均风速

各月风速均有所下降，其中以春季和冬季风速减小较为明显，各月风速开始趋于一致，变化开始减小。950hPa 气压面除 12 月风速明显小于 850hPa 气压面外，各月风速与 850hPa 气压面风速接近，四季风速大小与 850hPa 气压面接近。

7.3.3　气溶胶与气象因子关系分析

1. AOD 与相对湿度关系分析

利用研究区 2008～2013 年相对湿度月平均数据与对应的 AOD 月均值进行线性拟合，分析相对湿度对气溶胶变化的影响。从拟合的结果中发现，不同高度相对湿度与 AOD 之间都存在正相关关系，AOD 随着相对湿度的增大而增大（图 7-34 和表 7-7）。不同气压面 AOD 与相对湿度的关系存在一定的差异，高度较高的气压面相对湿度对气溶胶的影响较大。

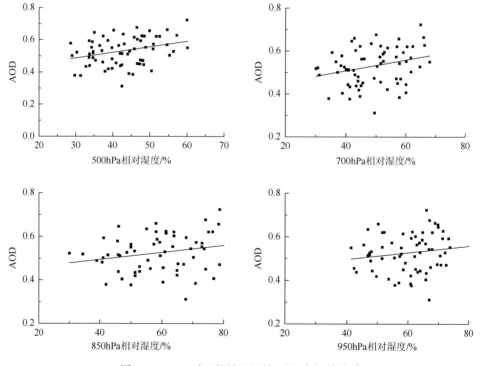

图 7-34　AOD 与不同气压面相对湿度相关关系

2. AOD 与温度关系分析

本书利用 AOD 月平均数据和近地面 2m 温度的月平均数据进行线性拟合

发现，二者呈现正相关关系（图 7-35 和表 7-7）。温度对气溶胶的影响主要表现在垂直方向上，温度越高，对流越活跃，气溶胶随对流向上扩散。研究区夏季温度最高，则大气对流相对更加活跃，然而夏季不同高度的风速全年最小，风速越小越容易造成气溶胶聚集，使得气溶胶水平扩散能力变弱，易在区域内聚集。同时温度高低对二次气溶胶形成有较大影响，温度越高越容易促进二次气溶胶的形成，也会造成气溶胶浓度的增加。另外在一定天气状态下大气中会出现逆温现象，大气的温度会随着高度的增加而升高，形成逆温层。逆温层下粒子会累积，气溶胶浓度值会急剧增加，近地面出现气溶胶数浓度极大值（刘思瑶等，2016）。可能受上述因素综合影响，研究区气溶胶浓度总体上随近地面温度的增大而增加。

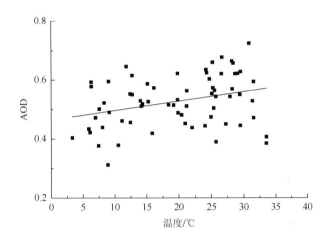

图 7-35　AOD 与近地面 2m 温度相关关系

3. AOD 与风速关系分析

利用 AOD 月均值与不同高度气压面的风速数据对比分析后发现（图 7-36 和表 7-7），AOD 月均值与不同高度气压面的风速数据呈现负相关，风速越大则气溶胶浓度越低。高空风速与气溶胶的关系最为显著，风速越大，AOD 也越低。低空随着风速的增加，AOD 降低不明显。

在水平方向上，风速有利于加快气溶胶粒子扩散速度，当风速较大时空气流动能力增强，则气溶胶的扩散速度也会加快；风速减小，空气流动能力降低，则气溶胶粒子易聚集（林俊等，2009）。高空风场对气溶胶浓度分布有重要的影响，因为高空风速比低空风速大，气溶胶在高层传输较快，易出现低浓度气溶胶带。

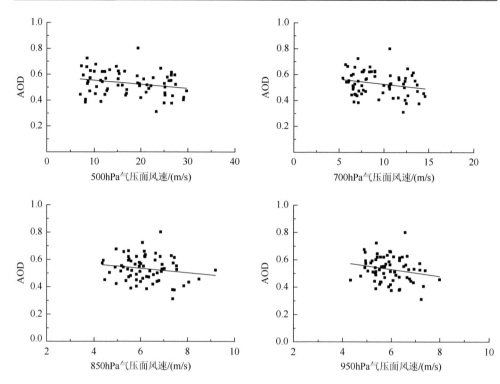

图 7-36　AOD 与不同气压面风速相关关系

表 7-7　气象因子与 AOD 相关分析统计

气象因子	一元线性回归方程	相关系数 R
500hPa 气压面相对湿度	$y = 0.0035x + 0.3833$	0.30*
700hPa 气压面相对湿度	$y = 0.0025x + 0.4069$	0.2621*
850hPa 气压面相对湿度	$y = 0.0016x + 0.4343$	0.2309*
950hPa 气压面相对湿度	$y = 0.0013x + 0.4551$	0.1257
近地面 2m 温度	$y = 0.0032x + 0.4685$	0.2917*
500hPa 气压面风速	$y = -0.0032x + 0.5855$	0.2387*
700hPa 气压面风速	$y = -0.0076x + 0.6015$	0.2193
850hPa 气压面风速	$y = -0.0159x + 0.6299$	0.1688
950hPa 气压面风速	$y = -0.0254x + 0.6814$	0.2027

＊ 通过了 0.05 的显著性检验。

　　从以上分析及各气象因子与 AOD 之间的相关系数和显著性检验（表 7-7）可以发现，气象因子与 AOD 之间存在一定相关性，有些也通过了显著性检验，但总体相关系数并不高，说明单个气象因子对气溶胶的影响十分有限。实际上气溶胶变化不仅受不同气象因子的共同影响，而且还受其他诸如季风、云及污染物排放变化等的影响，因此 AOD 与单个气象因子相关系数不高也就在所难免。

7.3.4　气溶胶变化的气象因子综合影响分析

1. 模型构建

本书采用 R 语言编写的随机森林模型，分析不同气象因子对气溶胶变化的综合影响。

模型构建具体步骤如下。

（1）从原始样本 M 中利用 bootstrap 有放回的随机选取 n 个样本集，构建 n 个回归树未被抽取的数据组成袋外数据（out-of-bag，OOB），作为测试样本；

（2）假设原始样本有 p 个变量，在每个回归树的节点处随机选取 m_{try} 个变量作为备选，然后根据最优原则选取最优分支；

（3）设置叶节点的最小尺寸，以此终止回归树自上而下的生长；

（4）最终生成由回归树构成的回归模型。

随机森林模型拟合不同变量的重要性采用 permutation 随机置换产生的残差均方减小量来进行评价，根据数值的大小来衡量变量的重要性，具体步骤如下。

（1）随机森林模型中回归树构建的同时使用袋外数据进行预测，获取 n 个袋外数据的残差均方 $(MSE_1, MSE_2, \cdots, MSE_n)$；

（2）自变量 X_i 在 n 个袋外数据中随机置换，并生成新的测试样本，重新建立随机森林模型对新的样本进行预测，并重复第一步步骤，最后获得袋外数据残差均方矩阵式（7-1）：

$$\begin{bmatrix} MSE_{11} & MSE_{12} & \cdots & MSE_{1n} \\ MSE_{21} & MSE_{22} & \cdots & MSE_{2n} \\ MSE_{31} & MSE_{32} & \cdots & MSE_{3n} \\ \vdots & \vdots & & \vdots \\ MSE_{p1} & MSE_{p2} & \cdots & MSE_{pn} \end{bmatrix} \tag{7-1}$$

（3）$MSE_1, MSE_2, \cdots, MSE_n$ 与第二步矩阵中每一行相减，平均后再除以标准误差则得到自变量 X_i 的重要性评分（式 7-2）。

$$score_i = \left(\sum_{j=1}^{n} (MSE_j - MSE_{ij}) / n \right) / S_E, (1 \leqslant i \leqslant n) \tag{7-2}$$

本书将 AOD 设为因变量，将 4 个气压面相对湿度和风速及地面 2m 温度这 9 个气象因子设为自变量，最后获得各气象因子的重要性评分，分析不同季节各气象因子对 AOD 的影响。

2. 不同气象因子影响大小分析

从随机森林模型拟合 AOD 与气象因子关系后，获得的不同气象因子评分来看，各气象因子在不同季节的重要性均不同，总体上高空气象因子对 AOD 的影响比低空气象因子要大（图 7-37）。

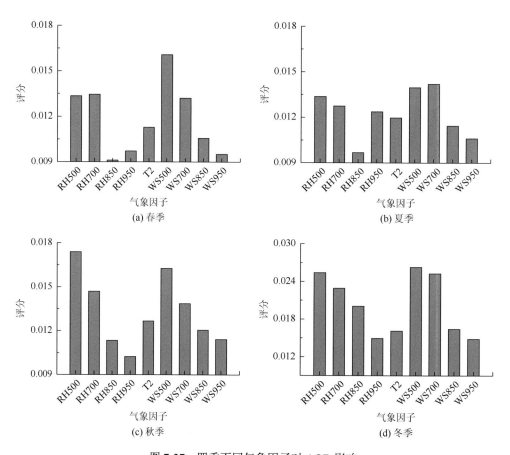

图 7-37　四季不同气象因子对 AOD 影响

图中 RH500、RH700、RH850、RH950 分别为 500hPa、700hPa、850hPa、950hPa 气压面相对湿度；T2 为近地面 2m 温度；WS500、WS700、WS850、WS950 分别为 500hPa、700hPa、850hPa、950hPa 气压面风速

春季，中国东部盛行西北风，并且春季为中国北方地区沙尘天气多发季节，大量的沙尘型气溶胶颗粒物从中国西北部地区随着气流向东部和南部地区输送，造成华北平原地区和长江中下游平原地区气溶胶浓度增加，图 7-37 显示春季 AOD

受 500hPa 气压面风速影响最大，其次为 700hPa 气压面。7.2.3 节第四部分分析结果显示，春季色比最大，表明春季气溶胶以大颗粒物为主，同时春季偏振比较高，粒子非球形特征明显，散射能力较弱，符合沙尘气溶胶特征。其次影响 AOD 较大的为 500hPa 和 700hPa 的相对湿度数据，图 7-29 显示春季相对湿度除 950hPa 气压面外，其余气压面均仅次于夏季，气溶胶吸湿后膨胀，散射能力增强，因此相对湿度对 AOD 的影响较大。

夏季，来自西北等地区远距离气流明显减少，高空风速降低，700~950hPa 气压面风速影响力增加，但高空风速仍为主要影响因素之一。夏季由于高度风速降低明显，影响气溶胶的扩散，因此易造成气溶胶累积。同时最为明显的是夏季高空相对湿度不变的情况下，950hPa 近地面气压面相对湿度明显增加，表明夏季气溶胶受地面相对湿度影响增强。研究成果表明相对湿度 80% 为气溶胶的潮解点，当相对湿度超过 80%，吸湿性气溶胶随着相对湿度的增大而呈指数上升（尹凯欣等，2015）。夏季相对湿度为四季中最大，因此受相对湿度影响也最大，气溶胶粒子吸湿后易造成 AOD 增大。另外，夏季温度高，使得气-粒转化增强，造成产生二次气溶胶细颗粒累积，小粒径颗粒区受相对湿度的影响较大（Lin et al.，2016）。夏季小粒径气溶胶主要分布在近地表，不易沉降，因此夏季气溶胶 AOD 值较大，主要受相对湿度和高空风速降低的影响。

秋季，中国东部地区逐渐转向偏北风，大气条件有助于气溶胶的扩散，因此秋季 AOD 受高空风速影响较大，西北干旱沙漠地区的沙尘暴影响在秋季较小，秋季气溶胶粒径比春季小，分布的高度比春季低，但相对于夏季，2~4km 气溶胶粒子频率开始增加，粒径开始增大，气溶胶非球形特征显现，高空散射也随之增强，高空相对湿度的影响也开始增大。

冬季，在西伯利亚高气压的控制下盛行西北风，在长三角地区风向发生偏转，发展为北风，AOD 在长三角地区有了明显的降低。冬季风速增大，不同高度风速对气溶胶的影响均增加，西北风增强进一步增加外来沙尘输入，同时冬季化石燃料燃烧增加，造成烟尘型气溶胶达到四季中最高，烟尘型气溶胶在 0~4km 均有较广的分布，烟尘型气溶胶同时具有较强的吸收性，这也是造成冬季 AOD 较低的原因，同时烟尘型气溶胶有较强的吸湿性，使得 700~950hPa 气压面相对湿度对 AOD 的影响程度增大。

7.4　气溶胶域外输入影响的后向轨迹分析

利用 HYSPLIT 模式模拟后向轨迹，对轨迹进行聚类及气溶胶潜在输入区域分析，确定研究区气溶胶输入路径及潜在输入区域。最后，通过计算域内外的输入区域强度指数，获取域外输入气溶胶所占份额。

7.4.1　数据与方法

1. 后向轨迹模拟

HYSPLIT 后向轨迹模式是拉格朗日和欧拉混合型的扩散模式，常被用来分析粒子和气体随气流的移动方向，判断污染物来源、传输路径等。本书使用 HYSPLIT 模式进行后向轨迹模拟时，将地处长三角地区南京市中心新街口（32.04°N，118.78°E）设置为轨迹终点，结合 FNL 全球再分析资料数据模拟 2008～2013 年中每日卫星过境时刻的 72h 后向轨迹，共计 2134 条。

为了探讨气溶胶输入区域，需要对每条轨迹赋予近地表消光系数。本书利用 PARASOL 反演得到的 AOD 转换成近地表消光，具体步骤如下。

AOD 的积分公式为

$$\tau_a = \int_0^\infty \beta_z \mathrm{d}z = \int_0^\infty \beta_0 \mathrm{e}^{-\frac{z}{h}} \mathrm{d}z = H\beta_0 \qquad (7\text{-}3)$$

式中，τ_a 为 AOD。依据 Koschmieder 理论，水平能见度 V 与 550nm 波段的大气消光系数具有较好的相关关系（盛裴轩等，2003）：

$$V = \frac{3.912}{\beta_0} \qquad (7\text{-}4)$$

因此，利用式（7-3）和式（7-4）线性拟合地面水平能见度和卫星反演的 AOD 数据，进而确定出气溶胶标高。

$$\tau_a = \frac{3.912}{V}H + b \qquad (7\text{-}5)$$

式中，H 为气溶胶标高，能够衡量气柱的消光水平；b 主要用来描述对流层上部（约 2～12km）和平流层气溶胶对整层大气 AOD 的贡献（范伟等，2006）。与式（7-3）相比，式（7-5）增加了截距 b，主要是由于在实际情况中，大气消光系数在不同高度不一定遵从指数下降规律。

利用 PARASOL 偏振遥感卫星反演的 AOD 和能见度数据，通过式（7-5）模拟出气溶胶标高。计算出的春夏秋冬四季气溶胶标高分别为 727.7m、973.7m、947.2m、631.3m。然后将反演出的 AOD 除以对应季节的标高，则能求出大气气溶胶的近地面消光系数。

计算出近地表消光系数后，利用近地表风速数据筛选出风速 1m 以下天气的近地表消光系数数据，求出四季近地表消光系数均值，作为后续潜在影响区域分析时设置的阈值（Zhu et al., 2011）。

2. 聚类分析

后向轨迹在进行聚类分析时采用欧几里得距离法进行聚类［（式 7-6）］。轨迹的欧几里得距离定义为

$$d_{12} = \sqrt{\sum_{i=1}^{n} \{[X_1(i) - X_2(i)]^2 + [Y_1(i) - Y_2(i)]^2\}} \qquad (7\text{-}6)$$

式中，X 和 Y 分别为横纵坐标值；1 和 2 分别为后向轨迹 1 和后向轨迹 2；i 为后向轨迹对应的某个时间点；n 为轨迹的总时间。选择好聚类数目后，两条轨迹按照距离最小原则聚类成一条，完成第一次聚类后，剩余的轨迹继续聚类，直至所有轨迹聚集到某一类中，整个聚类过程完成。

3. 气溶胶潜在输入区域分析

潜在源贡献因子分析法（potential source contribution function，PSCF）是一种基于条件概率函数的判断污染源可能方位的方法，具体定义为经过某一区域的气团轨迹到达观测位置时对应的某污染要素值超过设定阈值的条件概率［（式 7-7）］（Begum et al., 2005）。本书通过 PSCF 结合后向轨迹和近地表消光系数来判定可能为排放源的位置。

$$\mathrm{PSCF}_{ij} = \frac{m_{ij}}{n_{ij}} \cdot W(n_{ij}) \qquad (7\text{-}7)$$

$$W(n_{ij}) = \begin{cases} 1.00, n_{ij} > 80 \\ 0.70, 25 < n_{ij} \leqslant 80 \\ 0.42, 15 < n_{ij} \leqslant 25 \\ 0.17, n_{ij} \leqslant 15 \end{cases} \qquad (7\text{-}8)$$

本书将全国区域范围划分为 0.1°×0.1° 的网格，阈值采用 7.4.1 节第一部分中计算的阈值。当轨迹所对应的近地表消光系数高于阈值时，认为该轨迹为气溶胶输入轨迹，然后分别计算网格 (i, j) 内的气溶胶输入轨迹端点数 m_{ij} 和全部轨迹的端点数 n_{ij}，然后利用式（7-7）计算出潜在网格内 PSCF 值，PSCF 越大则表示该网格成为潜在输入源的可能性越大。

由于 PSCF 是一种条件概率，其误差会随着网格与输入位置之间距离的增加而增大。当网格内总端点数较小时，计算的结果具有一定不确定性。为了减小不确定性，很多学者引入了权重函数 $W(n_{ij})$［式（7-8）］（Polissar et al., 2001；Karaca et al., 2009）。

为了更直观分析潜在输入源的具体分布情况，对市级行政区划内的潜在源分析后的网格进行求和，然后除以面积得到输入区域强度指数 ρ [式（7-9）]。利用 ρ 的大小来具体分析气溶胶的输入区域。

$$\rho = \frac{\sum_{1}^{n} v_{\mathrm{pscf}}}{m_{\mathrm{area}}} \tag{7-9}$$

式中，v_{pscf} 为单个网格的 PSCF 值；n 为市级行政区划内网格的数量；m_{area} 为行政区划的面积。

7.4.2 气溶胶输入路径分析

利用欧几里得距离算法最终确定 9 条聚类，按聚类方向可以将聚类划分成以下几类：西北方向聚类（C_{NW}，包括聚类 1 和聚类 2）、正北方向聚类（C_{N}，聚类 5）、东北方向聚类（C_{EN}，聚类 6）、东部方向聚类（C_{E}，聚类 4 和聚类 8）、东南方向聚类（C_{SE}，聚类 3 和聚类 9）以及西南方向聚类（C_{SW}，聚类 7）。C_{NW} 中聚类 1（C1）主要由来自新疆、甘肃、内蒙古西部地区长距离气团聚类而成；聚类 2（C2）由西西伯利亚经蒙古国、中国内蒙古及华北地区的长距离气团聚类而成。C_{N} 中聚类 5（C5）主要由起始于中西西伯利亚经蒙古东部、中国华北地区的长聚类气团聚类而成；C_{EN} 聚类 6（C6）则由起始于内蒙古东部地区经辽宁、渤海、胶东半岛、东海的较短距离的气团聚类而成。C_{E} 中聚类 4（C4）主要由起始于黄海的较短气团聚类而成；聚类 8（C8）由起始于日本东部的经东海的较长气流聚类而成。C_{SE} 中聚类 3（C3）主要由长江中下游以南及福建以北地区的较短气团聚类而成；聚类 9（C9）主要由起源于东海经过长三角地区的较长气团聚类而成。C_{SW} 只包含一个聚类 7（C7），主要由起源于南海经过华南地区的较长气团聚类而成（图 7-38，详图见程峰，2017）。

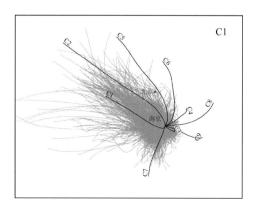
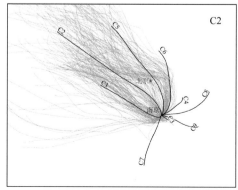

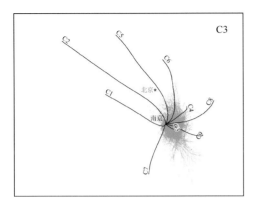
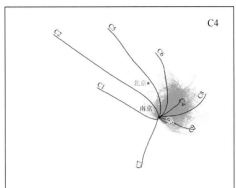
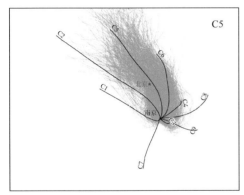
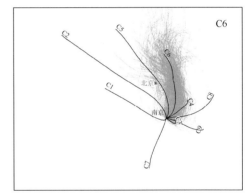
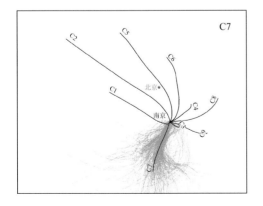
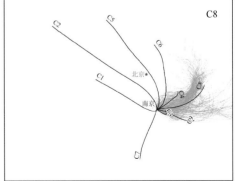

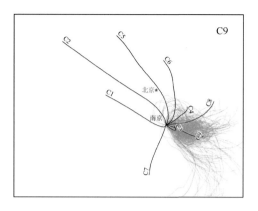

图 7-38　聚类及其轨迹分布

为了更加深入地分析不同轨迹在春夏秋冬四季的变化及对传输路径的影响，将不同聚类的后向轨迹按季节进行统计，计算四季各聚类轨迹所占的比例（表 7-8），经统计后发现不同季节各聚类的轨迹所占比例存在明显的差异。春季和冬季 C1 和 C5 聚类中轨迹所占的比例最高，由此可以判定长三角地区春季和冬季气溶胶的主要输入方向为正北及西北方向。与冬季相比，春季来自东、东南及西南方向（C3、C4、C7、C8、C9）的比例有所增加，因此春季气溶胶除了北及西北方向的输入，东及西南方向输入有所增加。夏季来自北及西北方向的气流明显减弱，来自东、东南及西南方向的轨迹（C3、C4、C7、C8、C9）则进一步加强，所占的比例大于 C1 和 C5，可以判定夏季气溶胶输入为东及西南方向。秋季偏东方向输入减少，但 C4 所占比例较高且为短距离输送轨迹为主，而夏季东及西南远距离输送轨迹（C3、C7、C8、C9）在秋季均明显降低，转而来自北方的 C5 增强明显，因此秋季主要气溶胶输送路径变化为来自偏东方向短距离输送路径 C4 和来自北方的长距离输送路径 C5。

表 7-8　四季不同聚类轨迹所占比例　　　　　　　　（单位：%）

季节	C1	C2	C3	C4	C5	C6	C7	C8	C9
春季	21.74	4.39	10.97	10.70	25.03	9.47	5.76	3.84	8.09
夏季	11.45	0.21	17.61	18.51	8.98	3.08	18.03	9.53	12.61
秋季	12.71	3.84	11.10	18.23	31.01	13.69	0.84	6.84	1.75
冬季	22.96	6.76	7.46	5.21	45.63	8.80	2.75	0.35	0.07

输入路径的变化与影响东亚的蒙古高压和阿留申低压的消长有关（陈文等，2008）。冬季蒙古冷高压控制亚洲大陆，盛行西北气流，而春季蒙古高压和阿留申低压开始减弱（赵平和张人禾，2006），长江中下游地区开始转由副热带气压控制，西北气流开始减弱，而逐渐受太平洋反气旋环流影响增强，逐渐盛行西南风和偏

东风。表 7-8 中冬季轨迹主要来自西北部和北部地区，而春季则来自西北和北部气流有减少趋势，东部和西南方向气流开始增加。冬季和春季西北和北部气流经过的塔克拉玛干沙漠、内蒙古戈壁区和柴达木盆地是我国主要的沙尘区，华北地区为较为严重的工业污染区（徐成鹏等，2014），两季气流经过则会带有一定量的气溶胶，研究表明塔克拉玛干沙漠和内蒙古戈壁区的沙尘气溶胶随西风带传输至我国长江中下游地区甚至朝鲜、韩国及日本（Iwasaka et al.，1983）。在春季，沙尘区的沙尘被抬升得最高，而冬季则相反（徐成鹏等，2014），一般沙尘抬升得越高传输距离越远（康林等，2013），因此我国虽然冬季来自北及西北方向的气流较强，但输入到长三角地区的沙尘春季居多。7.2.3 节中第五部分研究表明长三角地区春季沙尘气溶胶出现的频率最高，大部分分布在 6km 以下。冬季经过华北等工业污染区的气流能携带大量由工业生产产生的人为气溶胶；同时还分析了烟尘型气溶胶在不同季节的垂直分布概率，冬季烟尘型出现的频率较高，主要分布在 2km 以下，可能由燃煤等工业排放产生。

夏季长三角地区主要受西太平洋副热带高压和印度低压影响，盛行西南季风和东南季风。夏季来自西北和北区的气流轨迹明显减少，而东部和西南气流增加明显，其中东部的轨迹更多为密集、距离较短的轨迹，主要在区域内部传输，因此夏季长三角地区气溶胶浓度变化主要受自身排放影响。另外，夏季西北沙尘区的沙尘被抬升的高度仅次于春季，7.2.3 节第五部分分析显示虽然夏季沙尘气溶胶在长三角地区分布频率最低，但仍有部分输入。沙尘在传输过程中与烟尘气溶胶混合形成了污染沙尘型气溶胶，夏季污染沙尘型气溶胶出现频率最大，多分布在 4km 以下。

秋季蒙古高压和阿留申低压开始增强，西太平洋副热带高压和印度低压则开始减弱，来自西南和东部的轨迹明显减少，来自西北和北部气溶胶轨迹开始增多，表明秋季长三角地区由夏季的偏南风开始转为偏北风，秋季北部输入的气溶胶开始增加。

7.4.3　气溶胶潜在输入区域分析

利用输入区域强度指数 ρ 获得长三角地区不同季节气溶胶输入潜在区域分布图（图 7-39）。从图中可以清楚地看到：气溶胶输入潜在区域分布最广、强度最大的为冬季，其次为春季、秋季，影响最小的为夏季。

在春季，根据路径分析 C1 和 C5 为气溶胶主要输入路径，经过气溶胶潜在区域分析以后发现，研究区北部和西北潜在强度值较高，进一步表明春季的气溶胶的主要输送路径为 C1 和 C5。图 7-39 中 C1 方向输入源 ρ 高于 C2 方向，结合 7.4.2 节中的分析可知，春季西北沙尘天气频发，为沙尘向外输送的主要季节。沙尘沿 C1 传输至长三角地区，并在长三角及周边地区高空有一定聚集，在 7.2.3 节第五部分中分析了长三角地区沙尘的分布，春季研究区及周边地区沙尘频率较高，如河南省和湖北省的东部、安徽省中南部以及江西省和浙江省的北部（图 7-17），因此造成长三角周边地区 ρ 值较大。

夏季气溶胶输入潜在区域明显减少，主要为研究区内的东部地区，因此夏季主要受研究区内部影响，外来输入较少。由 7.4.2 节中的分析结果可知，夏季主要输送路径为 C3、C4、C7 和 C9，其中 C7 为西南方向的传输路径，但图 7-39 中夏季西南方向输入区域 ρ 值很低，因此 C7 方向输送的气流并未向长三角地区输入气溶胶，同样长三角地区东南方向的 ρ 值很低，东南方向对应的传输轨迹为 C9，由此方向输入的气溶胶含量可能性较低，最后确定夏季的主要输送路径为 C3 和 C4。

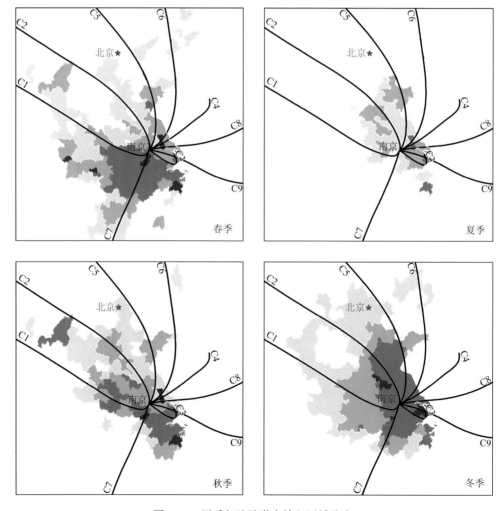

图 7-39　四季气溶胶潜在输入区域分布

相对于夏季，秋季的潜在气溶胶输入区域范围明显增加，西北方向尤其明显。秋季的主要输送路径为 C4 和 C5。C4 主要为区域内短路径输入轨迹，而其对应的长三角东部地区 ρ 增强，可能为区域内气溶胶排放增强所致。C5 对应的西北方向气流的增强，使得长三角地区由西北方向输入的气溶胶开始增加。

冬季气溶胶输入潜在区域范围进一步扩大，长三角地区北面的山东省、河北省以及北京市等地均成为长三角地区气溶胶的潜在输入区域，同时西北方向的河南省、山西省、陕西省等地潜在输入区域 ρ 也开始增大。结合轨迹分析，冬季主要的输入轨迹 C1 和 C5 与潜在输入区域对应，最后冬季轨迹确定为 C1 和 C5，气溶胶潜在区域主要为长三角以北及西北地区。

从以上分析结果来看，冬季和春季输入的主要路径为 C1 和 C5，对应的华北和西北地区为长三角地区气溶胶的潜在输入区域。夏季主要输入路径为东部的 C3 和 C4，且夏季主要受内部气溶胶排放影响，外来输入较少。秋季主要传输路径为 C4 和 C5，C5 对应的北部输入区域范围扩大，使得长三角地区外部气溶胶输入开始增加。

7.4.4　气溶胶域外输入相对贡献分析

通过对气溶胶输入路径及潜在影响区域分析，最终确定了长三角地区气溶胶输入的路径及潜在输入区域，但并未掌握研究区内部气溶胶来源（内源）及外来输入（外源）之间的关系，本节通过对输入区域 ρ 进行计算分别获取长三角地区气溶胶的内源和外源大小来估算外源所占份额，以评价外源对长三角地区气溶胶的影响。具体步骤如下。

（1）对研究区外（域外）四季所有地级行政区划的区域 ρ 进行求和，然后除以域外行政区划数（n_{out}），求得域外输入区域强度指数平均值 ρ_{out} ［式（7-10）］；

$$\rho_{\text{out}} = \frac{\sum(\rho_1 + \rho_2 \cdots + \rho_n)}{n_{\text{out}}} \tag{7-10}$$

（2）与第一步类似，对研究区内（域内）四季所有地级行政区划的区域 ρ 进行求和，然后除以域内行政区划数（n_{in}），求得域内区域强度指数平均值 ρ_{in} ［式（7-11）］：

$$\rho_{\text{in}} = \frac{\sum(\rho_1 + \rho_2 + \cdots + \rho_n)}{n_{\text{in}}} \tag{7-11}$$

（3）利用域外输入区域强度指数平均值 ρ_{out} 除以域内区域强度指数平均值 ρ_{in} 求得外源所占份额 η（%）［式（7-12）］：

$$\eta = \frac{\rho_{\text{out}}}{\rho_{\text{in}}} \times 100 \tag{7-12}$$

　　计算结果表明四季外源所占份额有一定差异，其中最高的为春季，占13.62%，其次为冬季13.42%，秋季所占份额为9.46%，而夏季所占份额最小，仅为4.92%。由于春季主要输入路径为我国北部及西北地区，均为气溶胶浓度较高地区，其中西北地区春季沙尘频发，输入长三角地区春季沙尘含量最高。另外，北部地区（主要为华北地区）是我国的工业污染较为严重的地区之一，近年来形成的雾霾天气更是影响深远，因此长三角地区气溶胶分布在春季受外源影响最大。冬季与春季气溶胶输入路径相同，但气溶胶输入比春季稍少，主要为冬季西北地区沙尘输入较少。冬季输入了一定量的气溶胶的同时，气流强度也最大，从7.3.2节第四部分的分析得知，冬季各高度风速最大，风速与 AOD 呈现很好的负相关，带来了气溶胶的同时也加快了气溶胶的扩散，7.2.1 节第二部分中长三角地区冬季气溶胶AOD 均值最低。夏季外来输入最少，而且输入气流大多为海洋性气流，气溶胶含量较少，而水汽丰富，使得夏季相对湿度最高，本书第 7.3.2 节第二部分中的分析结果也证明了这一点。夏季细粒子比例高，细粒子吸湿膨胀后消光能力增强（李雪等，2011），使得夏季 AOD 均值仅次于春季。秋季海洋性气流减少，而北方气流开始逐步增强，外来气溶胶输入也开始增加，其外来源所占份额介于春冬季及夏季之间。

　　从以上研究结果表明，长三角地区气溶胶仍以内源为主，外源仅占其中很小的一部分。由此可见，控制长三角地区气溶胶浓度的主要途径为降低区域内气溶胶排放。目前国家对环保及节能减排高度重视，只有切实落实相关环保政策，才能真正做到减少排放，达到降低气溶胶浓度的目的。

参 考 文 献

安德森 D R，司威尼 D J，威廉姆斯 T A. 2000. 商务与经济统计学精要. 陆成来，等译. 大连：东北财经大学出版社.

白志鹏，蔡斌彬，董海燕，等. 2006. 灰霾的健康效应. 环境污染与防治，28（3）：198-201.

包青，贺军亮，查勇. 2015. 基于动态雷达比的气溶胶消光系数及光学厚度反演. 光学学报，35(3)：9-16.

陈爱军，卞林根，刘玉洁，等. 2009. 应用 MODIS 数据反演青藏高原地区地表反照率. 南京气象学院学报，32（2）：222-229.

陈澄，李正强，侯伟真，等. 2015. 动态气溶胶模型的 PARASOL 多角度偏振卫星气溶胶光学厚度反演算法. 遥感学报，19（1）：25-33.

陈良富，李莘莘，陶金花，等. 2011. 气溶胶遥感定量反演研究与应用. 北京：科学出版社.

陈述彭，童庆禧，郭华东. 1998. 遥感信息机理研究. 北京：科学出版社.

陈文，顾雷，魏科，等. 2008. 东亚季风系统的动力过程和准定常行星波活动的研究进展. 大气科学，32（4）：950-966.

陈骁强. 2011. 基于环境一号卫星的陆地气溶胶光学厚度反演方法研究. 南京：南京师范大学硕士学位论文.

陈亿. 2013. 近十年中国北方沙尘天气变化特征及其成因研究. 兰州：兰州大学硕士学位论文.

陈勇航，毛晓琴，黄建平，等. 2009. 一次强沙尘输送过程中气溶胶垂直分布特征研究. 中国环境科学，29（5）：449-454.

程峰. 2017. 基于偏振和激光雷达遥感的长三角地区气溶胶信息提取及其时空变化研究. 南京：南京师范大学博士学位论文.

段民征，吕达仁. 2008. 利用多角度 POLDER 偏振资料实现陆地上空大气气溶胶光学厚度和地表反照率的同时反演 Ⅱ. 实例分析. 大气科学，32（1）：27-35.

范娇，郭宝峰，何宏昌. 2015. 基于 MODIS 数据的杭州地区气溶胶光学厚度反演. 光学学报，35（1）：1-9.

范伟，韩永，王毅，等. 2006. 内陆和沿海地区大气气溶胶标高的测量分析. 红外与激光工程，35（5）：532-535.

耿彦红，刘卫，单健，等. 2010. 上海市大气颗粒物中水溶性离子的粒径分布特征. 中国环境科学，30（12）：1585-1589.

郭广猛. 2003. 非星历表法去除 MODIS 图像边缘重叠影响的研究. 遥感技术与应用，18（3）：172-175.

郭学良，杨军，章澄昌. 2010. 大气物理与人工影响天气. 北京：气象出版社.

韩道文，刘文清，张玉钧，等. 2007. 温度和相对湿度对气溶胶质量浓度垂直分布的影响. 中国科学院大学学报，24（5）：619-624.

韩志刚. 1999. 草地上空对流层气溶胶特性的卫星偏振遥感—正问题模式系统和反演初步试验. 北京：中国科学院大气物理研究所博士学位论文.

贺军亮. 2016. 云对气溶胶光学厚度卫星遥感的影响研究. 南京：南京师范大学博士学位论文.

胡方超，王振会，张兵，等. 2009. 遥感试验数据确定大气气溶胶类型的方法研究. 中国激光，36（2）：312-317.

黄建龙，查勇，袁杰. 2009. 南京仙林地区气溶胶光学厚度反演与分析. 大气与环境光学学报，4（2）：99-106.

康林，季明霞，黄建平，等. 2013. 欧亚大气环流对中国北方春季沙尘天气的影响. 中国沙漠，33（5）：1453-1460.

黎洁，毛节泰. 1989. 光学遥感大气气溶胶特性. 气象学报，47（4）：450-456.

李成才. 2002. MODIS 遥感气溶胶光学厚度及应用于区域环境大气污染研究. 北京：北京大学博士学位论文.

李成才，毛节泰，刘启汉，等. 2003. 利用 MODIS 研究中国东部地区气溶胶光学厚度的分布和季节变化特征. 科学通报，48（19）：2094-2100.

李倩楠. 2017. 基于像元分解的 MODIS 气溶胶光学厚度反演研究. 南京：南京师范大学硕士学位论文.

李先华，兰立波，黄雪樵，等. 1994. 卫星遥感数字图像的非均匀大气修正研究. 遥感技术与应用，9（2）：1-7.

李雪，钟仕全，王蕾，等. 2011. 基于 HJ 卫星遥感数据的林果光谱特征分析. 新疆农业科学，48（11）：1967-1973.

李正强，赵凤生，赵崴，等. 2003. 黄海海域气溶胶光学厚度测量研究. 量子电子学报，20（5）：635-640.

林俊，刘卫，李燕，等. 2009. 大气气溶胶粒径分布特征与气象条件的相关性分析. 气象与环境学报，25（1）：1-5.

刘灿，高阳华，易静，等. 2014. 基于 MODIS 数据的西南地区气溶胶光学厚度时空变化特征分析. 西南大学学报（自然科学版），36（05）：182-189.

刘诚，明海，王沛，等. 2006. 西藏那曲与北京郊区对流层气溶胶的微脉冲激光雷达测量. 光子学报，35（9）：1435-1439.

刘思瑶，濮江平，周毓荃，等. 2016. 河北气溶胶浓度垂直分布特性研究. 气象与环境科学，39（2）：41-45.

刘松. 2018. 基于 Mie 散射激光雷达的南京仙林地区气溶胶消光特性及 $PM_{2.5}$ 质量浓度估算模型研究. 南京：南京师范大学硕士学位论文.

刘玉洁，杨忠东. 2001. MODIS 遥感信息处理原理与算法. 北京：科学出版社.

罗宇翔，陈娟，郑小波. 2012. 近 10 年中国大陆 MODIS 遥感气溶胶光学厚度特征. 生态环境学报，21（5）：876-883.

马骁骏，秦艳，陈勇航，等. 2015. 上海地区霾时气溶胶类型垂直分布的季节变化. 中国环境科学，35（4）：961-969.

茆佳佳. 2011. 华东地区气溶胶特性的 MODIS 资料反演及其时空分布特征的研究. 南京：南京信息工程大学硕士学位论文.

茆佳佳，王振会，陈爱军. 2012. 单星多角度法同时反演气溶胶光学厚度和地表反射率. 南京信息工程大学学报（自然科学版），（1）：57-64.

梅安新，彭望琭，秦其明. 2001. 遥感导论. 北京：高等教育出版社.

牛生杰，孙继明. 2001. 贺兰山地区大气气溶胶光学特征研究. 高原气象，20（3）：298-301.

申莉莉，盛立芳，陈静静. 2010. 一次强沙尘暴过程中沙尘气溶胶空间分布的初步分析. 中国沙漠，30（6）：1483-1490.

沈丹. 2011. 利用霾优化变换（HOT）估算大气污染颗粒物的研究. 南京：南京师范大学硕士学位论文.

沈仙霞，刘朝顺，施润和，等. 2014. 上海不同污染等级下气溶胶光学特性垂直分布特征. 环境科学学报，34（3）：582-591.

盛裴轩，毛节泰，李建国，等. 2003. 大气物理学. 北京：北京大学出版社.

施成艳. 2011. 长江三角洲地区大气气溶胶光学厚度的遥感监测. 南京：南京大学硕士学位论文.

孙夏，赵慧洁. 2009. 基于 POLDER 数据反演陆地上空气溶胶光学特性. 光学学报，29（7）：1772-1777.

王成. 2015. 星载激光雷达数据处理与应用. 北京：科学出版社.

王静，牛生杰，许丹，等. 2013. 南京一次典型雾霾天气气溶胶光学特性. 中国环境科学，33（2）：201-208.

王磊. 2011. 基于 AATSR 双角度数据的气溶胶反演研究. 北京：中国气象科学研究院硕士学位论文.

王玲，田庆久，李姗姗. 2010. 利用 MODIS 资料反演杭州市 500 米分辨率气溶胶光学厚度. 遥感信息，（3）：50-54.

王强. 2014. 基于 TERRA 和 AQUA 双星 MODIS 影像协同反演陆地上空气溶胶光学厚度. 南京：南京师范大学硕士学位论文.

王桥，杨一鹏，黄家柱，等. 2004. 环境遥感. 北京：科学出版社.

王树舟，于恩涛. 2013, 基于 MIROC/WRF 嵌套模式的中国气候降尺度模拟. 气候与环境研究，18（6）：681-692.

王中挺，陈良富，张莹，等. 2008. 利用 MODIS 数据监测北京地区气溶胶. 遥感技术与应用，23（3）：284-288.

王中挺，厉青，王桥，等. 2012. 利用深蓝算法从 HJ-1 数据反演陆地气溶胶. 遥感学报，16（3）：596-610.

吴万宁，查勇，王强，等. 2014. 南京仙林地区近地表消光系数变化及影响因素研究. 环境科学与技术，37（12）：106-111.

夏祥鳌. 2006. 全球陆地上空 MODIS 气溶胶光学厚度显著偏高. 科学通报，51（19）：2297-2303.

解斐斐，孙林，林宗坚，等. 2011. 基于 Ross Thick-LiSparseR 及 Ross Thick-LiTransit 的核驱动 BRDF 计算与评价. 遥感信息，（4）：3-6.

徐成鹏，葛觐铭，黄建平，等. 2014. 基于 CALIPSO 星载激光雷达的中国沙尘气溶胶观测. 中国沙漠，34（5）：1353-1362.

徐涵秋. 2005. 利用改进的归一化差异水体指数（MNDWI）提取水体信息的研究. 遥感学报，9（5）：589-595.

徐涵秋. 2008. 从增强型水体指数分析遥感水体指数的创建. 地球信息科学，10（6）：776-780.

延昊，矫梅燕，毕宝贵，等. 2006. 国内外气溶胶观测网络发展进展及相关科学计划. 气象科学，

26（1）：110.

晏利斌，刘晓东. 2009. 京津冀地区气溶胶季节变化及与云量的关系. 环境科学研究，（8）：924-931.

杨华，李小文，高峰. 2002. 新几何光学核驱动 BRDF 模型反演地表反照率的算法. 遥感学报，6（4）：246-251.

杨景梅，邱金桓. 1996. 我国可降水量同地面水汽压关系的经验表达式. 大气科学，20（5）：620-626.

尹凯欣，范承玉，王海涛，等. 2015. 东南沿海地区相对湿度对气溶胶消光特性的影响. 强激光与粒子束，27（7）：64-67.

张芳芳. 2018. MODIS 支持下的 GOCI 陆地气溶胶光学厚度反演方法研究. 南京：南京师范大学硕士学位论文.

张军华，刘莉. 2000. 地基多波段遥感西藏当雄地区气溶胶光学特性. 大气科学，24（4）：549-558.

张军华，斯召俊，毛节泰，等. 2003. GMS 卫星遥感中国地区气溶胶光学厚度. 大气科学，27（1）：23-35.

张璐，施润和，李龙. 2016. 基于 HJ-1 卫星数据反演长江三角洲地区气溶胶光学厚度. 遥感技术与应用，31（2）：290-296.

张倩倩. 2012. 基于 MODIS 数据的雾霾检测方法研究——以南京仙林为例. 南京：南京师范大学硕士学位论文.

张兴华，张武，陈艳，等. 2013. 自定义气溶胶模式下兰州及周边地区气溶胶光学厚度的反演. 高原气象，32（2）：402-410.

张玉平，杨世植，赵强，等. 2007. 新疆博斯腾湖地区气溶胶光学特性的观测分析. 大气与环境光学学报，2（1）：38-43.

章澄昌，周文贤. 1995. 大气气溶胶教程. 北京：气象出版社.

赵平，张人禾. 2006. 东亚-北太平洋偶极型气压场及其与东亚季风年际变化的关系. 大气科学，30（2）：307-316.

赵一鸣，江月松，张绪国，等. 2009. 利用 CALIPSO 卫星数据对大气气溶胶的去偏振度特性分析研究. 光学学报，29（11）：2943-2951.

赵英时. 2013. 遥感应用分析原理与方法. 2 版. 北京：科学出版社.

郑小波，周成霞，罗宇翔，等. 2011. 中国各省区近 10 年遥感气溶胶光学厚度和变化. 生态环境学报，20（4）：595-599.

中国气象局. 2010. 霾的观测和预报等级. 北京：气象出版社.

周春艳，仲波，柳钦火，等. 2012. 基于 HJ-1A/B 卫星利用结构函数法反演北京地区气溶胶光学厚度. 第十六届中国环境遥感应用技术论坛论文集.

周秀骥，陶善昌，姚克亚. 1991. 高等大气物理学. 北京：气象出版社.

朱高龙，居为民，陈镜明，等. 2011. 利用 POLDER 数据验证 MODIS BRDF 模型参数产品及 Ross-Li 模型. 遥感学报，15（5）：875-894.

朱琳，孙林，杨磊，等. 2016. 结构函数法反演气溶胶光学厚度中像元的间隔设置. 遥感学报，20（4）：528-539.

Abdalmogith S S，Harrison R M. 2005. The use of trajectory cluster analysis to examine the long-range transport of secondary inorganic aerosol in the UK. Atmospheric Environment，

39（35）：6686-6695.

Ackerman S A，Strabala K I，Menzel W P，et al. 1998. Discriminating clear sky from clouds with MODIS. Journal of Geophysical Research：Atmospheres，103（D24）：32141-32157.

Ahmed K F，Wang G，Silander J，et al. 2013. Statistical downscaling and bias correction of climate model outputs for climate change impact assessment in the US northeast. Global and Planetary Change，100（1）：320-332.

Allen D R，Schoeberl M R，Herman J R. 1999. Trajectory modeling of aerosol clouds observed by TOMS. Journal of Geophysical Research，104（D22）：27461-27471.

Angstrom A. 1961. Techniques of determing the turbidity of the atmosphere. Tellus，13（2）：214-223.

Angstrom A. 1964. The parameters of atmospheric turbidity. Tellus，16（1）：64-75.

Barnaba F，Putaud J P，Gruening C，et al. 2010. Annual cycle in co-located in situ，total-column，and height-resolved aerosol observations in the Po Valley（Italy）：Implications for ground-level particulate matter mass concentration estimation from remote sensing. Journal of Geophysical Research Atmospheres，115（D19），doi：10. 1029/2009JD013002.

Bar-Or R Z，Altaratz O，Koren I. 2011. Global analysis of cloud field coverage and radiative properties，using morphological methods and MODIS observations. Atmospheric Chemistry and Physics，11（1）：191-200.

Bar-Or R Z，Koren I，Altaratz O. 2010. Estimating cloud field coverage using morphological analysis. Environmental Research Letters，5（1），doi：10. 1088/1748-9326/5/1/014022.

Begum B A，Kim E，Jeong C H，et al. 2005. Evaluation of the potential source contribution function using the 2002 Quebec forest fire episode. Atmospheric Environment，39（20）：3719-3724.

Biggar S F，Gellman D I，Slater P N. 1990. Improved evaluation of optical depth components from Langley plot data. Remote Sensing of Environment，32（2）：91-101.

Bréon F M，Buriez J C，Couvert P，et al. 2002. Scientific results from the Polarization and Directionality of the Earth's Reflectances（POLDER）. Advances in Space Research，30（11）：2383-2386.

Cheng F，Zha Y，Zhang J，et al. 2017. A study on distance transport of $PM_{2.5}$ to Xianlin in Nanjing，China and its source areas. Aerosol and Air Quality Research，17（7）：1772-1783.

Cheng T H，Gu X F，Yu T，et al. 2010. The reflection and polarization properties of non-spherical aerosol particles. Journal of Quantitative Spectroscopy and Radiative Transfer，111（6）：895-906.

Cheng Z，Wang S X，Jiang J K，et al. 2013. Long-term trend of haze pollution and impact of particulate matter in the Yangtze River Delta，China. Environmental Pollution，182：101-110.

Chu D A，Kaufman Y J，Zibordi G，et al. 2003. Global monitoring of air pollution over land from the Earth Observing System-Terra Moderate Resolution Imaging Spectroradiometer（MODIS）. Journal of Geophysical Research，108（D21），doi：10. 1029/2002JD003179.

Collis R T H，Russell P B. 1976. Lidar measurement of particles and gases by elastic backscattering and differential absorption//Laser Monitoring of the Atmosphere. Springer，Berlin，Heidelberg：71-151.

Davidson C I，Jaffrezo J L，Small M J，et al. 1993. Trajectory analysis of source regions influencing the south Greenland Ice Sheet during the Dye 3 Gas and Aerosol Sampling Program.

Atmospheric Environment. Part A. General Topics, 27 (17-18): 2739-2749.

Deirmendjian D. 1969. Electromagnetic Scattering on Spherical Polydispersions. New York: American Elsevier Pub.

Deuzé J L, Bréon F M, Deschamps P Y, et al. 1993. Analysis of the POLDER (POLarization and Directionality of Earth's Reflectances) airborne instrument observations over land surfaces. Remote Sensing of Environment, 45 (2): 137-154.

Diner D J, Martonchik J V, Kahn R A, et al. 2005. Using angular and spectral shape similarity constraints to improve MISR aerosol and surface retrievals over land. Remote Sensing of Environment, 94 (2): 155-171.

Dreiling V, Friederich B. 1997. Spatial distribution of the arctic haze aerosol size distribution in western and eastern Arctic. Atmospheric Research, 44 (1): 133-152.

Dubovik O, King M D. 2000. A flexible inversion algorithm for retrieval of aerosol optical properties from Sun and sky radiance measurements. Journal of Geophysical Research Atmosphenes, 105 (D16): 20673-20696.

Dubovik O, Herman M, Holdak A, et al. 2011. Statistically optimized inversion algorithm for enhanced retrieval of aerosol properties from spectral multi-angle polarimetric satellite observations. Atmospheric Measurement Techniques, 4 (5): 975-1018.

Dubovik O, Smirnov A, Holben B N, et al. 2000. Accuracy assessments of aerosol optical properties retrieved from Aerosol Robotic Network (AERONET) Sun and sky radiance measurements. Journal of Geophysical Research Atmospheres, 105 (D8): 9791-9806.

Duffie J A, Beckman W A. 1980. Solar Engineering of the Thermal Processes. New York: Wiley.

Elvidge C D. 1990. Visible and near infrared reflectance characteristics of dry plant materials. Remote Sensing, 11 (10): 1775-1795.

Engel-Cox J A, Holloman C H, Coutant B W, et al. 2004. Qualitative and quantitative evaluation of MODIS satellite sensor data for regional and urban scale air quality. Atmospheric Environment, 38 (16): 2495-2509.

Fernald F G. 1984. Analysis of atmospheric LIDAR observations: Some comments. Applied Optics, 23 (5): 652-653.

Flowerdew R J, Haigh J D. 1995. An approximation to improve accuracy in the derivation of surface reflectances from multi-look satellite radiometers. Geophysical Research Letters, 22 (13): 1693-1696.

Fu X, Wang S X, Cheng Z, et al. 2014. Source, transport and impacts of a heavy dust event in the Yangtze River Delta, China, in 2011. Atmospheric Chemistry and Physics, 14 (3): 1239-1254.

Gilabert M A, Conese C, Maselli F. 1994. An atmospheric correction method for the automatic retrieval of surface reflectances from TM images. International Journal of Remote Sensing, 15 (10): 2065-2086.

Gordon H R. 1978. Removal of atmospheric effects from satellite imagery of the oceans. Applied Optics, 17 (10): 1631-1636.

Gordon H R. 1995. Remote sensing of ocean color: A methodology for dealing with broad spectral bands and significant out-of-band response. Applied Optics, 34 (36): 8363-8374.

Gregg W W，Carder K L. 1990. A simple spectral solar irradiance model for cloudless maritime atmospheres. Limnology and Oceanography，35（8）：1657-1675.

Grey W M F，North P R J，Los S O. 2006. Computationally efficient method for retrieving aerosol optical depth from ATSR-2 and AATSR data. Applied Optics，45（12）：2786-2795.

Gupta P，Christopher S A，Box M A，et al. 2007. Multi year satellite remote sensing of particulate matter air quality over Sydney，Australia. International Journal of Remote Sensing，28（20）：4483-4498.

Gupta P，Christopher S A，Wang J，et al. 2006. Satellite remote sensing of particulate matter and air quality assessment over global cities. Atmospheric Environment，40（30）：5880-5892.

Haan J F D，Hovenier J W，Kokke J M M，et al. 1991. Removal of atmospheric influences on satellite-borne imagery：A radiative transfer approach. Remote Sensing of Environment，37（1）：1-21.

Hall D K，Riggs G A，Salomonson V V. 1995. Development of methods for mapping global snow cover using moderate resolution imaging spectroradiometer data. Remote Sensing of Environment，54（2）：127-140.

Hansen J E，Travis L D. 1974. Light scattering in planetary atmospheres. Space Science Reviews，16（4）：527-610.

Haylock M R，Cawley G C，Harpham C，et al. 2006. Downscaling heavy precipitation over the United Kingdom：A comparison of dynamical and statistical methods and their future scenarios. International Journal of Climatology，26（10）：1397-1415.

Haywood J，Boucher O. 2000. Estimates of the direct and indirect radiative forcing due to tropospheric aerosols：A review. Reviews of Geophysics，38（4）：513-543.

He J，Zha Y，Zhang J，et al. 2014a. Aerosol indices derived from MODIS data for indicating aerosol-induced air pollution. Remote Sensing，6（2）：1587-1604.

He J，Zha Y，Zhang J，et al. 2014b. Synergetic retrieval of terrestrial AOD from MODIS images of twin satellites Terra and Aqua. Advances in Space Research，53（9）：1337-1346.

He J，Zha Y，Zhang J，et al. 2015. Retrieval of aerosol optical thickness from HJ-1 CCD data based on MODIS-derived surface reflectance. International Journal of Remote Sensing，36（3）：882-898.

Herber A，Thomason L W，Radionov V F，et al. 1993. Comparison of trends in the tropospheric and stratospheric aerosol optical depths in the Antarctic. Journal of Geophysical Research，98（D10）：18441-18447.

Herman M，Deuzé J L，Devaux C，et al. 1997. Remote sensing of aerosols over land surfaces including polarization measurements and application to POLDER measurements. Journal of Geophysical Research：Atmospheres，102（D14）：17039-17049.

Hill J，Sturm B. 1991. Radiometric correction of multitemporal thematic mapper data for use in agricultural land-cover classification and vegetation monitoring. International Journal of Remote Sensing，12（7）：1471-1491.

Hoff R M，Christopher S A. 2009. Remote sensing of particulate pollution from space：Have we reached the promised land? Journal of the Air and Waste Management Association，59（6）：

645-675.

Holben B N, Eck T F, Slutsker I, et al. 1998. AERONET—A federated instrument network and data archive for aerosol characterization. Remote Sensing of Environment, 66 (1): 1-16.

Holben B N, Vermote E, Kaufman Y J, et al. 1992. Aerosol retrieval over land from AVHRR data-application for atmospheric correction. IEEE Transactions on Geoscience and Remote Sensing, 30 (2): 212-222.

Hsu N C, Tsay S C, King M D, et al. 2004. Aerosol properties over bright-reflecting source regions. IEEE Transactions on Geoscience and Remote Sensing, 42 (3): 557-569.

Hsu N C, Tsay S C, King M D, et al. 2006. Deep blue retrievals of Asian aerosol properties during ACE-Asia. IEEE Transactions on Geoscience and Remote Sensing, 44 (11): 3180-3195.

Husar R B, Prospero J M, Stowe L L. 1997. Characterization of tropospheric aerosols over the oceans with the NOAA advanced very high resolution radiometer optical thickness operational product. Journal of Geophysical Research, 102 (D14): 16889-16909.

Hutchison K D, Smith S, Faruqui S J. 2005. Correlating MODIS aerosol optical thickness data with ground-based $PM_{2.5}$ observations across Texas for use in a real-time air quality prediction system. Atmospheric Environment, 39 (37): 7190-7203.

Ichoku C, Chu D A, Mattoo S, et al. 2002. A spatio-temporal approach for global validation and analysis of MODIS aerosol products. Geophysical Research Letters, 29 (12), doi: 10. 1029/2001GL013206.

Irish R R, Barker J L, Goward S N, et al. 2006. Characterization of the Landsat-7 ETM + automated cloud-cover assessment(ACCA)algorithm. Photogrammetric Engineering and Remote Sensing, 72 (10): 1179-1188.

Iwasaka Y, Minoura H, Nagaya K. 1983. The transport and spacial scale of Asian dust-storm clouds: a case study of the dust-storm event of April 1979. Tellus B: Chemical and Physical Meteorology, 35B (3): 189-196.

Junge C E. 1958. Atmospheric chemistry. Advances in Geophysics, 4 (4): 1-108.

Karaca F, Anil I, Alagha O. 2009. Long-range potential source contributions of episodic aerosol events to PM_{10} profile of a megacity. Atmospheric Environment, 43 (36): 5713-5722.

Kassianov E I, Ovtchinnikov M. 2008. On reflectance ratios and aerosol optical depth retrieval in the presence of cumulus clouds. Geophysical Research Letters, 35 (6), doi: 10. 1029/ 2008GL033231.

Kaufman Y J, Remer L A. 1994. Detection of forests using mid-IR reflectance: an application for aerosol studies. IEEE Transactions on Geoscience and Remote Sensing, 32 (3): 672-683.

Kaufman Y J, Tanré D. 1998. Algorithm for remote sensing of tropospheric aerosol from MODIS product ID: MOD04. NASA Goddard Space Flight Center, Greenbelt, Maryland.

Kaufman Y J, Tanré D, Remer L A, et al. 1997a. Operational remote sensing of tropospheric aerosol over land from EOS moderate resolution imaging spectroradiometer. Journal of Geophysical Research, 102 (D14): 17051-17067.

Kaufman Y J, Wald A E, Remer L A, et al. 1997b. The MODIS 2. 1-μm channel-correlation with visible reflectance for use in remote sensing of aerosol. IEEE Transactions on Geoscience and

Remote Sensing, 35 (5): 1286-1298.

King M D. 1979. Determination of the ground Albedo and the index of absorption of atmospheric particulates by remote sensing. Part II: Application. Journal of the Atmospheric Sciences, 36 (6): 1072-1083.

King M D, Byrne D M, Herman B M, et al. 1978. Aerosol size distributions obtained by inversions of spectral optical depth measurements. Journal of the Atmospheric Sciences, 35 (11): 2153-2167.

Klett J D. 1981. Stable analytical inversion solution for processing lidar returns. Applied Optics, 20 (2): 211-220.

Knapp K R. 2002. Quantification of aerosol signal in GOES 8 visible imagery over the United States. Journal of Geophysical Research Atmospheres, 107 (D20), doi: 10. 1029/2001JD002001.

Lee K H, Ryu J H, Ahn J H, et al. 2012. First retrieval of data regarding spatial distribution of Asian dust aerosol from the Geostationary Ocean Color Imager. Ocean Science Journal, 47 (4): 465-472.

Levy R C, Mattoo S, Munchak L A, et al. 2013. The Collection 6 MODIS aerosol products over land and ocean. Atmospheric Measurement Techniques, 6 (11): 2989-3034.

Levy R C, Remer L A, Kleidman R G, et al. 2010. Global evaluation of the Collection 5 MODIS dark-target aerosol products over land. Atmospheric Chemistry and Physics, 10 (21): 10399-10420.

Levy R C, Remer L A, Mattoo S, et al. 2007. Second-generation operational algorithm: Retrieval of aerosol properties over land from inversion of moderate resolution imaging spectroradiometer spectral reflectance. Journal of Geophysical Research Atmospheres, 112 (D13), doi: 10. 1029/2006JD007811.

Levy R C, Remer L A, Tanré D, et al. 2009. Algorithm for remote sensing of tropospheric aerosol over dark targets from MODIS: Collections 005 and 051: Revision 2. MODIS Algorithm Theoretical Basis Document.

Li C, Mao J, Lau A K H, et al. 2005. Application of MODIS satellite products to the air pollution research in Beijing. Science in China Series D, 48: 209-219.

Li Y, Li L, Zha Y. 2018. Improved retrieval of aerosol optical depth from POLDER/PARASOL polarization data based on a self-defined aerosol model. Advances in Space Research, 62 (4): 874-883.

Liang S. 2001. Narrowband to broadband conversions of land surface albedo I: Algorithms. Remote Sensing of Environment, 76 (2): 213-238.

Liang S, Fang H, Chen M, et al. 2002. Validating MODIS land surface reflectance and albedo products: Methods and preliminary results. Remote Sensing of Environment, 83 (1): 149-162.

Lin J, Tong D, Davis S, et al. 2016. Global climate forcing of aerosols embodied in international trade. Nature Geoscience, 9 (10): 790.

Liou K N, Bohren C. 1981. An introduction to atmospheric radiation. Physics Today, 34 (7): 66-67.

Liu S, Zha Y, Zhang J, et al. 2017. Detection of haze and its intensity based on visibility and relative humidity estimated from MODIS data. International Journal of Remote Sensing, 38 (23):

7085-7100.

Loeb N G, Manalo-Smith N. 2005. Top-of-atmosphere direct radiative effect of aerosols over global oceans from merged CERES and MODIS observations. Journal of Climate, 18 (17): 3506-3526.

Lucht W, Schaaf C B, Strahler A H. 2000. An algorithm for the retrieval of albedo from space using semiempirical BRDF models. IEEE Transactions on Geoscience and Remote Sensing, 38 (2): 977-998.

Luo Y, Zheng X, Zhao T, et al. 2014. A climatology of aerosol optical depth over China from recent 10 years of MODIS remote sensing data. International Journal of Climatology, 34 (3): 863-870.

Lyapustin A, Wang Y, Laszlo I, et al. 2011. Multiangle implementation of atmospheric correction (MAIAC): 2. Aerosol algorithm. Journal of Geophysical Research: Atmospheres, 116 (D3): 613-632.

Marshak A, Davis A. 2005. 3D Radiative Transfer in Cloudy Atmospheres. Berlin: Springer.

Martins J V, Tanré D, Remer L, et al. 2002. MODIS cloud screening for remote sensing of aerosols over oceans using spatial variability. Geophysical Research Letters, 29 (12), doi: 10. 1029/2001GL013252.

Martonchik J V. 1997. Determination of aerosol optical depth and land surface directional reflectances using multiangle imagery. Journal of Geophysical Research Atmospheres, 102 (D14): 17015-17022.

McCartney E J. 1976. Optics of the Atmosphere: Scattering by Molecules and Particles. New York, John Wiley and Sons, Inc.: 421.

Nicodemus F E, Richmond J C, Hsia J J, et al. 1992. Geometrical considerations and nomenclature for reflectance//Radiometry. Jones and Bartlett Publishers, Inc: 94-145.

Nicolantonio W D, Cacciari A, Tomasi C. 2010. Particulate matter at surface: Northern Italy monitoring based on satellite remote sensing, meteorological fields, and in-situ samplings. IEEE Journal of Selected Topics in Applied Earth Observations and Remote Sensing, 2 (4): 284-292.

Peng G, Li J, Chen Y, et al. 2007. A method of estimating relative humidity from MODIS atmospheric profile products. Journal of Tropical Meteorology, 23 (6): 611-616.

Petrenko M, Ichoku C, Leptoukh G. 2012. Multi-sensor aerosol products sampling system (MAPSS). Atmospheric Measurement Techniques, 5 (5): 913-926.

Pflugmacher D, Krankina O N, Cohen W B. 2007. Satellite-based peatland mapping: Potential of the MODIS sensor. Global and Planetary Change, 56 (3): 248-257.

Phillips D L. 1962. A technique for the numerical solution of certain integral equations of the first kind. Journal of the ACM, 9 (1): 84-97.

Platnick S, King M D, Ackerman S A, et al. 2003. The MODIS cloud products: Algorithms and examples from Terra. IEEE Transactions on Geoscience and Remote Sensing, 41 (2): 459-473.

Plaza A, Chang C. 2005. An improved N-FINDR algorithm in implementation. Proceedings of SPIE-The International Society for Optical Engineering, 5806: 298-306.

Polissar A V, Hopke P K, Harris J M. 2001. Source regions for atmospheric aerosol measured at Barrow, Alaska. Environmental Science and Technology, 35 (21): 4214-4226.

Polissar A V, Hopke P K, Malm W C, et al. 1998. Atmospheric aerosol over Alaska: 1. Spatial and seasonal variability. Journal of Geophysical Research, 103 (D15): 19035-19044.

Remer L A, Kaufman Y J, Tanré D, et al. 2005. The MODIS aerosol algorithm, products, and validation. Journal of the Atmospheric Sciences, 62 (4): 947-973.

Remer L A, Kleidman R G, Levy R C, et al. 2008. Global aerosol climatology from the MODIS satellite sensors. Journal of Geophysical Research Atmospheres, 113 (D14): 752-752.

Remer L A, Tanre D, Kaufman Y J, et al. 2002. Validation of MODIS aerosol retrieval over ocean. Geophysical Research Letters, 29 (12), doi: 10.1029/2001GL013204.

Roosen R G, Angione R J, Klemcke C H. 1973. Worldwide variations in atmospheric transmission: Baseline results from Smithsonian observations. Bulletin of the American Meteorological Society, 54 (4): 307-316.

Rossow W B, Garder L C. 1993. Cloud detection using satellite measurements of infrared and visible radiances for ISCCP. Journal of Climate, 6 (12): 2341-2369.

Sasano Y. 1996. Tropospheric aerosol extinction coefficient profiles derived from scanning lidar measurements over Tsukuba, Japan, from 1990 to 1993. Applied Optics, 35 (24): 4941-4952.

Saunders R W. 1990. The determination of broad band surface albedo from AVHRR visible and near-infrared radiances. International Journal of Remote Sensing, 11 (1): 49-67.

Schaaf C B, Strahler A H, Gao F, et al. 1999. MODIS BRDF Albedo Products ATBD V5.0. Eospso. NASA. Gov.

Seibert P, Kromp-Kolb H, Baltensperger U, et al. 1994. Trajectory analysis of aerosol measurements at high alpine sites. Transport and Transformation of Pollutants in the Troposphere, 15 (9): 689-693.

Shaw G E. 1982. Atmospheric turbidity in the polar regions. Journal of Applied Meteorology, 21 (8): 1080-1088.

Sheng L F, Shen L L, Li X Z, et al. 2009. Studies on the application of empirical formulae to the calculation of horizontal visibility in Qingdao coastal area. Periodical of Ocean University of China, 39: 877-882.

Shi Y, Zhang J, Reid J S, et al. 2011. An analysis of the collection 5 MODIS over-ocean aerosol optical depth product for its implication in aerosol assimilation. Atmospheric Chemistry and Physics, 11 (2): 557-565.

Sloane C S, Wolff G T. 1985. Prediction of ambient light scattering using a physical model responsive to relative humidity: Validation with measurements from Detroit. Atmospheric Environment (1967), 19 (4): 669-680.

Spencer J W. 1971. Fourier series representation of the position of the sun. Search, 2 (5): 172.

Strahler A H, Muller J P, Lucht W, et al. 1999. MODIS BRDF/albedo product: Algorithm theoretical basis document version 5.0. MODIS Documentation, 23 (4): 42-47.

Sturm B. 1981. The atmospheric correction of remotely sensed data and the quantitative determination of suspended matter in marine water surface layers. Remote Sensing in Meteorology, Oceanography and Hydrology, 147: 163-197.

Tang J, Xue Y, Yu T, et al. 2005. Aerosol optical thickness determination by exploiting the synergy of TERRA and AQUA MODIS. Remote Sensing of Environment, 94 (3): 327-334.

Tanré D, Devaux C, Herman M, et al. 1988. Radiative properties of desert aerosols by optical ground-based measurements at solar wavelengths. Journal of Geophysical Research, 93 (D11): 14223-14231.

Tanré D, Herman M, Deschamps P Y, et al. 1979. Atmospheric modeling for space measurements of ground reflectances, including bidirectional properties. Applied Optics, 18 (21): 3587-3594.

Tian J, Chen D. 2010a. A semi-empirical model for predicting hourly ground-level fine particulate matter (PM$_{2.5}$) concentration in southern Ontario from satellite remote sensing and ground-based meteorological measurements. Remote Sensing of Environment, 114 (2): 221-229.

Tian J, Chen D. 2010b. Spectral, spatial, and temporal sensitivity of correlating MODIS aerosol optical depth with ground-based fine particulate matter (PM$_{2.5}$) across southern Ontario. Canadian Journal of Remote Sensing, 36 (2): 119-128.

Twomey S. 1975. Comparison of constrained linear inversion and an iterative nonlinear algorithm applied to the indirect estimation of particle size distributions. Journal of Computational Physics, 18 (2): 188-200.

Urbanski S, Barford C, Wofsy S, et al. 2007. Factors controlling CO$_2$ exchange on timescales from hourly to decadal at Harvard Forest. Journal of Geophysical Research: Biogeosciences, 112 (G2), doi: 10. 1029/2006JG000293.

Veefkind J P, Leeuw G D, Durkee P A. 1998. Retrieval of aerosol optical depth over land using two-angle view satellite radiometry during TARFOX. Geophysical Research Letters, 25 (16): 3135-3138.

Veefkind J P, Leeuw G D, Stammes P, et al. 2000. Regional distribution of aerosol over land, derived from ATSR-2 and GOME. Remote Sensing of Environment, 74 (3): 377-386.

Vermote E F, Tanré D, Deuze J L, et al. 1997. Second simulation of the satellite signal in the solar spectrum, 6S: An overview. IEEE Transactions on Geoscience and Remote Sensing, 35 (3): 675-686.

Vidot J, Santer R, Ramon D. 2007. Atmospheric particulate matter (PM) estimation from SeaWiFS imagery. Remote Sensing of Environment, 111 (1): 1-10.

Volz F. 1968. Turbidity at Uppsala from 1909 to 1922 from Sjostroms solar radiation measurements. Sver. Meteoro. Hydrolog. Inst., Rept., 28: 100-104.

Wang H L, Lou S R, Huang C, et al. 2014. Source profiles of volatile organic compounds from biomass burning in Yangtze River Delta, China. Aerosol and Air Quality Research, 14 (3): 818-828.

Wang J, Christopher S A. 2003. Intercomparison between satellite-derived aerosol optical thickness and PM$_{2.5}$ mass: Implications for air quality studies. Geophysical Research Letters, 30 (21), doi: 10. 1029/2003GL018174.

Wang M Y, Cao C X, Li G S, et al. 2015. Analysis of a severe prolonged regional haze episode in the Yangtze River Delta, China. Atmospheric Environment, 102: 112-121.

Wang Q, Zha Y, Gao J, et al. 2013. Estimation of atmospheric particulate matter based on MODIS haze optimized transformation. International Journal of Remote Sensing, 34 (5): 1855-1865.

Wang Z, Chen L, Tao J, et al. 2010. Satellite-based estimation of regional particulate matter (PM) in Beijing using vertical-and-RH correcting method. Remote Sensing of Environment, 114 (1): 50-63.

Wanner W, Li X, Strahler A H. 1995. On the derivation of kernels for kernel-driven models of bidirectional reflectance. Journal of Geophysical Research Atmospheres, 100 (D10): 21077-21089.

Wen G, Tsay S C, Cahalan R F, et al. 1999. Path radiance technique for retrieving aerosol optical thickness over land. Journal of Geophysical Research Atmospheres, 104 (D24): 31321-31332.

World Meteorological Organization. 1983. Radiation Commission of IAMAP Meeting of Experts on Aerosol and Their Climatic Effects. WCP55, Geneva.

Zha Y, Gao J, Jiang J, et al. 2010. Monitoring of urban air pollution from MODIS aerosol data: effect of meteorological parameters. Tellus B: Chemical and Physical Meteorology, 62 (2): 109-116.

Zha Y, Gao J, Jiang J, et al. 2012. Normalized difference haze index: a new spectral index for monitoring urban air pollution. International Journal of Remote Sensing, 33 (1): 309-321.

Zhang Y, Guindon B. 2003. Quantitative assessment of a haze suppression methodology for satellite imagery: Effect on land cover classification performance. IEEE Transactions on Geoscience and Remote Sensing, 41 (5): 1082-1089.

Zhang Y, Guindon B. 2003. Quantitative assessment of a haze suppression methodology for satellite imagery: Effect on land cover classification performance. IEEE Transactions on Geoscience and Remote Sensing, 41 (5): 1082-1089.

Zhang Y, Guindon B, Cihlar J. 2002. An image transform to characterize and compensate for spatial variations in thin cloud contamination of Landsat images. Remote Sensing of Environment, 82(2): 173-187.

Zhang J, Reid J S. 2006. MODIS aerosol product analysis for data assimilation: Assessment of over-ocean level2 aerosl optical thickness retrievals. Journal of Geophysical Research: Atmospheres, 111 (D22), doi: 10.1029/2005JD006898.

Zhang J, Reid J S, Holben B N. 2005. An analysis of potential cloud artifacts in MODIS over ocean aerosol optical thickness products. Geophysical Research Letters, 32 (15), doi: 10. 1029/2005GL023254.

Zhu L, Huang X, Shi H, et al. 2011. Transport pathways and potential sources of PM_{10}, in Beijing. Atmospheric Environment, 45 (3): 594-604.